W0312023

Original-Prüfungen Wirtschaftsschule Bayern 2023 Mathematik

erstellt

für Schülerinnen und Schüler der Wirtschaftsschulen in Bayern

INKL. Original-Prüfungen 2022 mit Lösungen

lernverlag®
www.lern-verlag.de

Vorwort

Liebe Schülerinnen, liebe Schüler,

in diesem speziellen Prüfungsvorbereitungsbuch **Original-Prüfungen Wirtschaftsschule Bayern 2023 Mathematik** sind die letzten sechs zentral gestellten Original-Prüfungen der Jahre 2017 bis 2022 und der neuen Musterprüfungen (LehrplanPLUS) enthalten. Die Lösungen sind schülergerecht, lehrplankonform und ausführlich ausgearbeitet. In den älteren Prüfungen wurden die Themen, die nicht mehr lehrplankonform sind, entsprechend markiert.

Hinweise - Änderungen

Die Abschlussprüfung 2023 findet nach Vorgaben des *Bayerischen Staatsministeriums für Unterricht und Kultus* am **Montag, 26.06.2023** statt.

(Stand 01.09.2022 - Angaben ohne Gewähr)

Als **Hilfsmittel** ist ein elektronischer, nicht programmierbarer Taschenrechner und die zugelassene Merkhilfe erlaubt.

Neues - Lernplattform kommt

Wir haben eine neue **Lernplattform** eingerichtet und bauen diese sukzessive auf. Hier findet man im gesicherten Mitgliederbereich hilfreiche Erklär- und Lösungsvideos zu vielen Prüfungsthemen und zu den Lösungen der Original-Prüfungen dieses Buches. Jetzt bei **https://lern.de** einen Platz sichern.
Zeit- und ortsunabhängig online für einzelne Arbeiten in der Schule oder den MSA 2023 an Wirtschaftsschulen in Bayern lernen.

Tipps

Fangen Sie rechtzeitig an sich auf die Abschlussprüfung vorzubereiten und arbeiten Sie kontinuierlich alte Prüfungen durch. Wiederholen Sie die einzelnen Prüfungen mehrmals, um die notwendige Sicherheit zu erlangen. Zur Lernzielkontrolle können Sie den Prüfungsplaner im Innenteil dieses Prüfungsvorbereitungsbuch verwenden.
Üben Sie also, so oft Sie können.

Notenschlüssel

Der Notenschlüssel wird vom *Bayerischen Staatsministerium für Unterricht und Kultus* festgelegt. In der folgenden Tabelle finden Sie den Notenschlüssel der letzten Prüfungsjahrgänge.

Jahrgang ab 2018 - 2022

Note 1:	75,0 – 64,5	Punkte
Note 2:	64,0 – 53,0	Punkte
Note 3:	52,5 – 42,0	Punkte
Note 4:	41,5 – 30,5	Punkte
Note 5:	30,0 – 15,0	Punkte
Note 6:	14,5 – 0	Punkte

Druck: Deutschland
Autoren: Sascha Jankovic und Simon Rümmler sowie das Team der lern.de Bildungsgesellschaft mbH.
© lernverlag - Alle Rechte vorbehalten.
Trotz sorgfältiger Recherche kann es vorkommen, dass nicht alle Rechteinhaber ausfindig gemacht werden konnten. Bei begründeten Ansprüchen nehmen Sie bitte direkt mit uns Kontakt auf.
8. ergänzte Auflage © 2022 1. Druck **ISBN-Nr.:** 978-3-7430-0096-4

Artikelnummer: EAN 9783743000964

Impressum
lern.de Bildungsgesellschaft mbH (lernverlag)
Geschäftsführer: Sascha Jankovic
Fürstenrieder Str. 52
80686 München
Amtsgericht München: HRB 205623
E-Mail: kontakt@lern-verlag.de – https://www.lern-verlag.de
lernverlag, lern.de und cleverlag sind eingetragene Markenzeichen von Sascha Jankovic, Inhaber und Verleger.

Wir danken dem *Bayerischen Staatsministerium für Unterricht und Kultus* für die freundliche Genehmigung, die Original-Prüfungen abdrucken zu dürfen. Die Lösungsvorschläge liegen nicht in der Verantwortung des Ministeriums.

Aktuelles Rund um die Prüfung 2023 und diesem Buch

Als kleiner Verlag schreiben wir für alle Schüler:innen nachvollziehbare, verständliche und ausführliche Lösungen zu den Original-Prüfungen und versuchen unsere Titel auch während des Schuljahres immer aktuell zu halten. Da wir seit über 20 Jahren individuelle Lernförderung durchführen, stehen bei uns alle Schüler:innen an erster Stelle, wenn es um Fragen rund um das Buch, Verständnisprobleme bei dem ein oder anderen Thema oder Wünsche geht.
Egal ob es um übersehene Rechtschreibfehler, Rechenfehler oder auch Wünsche von Lehrer:innen oder Schüler:innen geht, wir setzen uns sofort hin und versuchen Gewünschtes umzusetzen. Es kostet niemanden etwas, und alle profitieren davon, auch wenn wir Mehrarbeit durch diesen kostenlosen Service haben.

Wir erreichen Sie uns am besten?

Schreiben Sie uns eine E-Mail an **kontakt@lern-verlag.de**

Schreiben Sie uns eine Nachricht, schicken Sie ein Foto von der betroffenen Seite. Wir prüfen, ändern und veröffentlichen bei Bedarf im kostenlosen Downloadbereich des lernverlags die durchgeführten Änderungen.

WhatsApp-Business
+49 89 54 64 52 00

Sie können uns gerne unter der selben Nummer anrufen.

Digitales zu diesem Buch

Unter **https://lern.de** bauen wir gerade eine Lernplattform auf.
Du suchst ein Video über quadratische Funktionen oder Trigonometrie und bekommst aktuell auf anderen Plattformen 50 Videos angezeigt mit unterschiedlichen Erklärungen? Das soll sich ändern. Ein Begriff und maximal 3 Videos, die eventuell zusammenhängen.
Wir arbeiten unter Hochdruck daran, kurze animierte Erklärvideos, passend zum Unterrichtssoff und „ON-TOP“ Lösungsvideos zu den Original-Prüfungen zu erstellen.
Schau öfters einmal vorbei oder melde dich am besten zu unserem **Newsletter** an, der **maximal zweimal pro Monat** verschickt wird.

Änderungen in dieser Neuauflage 2022/2023 - ISBN: 978-3-7430-0096-4

- Älteste Original-Prüfung 2016 herausgenommen
- Themenbezogene Übersicht um Prüfung 2022 ergänzt.
- **Original-Prüfung 2022 inkl. ausführlichen Lösungen eingefügt.**

Inhaltsverzeichnis

Themenbezogene Übersicht - Finde Dich leicht zurecht

Damit man sich auch während des Schuljahres optimal auf die einzelnen Arbeiten vorbereiten kann, haben wir eine **Übersicht zu den einzelnen Themengebieten** erstellt.
So kann man sich beispielsweise gezielt auf die Arbeit mit dem Thema *Trigonometrie* vorbereiten und dazu alle entsprechenden Original-Prüfungen durcharbeiten.

Finanzmathematik

Kapitalanlage, Darlehen, Tilgungsrechnung, Rentenrechnung, Annuität, Zinsrechnung

Jahrgänge:	**2017**	**Muster 2017**	**2018**	**2019**	**2020**	**2021**	**2022**
Seiten:	7	43	70	95	119	145	173

Funktionaler Zusammenhang

Geraden, Steigung m, Parabel, Scheitelform, allgemeine Form, Lösungsformel

Seiten:	11	45	72	97	121	147	175

Trigonometrie

sin, cos, tan, Sinussatz, Kosinussatz, rechtwinklige und allgemeine Dreiecke, Winkelberechnungen

Seiten:	9	46	??	98	122	148	176

Daten und Zufall

Stochastik, Häufigkeiten, Wahrscheinlichkeiten, Pfadregeln, Baumdiagramme

Seiten:	10	47	74	99	123	150	178

Raum und Form

Volumen, Flächen, Seitenlängen, Kegel, Prisma, Zylinder, Pyramiden

Seiten:	12	50	76	101	124	152	181

Original-Prüfung Mathematik an zwei-, drei- und vierstufigen Wirtschaftsschulen 2017

1 **Finanzmathematik** (20 Pkt.)

Frau Petra Knapp, Inhaberin eines Bekleidungsgeschäfts in Marloffstein, verschafft sich einen Überblick über ihre Finanzen. Sie besitzt einen Sparbrief mit 10-jähriger Laufzeit in Höhe von 45.000,00 €, der am 31.12.2017 fällig wird. Nach Auskunft der Bank wird der Auszahlungsbetrag 78.707,53 € betragen.

1.1 Berechnen Sie den Prozentsatz p. a., mit dem das Kapital verzinst wird. (3 Pkt.)

Zur Modernisierung ihres Geschäfts hat Frau Knapp in der Vergangenheit ein Darlehen mit nachschüssiger Annuitätentilgung aufgenommen. Am 31.12.2016 erhielt sie von der Bank den jährlichen Finanzierungsüberblick.

Volksbank Marloffstein eG

– WICHTIGES DOKUMENT FÜR IHRE STEUERUNTERLAGEN –

Modehaus Knapp
Frau Petra Knapp
Artilleriestraße 25a
91080 Marloffstein

Darlehensbuchhaltung
Telefon 09131 5078–453
Telefax 09131 5078–577

Darlehen 12798361897 IBAN DE32 7635 0000 0262 2934 36
Darlehensnehmer Petra Knapp
Bestätigung über die im Zeitraum vom 01.01.2016 – 31.12.2016 geleisteten Zahlungen und die Restschuld zum 31.12.2016

Zinsen	3.519,60 EUR
Restschuld am 01.01.2016	132.815,21 EUR
Restschuld am 31.12.2016	123.269,17 EUR

Bei Einwendungen bitten wir Sie, sich unverzüglich schriftlich mit unserer Innenrevision in Verbindung zu setzen.

Mit freundlichen Grüßen,
VOLKSBANK MARLOFFSTEIN eG

1.2 Stellen Sie einen Tilgungsplan für die Jahre 2016 und 2017 auf.
(Zwischenergebnisse: Annuität A = 13.065,64 € und Zinssatz p = 2,65 %) (5 Pkt.)

Nach Aussage der Bank wird die Restschuld am 31.12.2017 noch 113.470,16 € betragen. Zu diesem Zeitpunkt plant Frau Knapp einen Teil des Auszahlungsbetrages aus dem Sparbrief (Aufgabe 1.1) in Höhe von 60.000,00 € als Sondertilgung einzubringen.

1.3 Berechnen Sie, in wie vielen Jahren Frau Knapp das Darlehen vollständig zurückbezahlt haben wird. (5 Pkt.)

Private Umstände veranlassen Frau Knapp, sich Gedanken über den Verkauf ihres Geschäfts zu machen. Auf ein Inserat hin melden sich zwei Kaufinteressenten und geben folgende Angebote ab.

Schneiderei Berat Aldemir

Sehr geehrte Frau Knapp,

an der Übernahme Ihres Bekleidungsgeschäfts sind wir interessiert. Als Kaufpreis würden wir sofort 60.000,00 € in bar sowie zwei Teilbeträge von je 20.000,00 € in drei und in sechs Jahren bezahlen.

Mit freundlichen Grüßen
Berat Aldemir

Mode für die junge Dame

Sehr geehrte Frau Knapp,

ich betreibe ein Modegeschäft in Langensendelbach. Gerne würde ich Ihr Geschäft übernehmen. Als Ablöse biete ich Ihnen fünf jährliche nachschüssige Zahlungen in Höhe von 20.000,00 € an.

Mit freundlichen Grüßen
Arnold Koch

1.4 Berechnen Sie, welches Angebot Frau Knapp annehmen sollte, wenn sie mit einem Zinssatz von 1,8 % rechnet. (4 Pkt.)

Frau Knapp entscheidet sich gegen einen Verkauf. Stattdessen verpachtet sie das Geschäft an ihre langjährige Mitarbeiterin Frau Stefanie Derrer. Die jährlich vorschüssige Pacht möchte Frau Knapp vollständig auf ein Sparkonto überweisen lassen, das in 10 Jahren auf eine Summe von 100.000,00 € anwachsen soll.

1.5 Berechnen Sie den jährlichen Pachtertrag, wenn das Sparkonto mit einem Zinssatz von 1,8 % verzinst wird. (3 Pkt.)

3 Trigonometrie (20 Pkt.)

Ramona hat das Rennradfahren für sich entdeckt. Ihr Vater geht mit ihr in ein Radsportgeschäft, um ein passendes Rad auszusuchen.

Nebenstehendes Bild zeigt die Rahmengeometrie eines Rades.

Der Abstand vom Tretlager H zur Radnabe B beträgt $\overline{HB} = 410$ mm. Die Winkel sind der Auflistung neben der Skizze zu entnehmen.

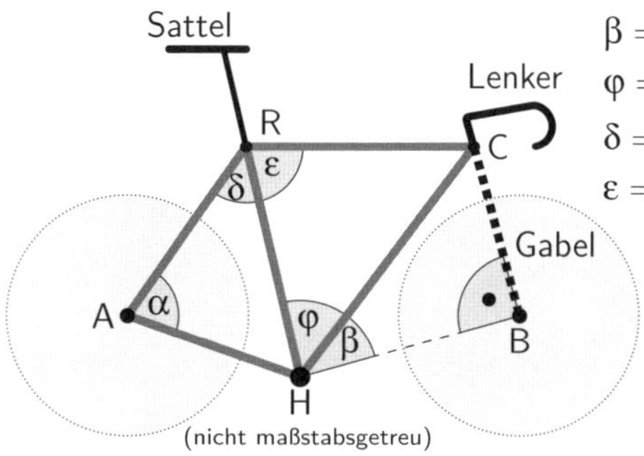

(nicht maßstabsgetreu)

$\beta = 38{,}5°$
$\varphi = 51°$
$\delta = 48°$
$\varepsilon = 76°$

3.1 Berechnen Sie die Länge der Gabel [BC]. (2 Pkt.)

3.2 Berechnen Sie die Länge des Unterrohres [HC]. (Ergebnis: $\overline{HC} = 523{,}89$ mm) (2 Pkt.)

Um zu überprüfen, ob das angebotene Rad für Ramona geeignet ist, misst der Radverkäufer ihre Schrittlänge. Diese beträgt 65 cm.

Schrittlänge Jugend in cm	Rahmenhöhe $\overline{RH}$ Jugend in cm
61-62	41
63	42
64-65	43
66	44
67-68	45
69	46

3.3 Berechnen Sie die Rahmenhöhe [RH] und überprüfen Sie anhand der Tabelle, ob das Rennrad für Ramona geeignet ist. (Ergebnis: $\overline{RH} = 431{,}21$ mm) (4 Pkt.)

Die Sitzstrebe [RA] hat eine Länge von 395 mm.

3.4 Berechnen Sie die Länge der Strebe [AH]. (Ergebnis: $\overline{AH} = 337{,}67$ mm) (3 Pkt.)

3.5 Bestimmen Sie, unter welchem Winkel α die Verbindungsstrebe [AH] im Punkt A angeschweißt wurde. (3 Pkt.)

Bei einer Testfahrt stellt Ramona fest, dass der Lenker nicht geneigt ist. Der Fahrradhändler stellt die Lenkerneigung auf 5° gegenüber der Horizontalen ein.

3.6 Berechnen Sie die Neigung des Lenkers in %. (2 Pkt.)

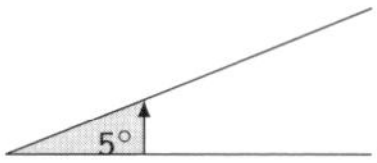

(nicht maßstabsgetreu)

Aufgrund eines Lackfehlers bestellt der Fahrradhändler einen neuen Rahmen für Ramona und schickt den alten zurück.

3.7 Berechnen Sie die Fläche des zu verpackenden Rahmens AHCR. (4 Pkt.)

4 Stochastik - ab 2018: Daten und Zufall (20 Pkt.)

Die Schüler der beiden Abschlussklassen wollen ein einheitliches Abschluss-T-Shirt entwerfen. Da es unterschiedliche Meinungen über die Farbe und das Motiv gibt, wird eine Umfrage unter allen 51 Schülern durchgeführt.

https://pixabay.com/de/t-shirt-hemd-kleidung-gelb-153370/

Umfrage Ergebnisse

Motiv	10 A	10 B	Farbe	10 A	10 B
Schullogo	4	3	Schwarz	12	10
Name	7	3	Weiß	6	8
Zeichnung	8	13	Blau	4	3
Spruch	6	7	Rot	3	5

4.1 Bestimmen Sie die absolute Häufigkeit für das Ereignis E_1 : „Schüler stimmt für den Aufdruck des Schullogos“. (1 Pkt.)

4.2 Berechnen Sie die relative Häufigkeit in Prozent für das Ereignis E_2 : „Schüler stimmt für die Farbe Schwarz“. (2 Pkt.)

Das Umfrageergebnis zum Motiv soll veranschaulicht werden.

4.3 Erstellen Sie ein geeignetes Säulendiagramm. (3 Pkt.)

Auf der Basis des Umfrageergebnisses sollen schwarze T-Shirts mit einer Zeichnung als Motiv bedruckt werden. Sie holen sich dafür mehrere Angebote ein, die in folgender Übersicht dargestellt sind:

14,99 €	12,45 €	15,35 €	19,88 €	17,95 €	15,99 €

4.4 Bestimmen Sie die Spannweite, den Median und das arithmetische Mittel der Preise. (5 Pkt.)

In einem Schülerforum holen sich die Schüler vor der Bestellung Informationen über den ausgewählten Händler ein und finden mehrere negative Einträge. Eine Schule gibt konkret an, dass bei einer Lieferung 5 von 100 Motivdrucken fehlerhaft waren und 2 von 50 T-Shirts in der falschen Farbe geliefert wurden.

4.5 Fertigen Sie zu dem Zufallsexperiment „Lieferung von T-Shirts mit Motiv und Farbe“ ein passendes Baumdiagramm an und tragen Sie die einzelnen Übergangswahrscheinlichkeiten ein. (4 Pkt.)

4.6 Bestimmen Sie die Wahrscheinlichkeit, dass ein Schüler ein T-Shirt ohne Mängel erhält. (2 Pkt.)

4.7 Bestimmen Sie die Wahrscheinlichkeit, dass ein T-Shirt höchstens einen Mangel aufweist. (3 Pkt.)

5 Funktionen - ab 2018: Funktionaler Zusammenhang (20 Pkt.)

Der Architekt Andreas Rauch ist für die Planung eines Thermalbades zuständig. Die Kuppel hat die Form einer nach unten geöffneten Parabel p mit der Formvariablen a = –0,05. Es sollen zwei Scheinwerfer an den Deckenpositionen A (20 | 10,5) und B (2 | 12,3) angebracht werden.

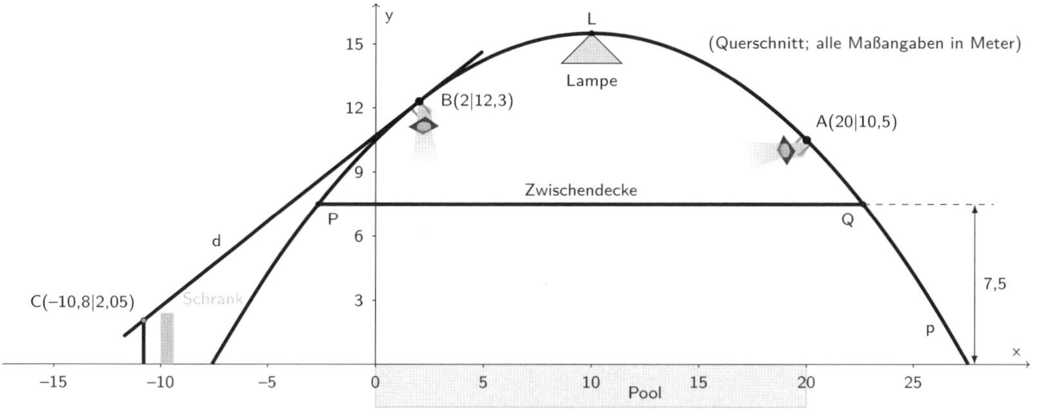

5.1 Stellen Sie die Funktionsgleichung der Parabel p auf. (Ergebnis: $p: y = -0{,}05x^2 + x + 10{,}5$) (4 Pkt.)

Für den Essbereich ist in 7,5 m Höhe eine Zwischendecke geplant.

5.2 Berechnen Sie die Breite $\overline{PQ}$ der Zwischendecke. (4 Pkt.)

Im höchsten Punkt L der Kuppel soll eine Lampe installiert werden.

5.3 Berechnen Sie die Koordinaten des Punktes L, an dem die Lichtquelle montiert werden soll. (3 Pkt.)

An der linken Seite der Kuppel soll ein Anbau als Lagerraum dienen. Das Dach des Anbaus kann als Graph einer linearen Funktion d verstanden werden, der durch die Punkte B (2 | 12,3) und C (– 10,8 | 2,05) verläuft.

5.4 Berechnen Sie die Funktionsgleichung des Daches d. (Ergebnis: $d: y = 0{,}8x + 10{,}7$) (3 Pkt.)

5.5 Zeigen Sie rechnerisch, dass das Dach des Anbaus die Kuppel des Thermalbades berührt. (3 Pkt.)

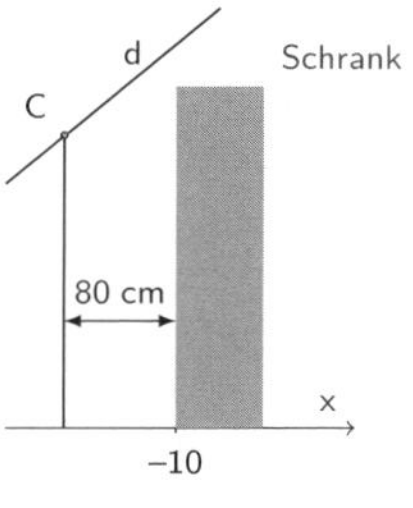

Im Anbau soll 80 cm von der Außenwand entfernt ein Schrank mit einer Höhe von 2,2 m aufgestellt werden.

5.6 Überprüfen Sie rechnerisch, ob der Schrank unter das Dach passt. (3 Pkt.)

6 Körperberechnungen - ab 2018: Raum und Form (20 Pkt.)

Andreas möchte in seinem Garten einen zylinderförmigen Pool mit einem Außendurchmesser von 2,2 m bauen. Dieser soll auf einer quadratischen, gepflasterten Fläche mit einer Seitenlänge von $a = 3\,\text{m}$ stehen.

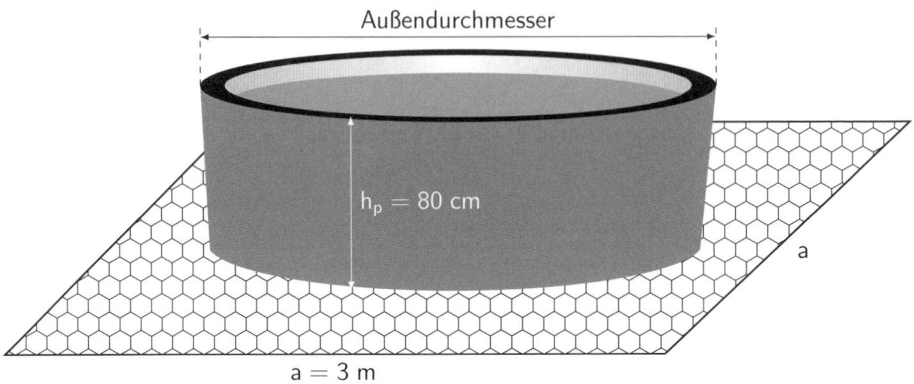

6.1 Berechnen Sie den Teil der gepflasterten Fläche, der vom Pool nicht bedeckt wird. (3 Pkt.)

Die Außenwand des Pools soll mit Holz verkleidet werden.

6.2 Berechnen Sie die zu verkleidende Außenfläche in m^2, wenn der Pool $h_p = 80$ cm hoch ist. (2 Pkt.)

Damit Andreas sicher in den Pool steigen kann, möchte er eine am Rand des Pools gemauerte Stufe mit rutschfesten Steinplatten belegen. Im Fachhandel kostet ein Quadratmeter dieser Steinplatten 59 €.

Die Trittfläche der Stufe hat die Tiefe von $t = 35$ cm. Die Breite des Einstiegs soll $\frac{1}{4}$ des Poolumfangs betragen.

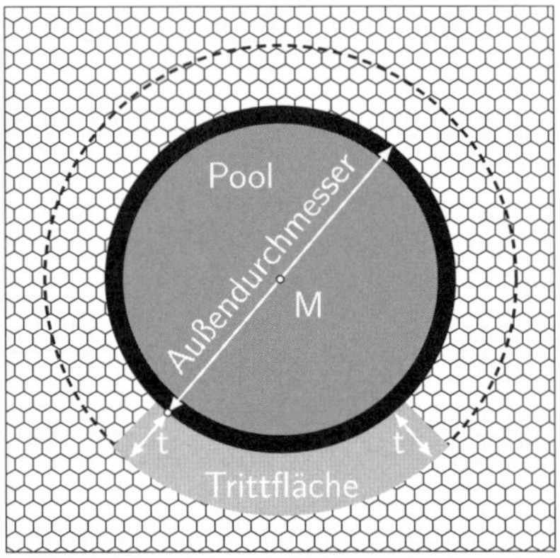

(nicht maßstabsgetreu)

6.3 Berechnen Sie die Kosten für die rutschfesten Steinplatten. (4 Pkt.)

Der Pool wird nur zu 90 % mit Wasser befüllt. Die Seitenwand ist 10 cm dick.

6.4 Berechnen Sie die Wassermenge in Liter im Pool. (4 Pkt.)

Als Sonnenschutz baut sich Andreas einen Pavillon über seinen Pool. Die senkrechten Stützen befinden sich an den vier Ecken der quadratischen, gepflasterten Grundfläche. Die von der Spitze S zu den Ecken des Daches verlaufenden Dachstangen haben jeweils eine Länge von $\overline{SC}= 222$ cm. Es müssen zur Stabilisierung vier Zusatzstreben z in einer Entfernung von $\overline{SE}=110$ cm zur Spitze an den Dachstangen befestigt werden (siehe Skizze).
Den oberen Teil des Daches möchte Andreas mit einer durchsichtigen Folie versehen.

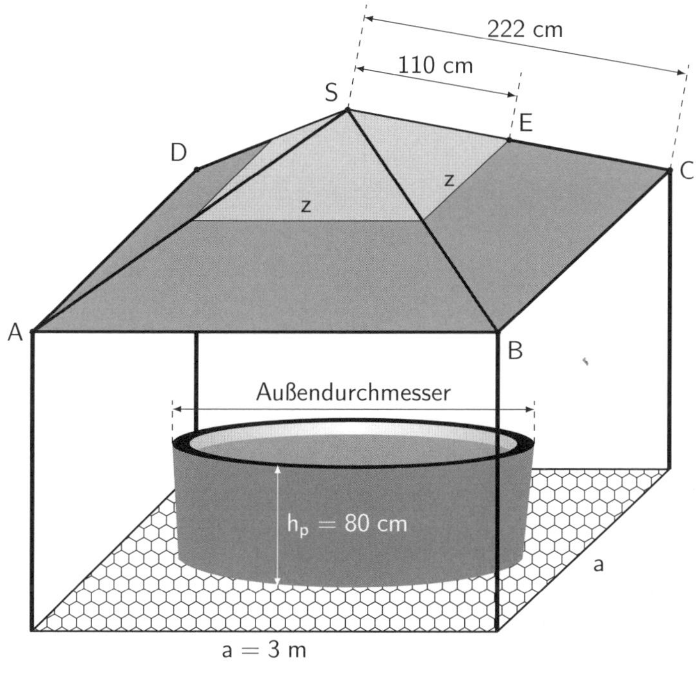

6.5 Berechnen Sie die Länge einer Querstrebe z. (Ergebnis z=1,49 m) (3 Pkt.)

6.6 Berechnen Sie, wie viel Quadratmeter durchsichtige Folie Andreas mindestens benötigt. (4 Pkt.)

7 **Aufgaben zu verschiedenen Themenbezügen** (20 Pkt.)

Aufgabe 7.1 und 7.2 - ab 2018: Daten und Zufall

Das dargestellte Liniendiagramm zeigt den durchschnittlichen Wasserverbrauch pro Person und Tag in Deutschland in den Jahren 2006 bis 2015.

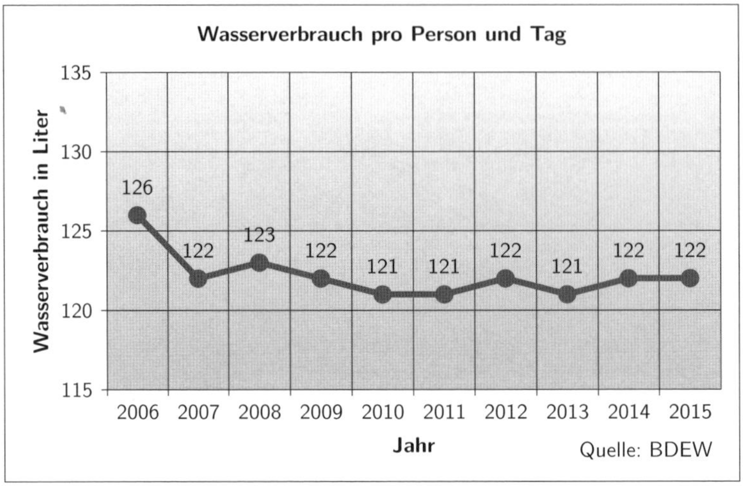

7.1 Berechnen Sie den Durchschnitt obiger Wasserverbrauchszahlen von 2006 bis 2015. (1 Pkt.)

7.2 Berechnen Sie, um wie viel Prozent der Wasserbrauch im Jahr 2015 im Vergleich zum Jahr 2006 gesunken ist. (2 Pkt.)

Fachleute gehen davon aus, dass der dargestellte Wasserverbrauch ab dem Jahr 2015 jedes Jahr um 3,17 % gesenkt werden kann.

7.3 Aufgabe nicht mehr prüfungsrelevant nach LehrplanPLUS
Berechnen Sie den durchschnittlichen Wasserverbrauch pro Person und Tag im Jahr 2050. (3 Pkt.)

7.4 Aufgabe nicht mehr prüfungsrelevant nach LehrplanPLUS
Berechnen Sie, wie viel Liter Wasser eine Person dann im Zeitraum von 2015 bis einschließlich 2050 insgesamt verbraucht hätte.
(Zur Berechnung: jedes Jahr hat 365 Tage) (3 Pkt.)

Aufgabe 7.5 - ab 2018: Daten und Zufall

Im Jahr 2015 verbrauchte eine Person durchschnittlich 122 Liter Wasser pro Tag. Die folgende Tabelle zeigt, wofür das Wasser verwendet wurde.

Toilette	Baden und Duschen	Wäsche waschen	Körper-pflege	Sonstiger Verbrauch
41 Liter	34 Liter	17 Liter	9 Liter	21 Liter

7.5 Stellen Sie die obige Verteilung des Wasserverbrauchs in einem Kreisdiagramm dar (siehe Zusatzblatt Seite 12). (4 Pkt.)

Aufgabe 7.6 - ab 2018: Raum und Form

Bei Familie Bauer tropft der Wasserhahn. Jede Sekunde fällt ein Wassertropfen.

7.6 Berechnen Sie, wie viele Tage es dauert, bis 140 Liter Wasser (entspricht etwa dem Fassungsvermögen einer Badewanne) verschwendet wurden.
Zur Berechnung wird ein Wassertropfen näherungsweise als Kugel mit einem Durchmesser von 5 mm angenommen. (3 Pkt.)

Aufgabe 7.7 - ab 2018: Funktionaler Zusammenhang

Da Familie Bauer grundsätzlich sehr verantwortungsbewusst mit Wasser umgeht, fängt sie im Garten Regenwasser in einer Tonne auf. Bevor es wieder zu regnen beginnt, sind 25 Liter Wasser in der Tonne. Der nächste Regen ist so stark, dass pro Minute 2 Liter Wasser dazukommen.

7.7 Untersuchen Sie den Zusammenhang zwischen Zeit und Füllmenge, indem Sie (auf dem Zusatzblatt am Ende der Angaben dieses Prüfungsjahrgangs)

- die Wertetabelle vervollständigen
- die Funktionsgleichung aufstellen und
- den Graph der Funktion in das gegebene Koordinatensystem zeichnen.

(4 Pkt.)

Zusatzblatt zu 7. Aufgaben mit verschiedenen Themenbezügen

Name: ....

zu Teilaufgabe 7.5

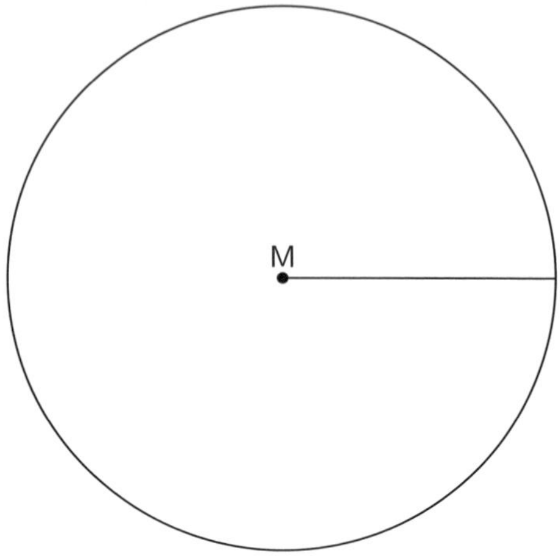

zu Teilaufgabe 7.7

Zeit x in Minuten	0	1	10		
Füllmenge y in Liter	25			75	95

Funktionsgleichung: ______________________

(**Hinweis:** Die Darstellung ist nicht maßstabsgetreu, da die Zeichnung für den Buchdruck skaliert wurde.)

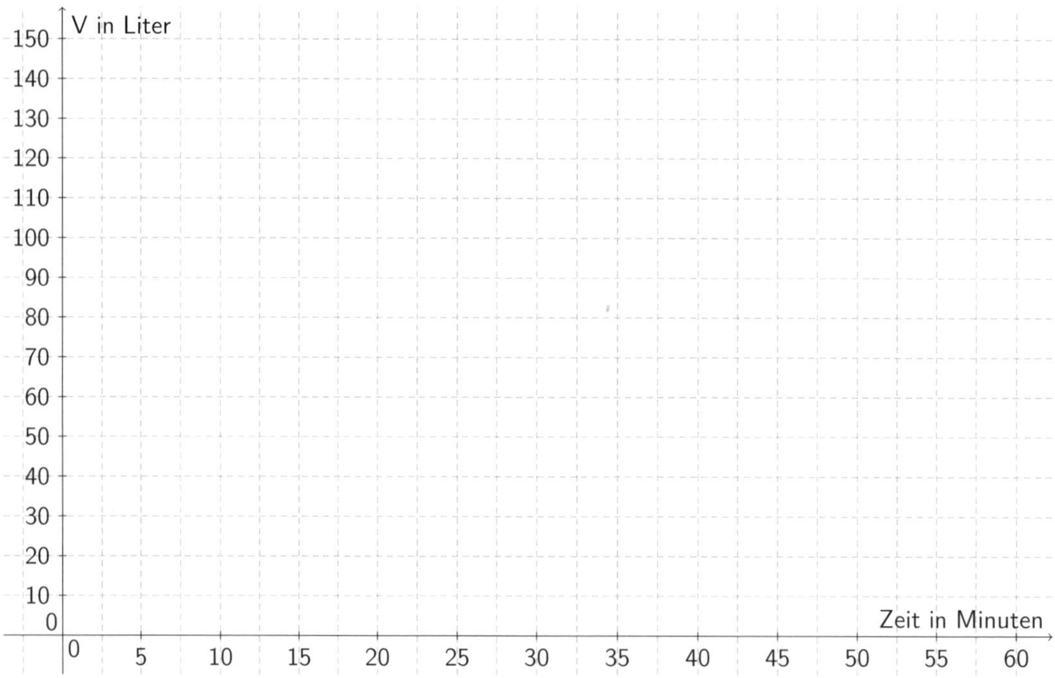

1 Finanzmathematik

1.1 Der Prozentsatz p, mit dem das Kapital verzinst wurde, soll berechnet werden.

$$
\begin{aligned}
K_n &= K_0 \cdot q^n \\
78.707{,}53 &= 45.000{,}00 \cdot q^{10} \qquad | : 45.000{,}00 \\
q &= \sqrt[10]{\frac{78.707{,}53}{45{,}000}} \\
q &= 1{,}0575 \\
p &= q - 1 \\
p &= 0{,}0575
\end{aligned}
$$

Der Zinssatz p entspricht somit 5,75 %. (3 Pkt.)

1.2 Ein Tilgungsplan für die Jahre 2016 und 2017 soll mit den gegebenen Informationen erstellt werden. Dabei wird zuerst die Tilgung 2016 berechnet, um dann die Annuität als auch den Zinssatz bestimmen zu können.

$$
\begin{aligned}
\text{Tilgung}_{2016} &= \overset{01.01.2016}{\text{Restschuld}} - \overset{31.12.2016}{\text{Restschuld}} \\
\text{Tilgung}_{2016} &= 132.815{,}21 - 123.269{,}17 \\
\text{Tilgung}_{2016} &= 9.546{,}04
\end{aligned}
$$

Die Annuität beinhaltet die Zinsen und die Tilgung.

$$
\begin{aligned}
\text{Annuität}_{2016} &= \overset{\text{Zinsen}}{3.519{,}60} + \overset{\text{Tilgung}}{9.546{,}04} \\
\text{Annuität}_{2016} &= 13.065{,}64
\end{aligned}
$$

Der Zinssatz wird dann folgendermaßen berechnet.

$$
\begin{aligned}
p &= \frac{\overset{2016}{\text{Zinsen}} \cdot 100}{\overset{01.01.2016}{\text{Restschuld}}} \\
&= \frac{\overset{2016}{3.519{,}60} \cdot 100}{\overset{01.01.2016}{132.815{,}21}} \\
&= 2{,}65\,\%
\end{aligned}
$$

Der Zinssatz beträgt 2,65 %

Somit sieht der Tilgungsplan folgendermaßen aus:

Jahr	$\text{Schuld}_{01.01.}$	Zinsen	Tilgung	Annuität	$\text{Schuld}_{31.12.}$
2016	132.815,21 €	3.519,60 €	9.546,04 €	13.065,64 €	123.269,17 €
2017	123.269,17 €	3.266,63 €	9.799,01 €	13.065,64 €	113.470,16 €

(5 Pkt.)

1.3 Frau Knapp plant, eine Sondertilgung einzubringen und es soll berechnet werden, nach wie vielen Jahren dann das Darlehen vollständig zurückbezahlt wäre.
Durch die Sonderzahlung über 60.000,00 € verringert sich die Schuld am 31.12.2017.

$$\begin{aligned}\text{Schulden}_{31.12.2017} &= \text{Schuld}_{31.12.2017} - \text{Zahlung}\\ &= 113.470{,}16 - 60.000{,}00\\ &= \underline{\underline{53.470{,}16\,€}}\end{aligned}$$

Somit kann jetzt das Ende des Darlehens berechnet werden.

$$\begin{aligned}0 &= 53.470{,}16 \cdot 1{,}0265^n - \frac{13.065{,}64 \cdot (1{,}0265^n - 1)}{0{,}0265}\\ 0 &= 53.470{,}16 \cdot 1{,}0265^n - 493.043{,}02 \cdot 1{,}0265^n + 493.043{,}02\\ n &= \frac{\lg \frac{493.043{,}02}{493.572{,}86}}{\lg 1{,}0265}\\ \underline{\underline{n}} &\underline{\underline{= 4{,}39}}\end{aligned}$$

Die Rückzahlung des Darlehens endet in 5 Jahren. (5 Pkt.)

1.4 Frau Knapp verkauft ihr Geschäft und vergleicht hierfür zwei vorliegende Angebote bei einem Zinssatz von 1,8 %.

Angebot 1:

$$K_0 = 60.000{,}00 + \frac{20.000{,}00}{1{,}018^3} + \frac{20.000{,}00}{1{,}018^6} = \mathbf{96.927{,}55\,€}$$

Angebot 2:

$$R_0 = 20.000{,}00 \cdot \frac{1{,}018^5 - 1}{1{,}018^5 \cdot 0{,}018} = \mathbf{94.818{,}89\,€}$$

Frau Knapp sollte sich für das <u>Angebot von der Schneiderei Berat Aldemir</u> entscheiden. (4 Pkt.)

1.5 Frau Knapp verkauft nicht, sondern verpachtet. Der jährliche Pachtertrag soll berechnet werden, wenn das Sparkonto mit 1,8 % verzinst wird.

$$\begin{aligned}100.000{,}00 &= r \cdot 1{,}018 \frac{1{,}018^{10} - 1}{0{,}018}\\ r &= \frac{100.000{,}00 \cdot 0{,}018}{1{,}018 \cdot (1{,}018^{10} - 1)}\\ \underline{\underline{r}} &\underline{\underline{= 9{,}053{,}51\,€}}\end{aligned}$$

Der jährliche Pachtertrag beträgt 9,053,51 €. (3 Pkt.)

3 Trigonometrie

3.1 Die Länge der Gabel [BC] im rechtwinkligen Dreieck HBC wird mit dem Tangenssatz berechnet, wobei $\overline{HB} = 410\,\text{mm}$ und der Winkel $\beta = 38{,}5°$ gegeben sind.

$$\tan 38{,}5° = \frac{\overline{BC}}{410} \quad | \cdot 410$$
$$\underline{\underline{\overline{BC} = 326{,}13}}$$

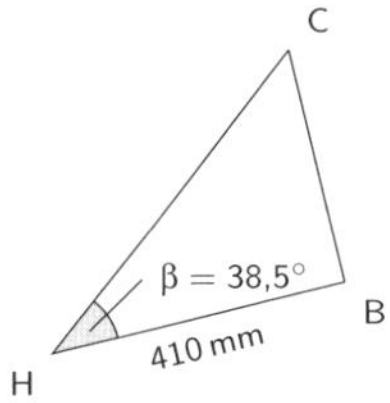

Die Länge der Gabel [BC] beträgt 326,13 mm. (2 Pkt.)

3.2 In dem selben rechtwinkligen Dreieck soll die Länge des Unterrohrs [HC] berehnet werden.
1. Möglichkeit - Satz des Pythagoras

$$\overline{HC}^2 = \overline{HB}^2 + \overline{BC}^2$$
$$\overline{HC}^2 = 410^2 + 326{,}13^2$$
$$\overline{HC}^2 = 274\,460{,}78 \quad |\sqrt{\ }$$
$$\overline{HC} = 523{,}89$$

Die Länge des Unterrohrs [HC] beträgt 523,89 mm.

2. Möglichkeit - Kosinussatz

$$\cos\beta = \frac{\overline{HB}}{\overline{HC}}$$
$$\cos 38{,}5° = \frac{410}{\overline{HC}} \cdot \overline{HC} \quad | : \cos 38{,}5°$$
$$\overline{HC} = 523{,}89$$

Die Länge des Unterrohrs [HC] beträgt $\underline{\underline{523{,}89\,\text{mm}}}$. (2 Pkt.)

3.3 Die Rahmenhöhe RH soll berechnet und es soll überprüft werden, ob das Rennrad für Ramona geeignet ist. Zur Berechnung von RH eignet sich das Dreieck RHC. Die Rechnungen erfolgen dann über den Sinussatz.

$$\sphericalangle RCH = 180° - 76° - 51°$$
$$\sphericalangle RCH = 53°$$
$$\frac{\sin 76°}{523{,}89} = \frac{\sin 53°}{\overline{RH}}$$
$$\overline{RH} = \frac{\sin 53° \cdot 523{,}87}{\sin 76°}$$
$$\overline{RH} = 431{,}21$$

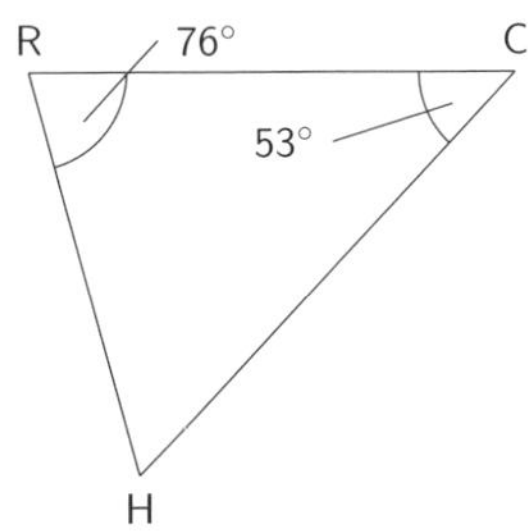

Die Rahmenhöhe ist somit $\underline{\underline{RH \approx 43\,\text{cm}}}$ hoch und eignet sich für Ramona. (4 Pkt.)

3.4 Die Sitzstrebe [RA] hat eine Länge von 395 mm. Die Länge der Strebe [AH] im Dreieck AHR soll berechnet werden, wobei der Kosinussatz angewendet wird.

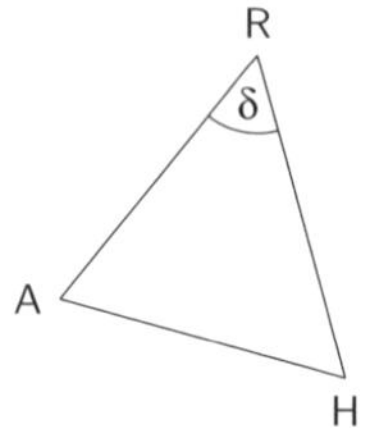

$$\overline{AH}^2 = \overline{RA}^2 + \overline{RH}^2 - 2 \cdot \overline{RA} \cdot \overline{RH} \cdot \cos\delta$$
$$\overline{AH}^2 = 395^2 + 431{,}21^2 - 2 \cdot 395 \cdot 431{,}21 \cdot \cos 48^\circ$$
$$\overline{AH}^2 = 114\,023{,}78 \quad |\sqrt{\ }$$
$$\overline{AH} = 337{,}67$$

Die Strebe $\overline{AH}$ hat die Länge $\underline{\underline{337{,}67\text{ mm}}}$. (3 Pkt.)

3.5 Der Winkel α soll im selben Dreieck AHR berechnet werden. Durch die Angaben wird über den Sinussatz gerechnet.

$$\frac{\sin 48^\circ}{337{,}67} = \frac{\sin\alpha}{431{,}21}$$
$$\sin\alpha = \frac{\sin 48^\circ \cdot 431{,}21}{337{,}67}$$
$$\sin\alpha = 0{,}949 \qquad |\sin(\ )^{-1}$$
$$\underline{\underline{\alpha \approx 71{,}62^\circ}}$$

(3 Pkt.)

3.6 Der Neigungswinkel soll in Prozent ausgerechnet werden. Der Winkel ist mit 5° angegeben.

$$\tan 5^\circ \cdot 100 = 8{,}75$$

Der Neigungswinkel ist $\underline{\underline{8{,}75\,\%}}$. (2 Pkt.)

3.7 Die Fläche des zu verpackenden Rahmens AHCR ist zu berechnen. Hierzu wird die Fläche in zwei Dreicke aufgeteilt.

$$A_{\Delta ARH} = \frac{1}{2} \cdot \overline{RA} \cdot \overline{RH} \cdot \sin\delta$$
$$= \frac{1}{2} \cdot \overline{395} \cdot \overline{431{,}21} \cdot \sin 48^\circ$$
$$= \underline{63\,289{,}17}$$
$$A_{\Delta RCH} = \frac{1}{2} \cdot \overline{RH} \cdot \overline{HC} \cdot \sin\varphi$$
$$= \frac{1}{2} \cdot \overline{431{,}21} \cdot \overline{523{,}89} \cdot \sin 51^\circ$$
$$= \underline{87\,781{,}20}$$

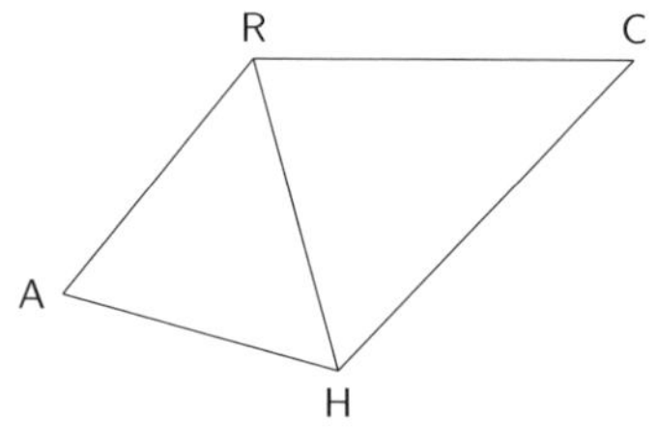

$$A_{Gesamt} = A_{\Delta ARH} + A_{\Delta RCH}$$
$$= 63\,289{,}17 + 87\,781{,}20$$
$$= 151\,070{,}37$$

Die zu verpackende Rahmenfläche beträgt $\underline{\underline{151\,070{,}37\text{ mm}^2}}$. (4 Pkt.)

4 Stochastik - ab 2018: Daten und Zufall

4.1 Unter 51 Schülern wird eine Umfrage bzgl. der Schullogos auf den Abschluss-T-Shirts durchgeführt. Das Ereignis E_1 :„Schüler stimmt für den Aufdruck des Schullogos“ soll bestimmt werden.

$$E_1 = 3 + 4$$
$$\underline{\underline{E_1 = 7}}$$

Es sind 7 Schüler, die für das Schullogo abstimmen. (1 Pkt.)

4.2 Die relative Häufigkeit für das Ereignis E_2 :„Schüler stimmt für die Farbe Schwarz“ soll bestimmt werden.

$$E_2 = \frac{12 + 10}{51}$$
$$E_2 = 0{,}4314$$

Die relative Häufigkeit beträgt $\underline{\underline{43{,}14\,\%}}$. (2 Pkt.)

4.3 Das Umfrageergebnis zum Motiv soll in einem geeignten Säulendiagramm dargestellt werden.

Anzahl befragter Wirtschaftschüler:

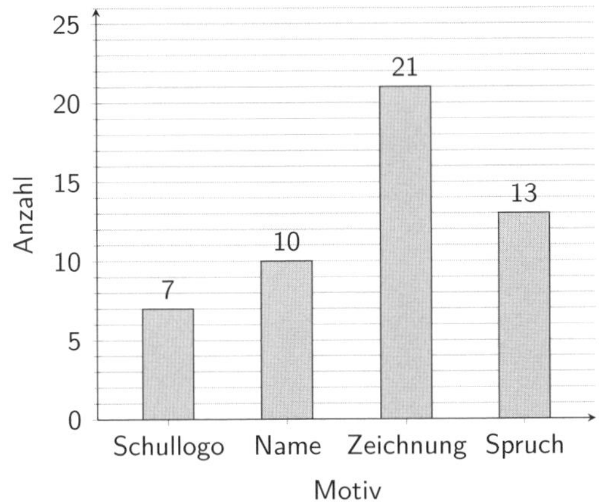

(3 Pkt.)

4.4 Durch vorhandene Daten soll die Spannweite, der Median und das arithmetische Mittel der Preise bestimmt werden.

$$\text{Spannweite} = \overset{\text{höchster Preis}}{19{,}88} - \overset{\text{niedrigster Preis}}{12{,}45}$$
$$= \underline{\underline{7{,}43\ €}}$$

$$\text{Median} = \frac{15{,}35 + 15{,}99}{2}$$
$$= \underline{\underline{15{,}67\ €}}$$

$$\text{Arithmetische Mittel} = \frac{14{,}99 + 12{,}45 + 15{,}35 + 19{,}88 + 17{,}95 + 15{,}99}{6}$$
$$= \underline{\underline{16{,}10\ €}}$$

(2 Pkt.)

4.5 Zu dem Zufallsexperiment „Lieferung von T-Shirts mit Motiv und Farbe“ soll ein passendes Baumdiagramm mit den entsprechenden Wahrscheinlichkeiten angegeben werden.

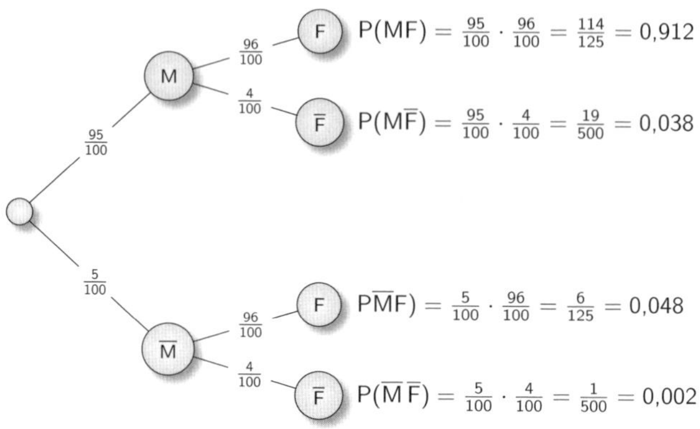

(4 Pkt.)

4.6 Die Wahrscheinlichkeit, dass ein Schüler ein T-Shirt ohne Mängel erhält, soll bestimmt werden.

$$P(MF) = \frac{95}{100} \cdot \frac{96}{100}$$
$$= \frac{114}{125}$$
$$= 0{,}912$$

Die Wahrscheinlich beträgt $\underline{\underline{91{,}20\,\%}}$. (2 Pkt.)

4.7 Die Wahrscheinlichkeit, dass ein T-Shirt **höchstens** einen Mangel aufweist, soll bestimmt werden.

$$P\{(M\overline{F}); (\overline{M}F); (MF)\} = 1 - P(\overline{M}\,\overline{F})$$
$$= 1 - \frac{5}{100} \cdot \frac{4}{100}$$
$$= 0{,}998$$

Die Wahrscheinlich beträgt $\underline{\underline{99{,}8\,\%}}$. (2 Pkt.)

5 Funktionen - ab 2018: Funktionaler Zusammenhang

5.1 Durch die gegebenen Punkte $A(20\,|\,10{,}5)$ und $B(2\,|\,12{,}3)$ sowie der Formvariablen $a = -0{,}05$ soll die Funktionsgleichung p bestimmt werden.

Die allgemeine Form einer Parabel lautet:

$$y = ax^2 + bx + c$$

Die Formvariable $a = -0{,}05$ ist bereits gegeben.

$$p:\ y = -0{,}05x^2 + bx + c$$

Die beiden Parameter b und c ergeben sich durch das Lösen des linearen Gleichungssystems, wenn die Punkte $A(20\,|\,10{,}5)$ und $B(2\,|\,12{,}3)$ eingesetzt werden:

$$\begin{aligned}
&\text{(I)} & 10{,}5 &= -0{,}05 \cdot 20^2 + b \cdot 20 + c & \\
&\Longleftrightarrow & 10{,}5 &= -20 + 20b + c & &|+20-20b \\
&\Longleftrightarrow & c &= 30{,}5 - 20b & \\
&\text{(II)} & 12{,}3 &= -0{,}05 \cdot 2^2 + b \cdot 2 + c & \\
&\Longleftrightarrow & 12{,}3 &= -0{,}2 + 2b + c &
\end{aligned}$$

Aus Gleichung (I) ergibt sich direkt $c = 30{,}5 - 20b$. Setzt man c in die Gleichung (II) ein, so ergibt sich der Wert für b wie folgt:

$$\begin{aligned}
& & 12{,}3 &= -0{,}2 + 2b + (30{,}5 - 20b) & \\
&\Longleftrightarrow & 12{,}3 &= 30{,}3 - 18b & &|-30{,}3 \\
&\Longleftrightarrow & -18 &= -18b & &|:(-18) \\
&\Longleftrightarrow & b &= 1 &
\end{aligned}$$

Setzt man nun $b = 1$ in $c = 30{,}5 - 20b$, so ergibt sich für c folgendes Ergebnis:

$$\begin{aligned}
& & c &= 30{,}5 - 20 \cdot 1 \\
&\Longleftrightarrow & c &= 10{,}5
\end{aligned}$$

Die Funktionsgleichung der Parabel p lautet also:

$$\underline{\underline{p:\ y = -0{,}05x^2 + x + 10{,}5}}$$

(4 Pkt.)

5.2 Im Essbereich ist in 7,5 m Höhe eine Zwischendecke geplant. Die Breite $\overline{PQ}$ soll berechnet werden.

$$\begin{aligned}
& & y &= -0{,}05x^2 + x + 10{,}5 & \\
&\Longleftrightarrow & 7{,}5 &= -0{,}05x^2 + x + 10{,}5 & &|-7{,}5 \\
&\Longleftrightarrow & 0 &= -0{,}05x^2 + x + 3 &
\end{aligned}$$

Um die Breite $\overline{PQ}$ ausrechnen zu können, benötigt man nun die Nullstellen.

$$
\begin{aligned}
& -0{,}05x^2 + x + 3 = 0 \\
\Longleftrightarrow \quad & x_{1,2} = \frac{-1 \pm \sqrt{1^2 - 4 \cdot (-0{,}05) \cdot 3}}{2 \cdot (-0{,}05)} \\
\Longleftrightarrow \quad & x_{1,2} = \frac{-1 \pm \sqrt{1{,}6}}{-0{,}1} \\
\Longleftrightarrow \quad & x_{1,2} = \frac{-1 \pm 1{,}2649}{-0{,}1} \\
\Longleftrightarrow \quad & x_1 = 22{,}65 \quad \text{und} \quad x_2 = -2{,}65
\end{aligned}
$$

Die Breite ergibt sich nun durch den Betrag der beiden Nullstellen.
$22{,}65 + |-2{,}65| = 25{,}30$
Die Breite der Zwischendecke beträgt $\underline{\underline{25{,}30\,m}}$. (4 Pkt.)

5.3 Der höchste Punkt L ist auch der Scheitelpunkt der Parabel, der folgendermaßen berechnet wird:

$$
\begin{aligned}
x_L &= -\frac{b}{2a} = -\frac{1}{2 \cdot (-0{,}05)} = 10 \\
y_L &= c - \frac{b^2}{4a} = 10{,}5 - \frac{1^2}{4 \cdot (-0{,}05)} = 15{,}5
\end{aligned}
$$

Somit hat der gesuchte Punkt folgende Koordinaten: $\underline{\underline{L\,(10\,|\,15{,}5)}}$. (3 Pkt.)

5.4 Die Funktionsgleichung des Daches d verläuft durch die beiden angebenen Punkte B und C. Zunächst muss die Steigung m der Funktionsgleichung d bestimmt werden.
Gegeben: $B\,(2\,|\,12{,}3)$ und $C\,(-10{,}8\,|\,2{,}05)$

$$
\begin{aligned}
& m = \frac{y_C - y_B}{x_C - x_B} \\
\Longleftrightarrow \quad & m = \frac{2{,}05 - 12{,}3}{-10{,}8 - 2} \\
\Longleftrightarrow \quad & \underline{m = 0{,}8}
\end{aligned}
$$

Nun wird in die allgemeine Funktionsgleichung $d: y = m \cdot x + t$ das Ergebnis von m und bspw. der Punkt B eingesetzt, um t herauszufinden.

$$
\begin{aligned}
& y = m \cdot x + t \\
\Longleftrightarrow \quad & 12{,}3 = 0{,}8 \cdot 2 + t \\
\Longleftrightarrow \quad & 12{,}3 = 1{,}6 + t \qquad |-1{,}6 \\
\Longleftrightarrow \quad & \underline{t = 10{,}7} \\
\Longleftrightarrow \quad & \underline{\underline{y = 0{,}8x + 10{,}7}}
\end{aligned}
$$

(3 Pkt.)

5.5 Es soll rechnerisch gezeigt werden, dass das Dach den Anbau der Kuppel berührt. Somit muss die Diskriminante D=0 sein, wenn beide Funktionen p und d gleichgesetzt werden.

$$p = d$$

$$\begin{aligned}
\Longleftrightarrow\quad & -0{,}05x^2 + x + 10{,}5 = 0{,}8x + 10{,}7 && \mid -0{,}8x - 10{,}7\\
\Longleftrightarrow\quad & -0{,}05x^2 + 0{,}2x - 0{,}2 = 0\\
\Longleftrightarrow\quad & D = b^2 - 4ac\\
\Longleftrightarrow\quad & D = 0{,}2^2 - 4 \cdot (-0{,}05) \cdot (-0{,}2)\\
\Longleftrightarrow\quad & D = 0
\end{aligned}$$

Da D=0, berührt das Dach des Anbaus die Kuppel nur. (3 Pkt.)

5.6 Es soll rechnerisch überprüft werden, ob der Schrank mit der Höhe 2,2 m im Anbau aufgestellt werden kann. Hierzu wird die Funktionsgleichung d verwendet.

$$\begin{aligned}
& x = -10{,}8 + 0{,}8\\
\Longleftrightarrow\quad & \underline{x = -10}
\end{aligned}$$

Nun wird $x = -10$ in die Funktionsgleichung d eingesetzt, um y herauszufinden.

$$\begin{aligned}
& y = 0{,}8x + 10{,}7\\
\Longleftrightarrow\quad & y = 0{,}8 \cdot (-10) + 10{,}7\\
\Longleftrightarrow\quad & \underline{y = 2{,}7}
\end{aligned}$$

Da $y = 2{,}7$ m passt der Schrank mit seiner Höhe 2,2 m unter das Dach. (3 Pkt.)

6 Körperberechnungen - ab 2018: Raum und Form

6.1 Um den Teil der gepflasterten Fläche auszurechnen, der nicht vom Pool bedeckt wird, muss zunächst die Fläche des Pools ausgerechnet werden.

$$
\begin{aligned}
& & A &= r^2 \cdot \pi \\
&\Longleftrightarrow & A &= \left(\frac{d}{2}\right)^2 \cdot \pi \\
&\Longleftrightarrow & A &= \left(\frac{2{,}2}{2}\right)^2 \cdot \pi \\
&\Longleftrightarrow & A &= 3{,}80
\end{aligned}
$$

Nun kann die gepflasterte Fläche ausgerechnet und davon die Fläche des Pools abgezogen werden.

$$
\begin{aligned}
& & A &= a^2 \\
&\Longleftrightarrow & A &= 3^2 \\
&\Longleftrightarrow & A &= 9 \\
&\Longleftrightarrow & A_{\text{gefragt}} &= 9 - 3{,}80 \\
&\Longleftrightarrow & A_{\text{gefragt}} &= 5{,}20
\end{aligned}
$$

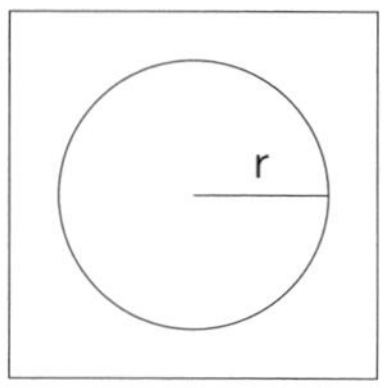

Die gepflasterte Fläche, die nicht vom Pool bedeckt wird, ist $\underline{\underline{A = 5{,}20\,\text{m}^2}}$. (3 Pkt.)

6.2 Um die zu verkleidende Außenfläche des Pools zu berechnen, benötigt man den Mantel des Pools (Zylinder).

$$
\begin{aligned}
& & M &= d \cdot \pi \cdot h \\
&\Longleftrightarrow & M &= 2{,}2 \cdot \pi \cdot 0{,}8 \\
&\Longleftrightarrow & M &= 5{,}53
\end{aligned}
$$

Die zu verkleidende Außenfläche beträgt $\underline{\underline{5{,}53\,\text{m}^2}}$. (2 Pkt.)

6.3 Um die Kosten für die rutschfesten Steinplatten berechnen zu können, sind folgende Rechenschritte notwendig:

$$
\begin{aligned}
& & r_{\text{Kreissektor}} &= r_{\text{Pool}} + r_{\text{Trittfläche}} \\
&\Longleftrightarrow & r_{\text{Kreissektor}} &= 1{,}1 + 0{,}35 \\
&\Longleftrightarrow & \underline{r_{\text{Kreissektor}}} &\underline{= 1{,}45}
\end{aligned}
$$

Der Radius des Kreissektor beträgt 1,45 m. Nun kann die Trittfläche ausgerechnet werden.

$$
\begin{aligned}
& & A_{\text{Trittfläche}} &= A_{\frac{1}{4}\text{-Sektor}} - A_{\frac{1}{4}\text{-Poolsektor}} \\
&\Longleftrightarrow & A_{\text{Trittfläche}} &= \frac{1}{4} \cdot 1{,}45^2 \cdot \pi - \frac{1}{4} \cdot 1{,}1^2 \cdot \pi \\
&\Longleftrightarrow & \underline{A_{\text{Trittfläche}}} &\underline{= 0{,}70}
\end{aligned}
$$

Die Trittfläche hat eine Größe von $0{,}7\,\text{m}^2$. Die Kosten für die Steinplatten belaufen sich auf $0{,}7\,\text{m}^2 \cdot 59\,€/\text{m}^2 = \underline{\underline{41{,}30\,€}}$. (4 Pkt.)

6.4 Die Wassermenge in Litern soll berechnet werden, wenn der Pool bis zu 90 % befüllt wird. Die Außenwand ist 10 cm dick und muss vom Radius des Pools abgezogen werden.

$$
\begin{aligned}
r &= 1{,}1 - 0{,}1 \qquad = 1\,\text{m} \mathrel{\hat{=}} 10\,\text{dm}\\
V &= r^2 \cdot \pi \cdot h\\
\iff \quad V &= 10^2 \cdot \pi \cdot 8\\
\iff \quad V &= 2.513{,}27\\
\text{Wassermenge} &= 0{,}9 \cdot 2.513{,}27 = 2.261{,}95\ \text{Liter}
\end{aligned}
$$

Es sind 2.261,95 Liter Wasser im Pool. (4 Pkt.)

6.5 Die Länge der Querstrebe z wird über den Vierstreckensatz berechnet.

$$
\begin{aligned}
\frac{z}{a} &= \frac{k}{m}\\
\iff \quad \frac{z}{3} &= \frac{1{,}1}{2{,}22}\\
\iff \quad z &= \frac{3 \cdot 1{,}1}{2{,}22}\\
\iff \quad z &= 1{,}49
\end{aligned}
$$

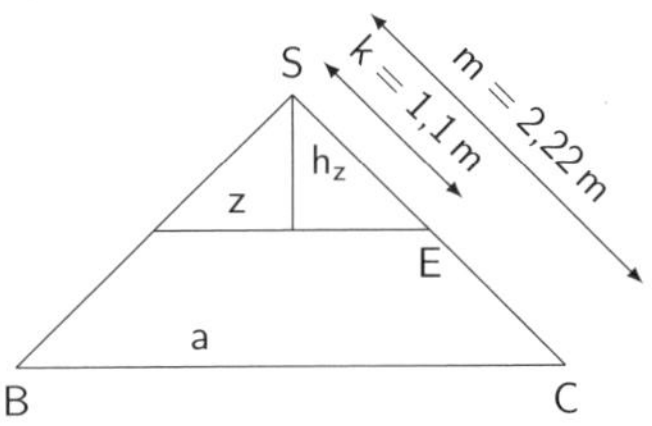

Die Länge der Querstrebe ist 1,49 m lang. (3 Pkt.)

6.6 Um die Fläche der durchsichtigen Folie auszurechnen, wird erst die Höhe in einem der Dreiecke, die mit Folie versehen sind, ausgerechnet.

$$
\begin{aligned}
h_z &= k^2 - \left(\frac{z}{2}\right)^2\\
\iff \quad h_z &= \sqrt{1{,}1^2 - \left(\frac{1{,}49}{2}\right)^2}\\
\iff \quad h_z &= 0{,}81
\end{aligned}
$$

Nun kann die Fläche eines Dreieck ausgerechnet werden und somit die Gesamtfläche.

$$
\begin{aligned}
A_{\text{Dreieck}} &= \frac{z \cdot h_z}{2}\\
\iff \quad A_{\text{Dreieck}} &= \frac{1{,}49 \cdot 0{,}81}{2}\\
\iff \quad A_{\text{Dreieck}} &= 0{,}6035\\
A_{\text{Gesamt}} &= 4 \cdot 0{,}6035\\
\iff \quad &= 2{,}41
\end{aligned}
$$

Andreas benötigt $2{,}41\,\text{m}^2$ Folie für das Dach. (4 Pkt.)

7 Aufgaben mit verschiedenen Themenbezügen
Aufgaben 7.1 und 7.2 - ab 2018: Daten und Zufall

7.1 Der Durchschnittsverbrauch von 2006 bis 2015 soll berechnet werden.

$$\varnothing \text{ Wasserverbrauch} = \frac{126+122+123+122+121+121+122+121+122+122}{10} = 122{,}2$$

Der ∅ – Wasserverbrauch beträgt 122,2 Liter. (1 Pkt.)

7.2 Der gesunkene Wasserverbrauch zwischen 2015 und 2006 soll in Prozent ausgerechnet werden.

$$126 \mathrel{\hat{=}} 100\,\%$$
$$122 \mathrel{\hat{=}} x$$
$$\frac{122 \cdot 100}{126} = x$$
$$x = 96{,}83\,\%$$

Der Wasserverbrauch ist demnach um $100\,\% - 96{,}83\,\% = 3{,}17\,\%$ gesunken. (2 Pkt.)

7.3 Aufgabe nicht mehr prüfungsrelevant nach LehrplanPLUS

(3 Pkt.)

7.4 Aufgabe nicht mehr prüfungsrelevant nach LehrplanPLUS

(3 Pkt.)

Aufgabe 7.5 - ab 2018: Daten und Zufall

7.5 Der Wasserverbrauch soll in einem Kreisdiagramm dargestellt werden.

	absolut	relativ	Winkel
Toilette	41	0,34	122,4°
Baden und Duschen	34	0,28	100,8°
Wäsche waschen	17	0,14	50,4°
Körperpflege	9	0,07	25,2°
Sonstiger Verbrauch	21	0,17	61,2°
	122	1	360°

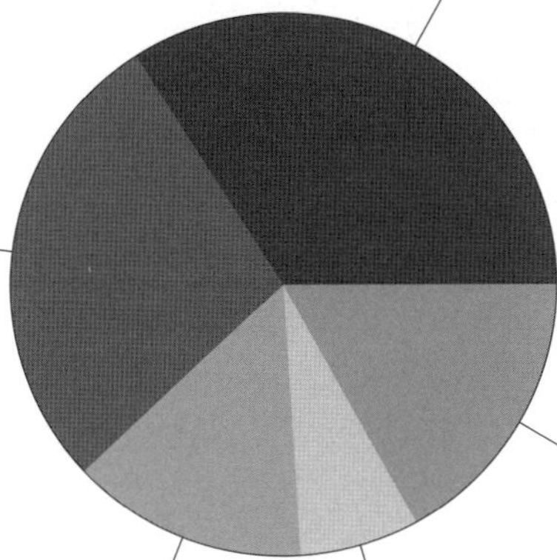

(4 Pkt.)

Aufgabe 7.6 - ab 2018: Raum und Form

7.6 Um zu berechnen, wie lange es dauert, bis eine Badewanne mit den Tropfen vollläuft, benötigt man zuerst das Volumen des Wassertropfens.

$$V_{\text{Wassertropfen}} = \frac{4}{3} \cdot r^3 \cdot \pi$$
$$= 65{,}45$$

Ein Wassertropfen hat ein Volumen von $\underline{V = 65{,}45\,\text{mm}^3}$.

Weiter gilt, dass 140 Liter $\hat{=}$ 140.000.000 mm^3 Wasser.
Somit kann nun die Anzahl der Tropfen ermittelt werden.

$$\text{Anzahl der Tropfen} = \frac{140.000.000}{65{,}45} = 2.139.037$$

Es sind insgesamt 2.139.037 Tropfen, also auch 2.139.037 Sekunden, die der Wasserhahn tropft.
2.139.037 Sekunden $\hat{=}$ 594,18 Stunden $\hat{=}$ $\underline{\underline{24{,}76\text{ Tage}}}$. (3 Pkt.)

Aufgabe 7.7 - ab 2018: Funktionaler Zusammenhang

7.7 Mit der Variable x wird die verstrichene Zeit in Minuten beschrieben und mit der Variable y die Füllmenge in Litern. Zu Beginn, also bei $x = 0$ befinden sich bereits 25 Liter Wasser in der Tonne. Pro Minute kommen dann zwei Liter hinzu, sodass sich als Funktionsgleichung ergibt:

$$\underline{\underline{r : y = 2x + 25}}$$

Anhand dieser Funktionsgleichung kann durch Einsetzen der Zeit x oder der Füllmenge y und nachfolgendem Umformen die Wertetabelle vervollständigt werden:

Zeit x in Minuten	0	1	10	25	35
Füllmenge y in Liter	25	27	45	75	95

Anhand der gegebenen Wertepaare kann nun noch die grafische Darstellung erfolgen:

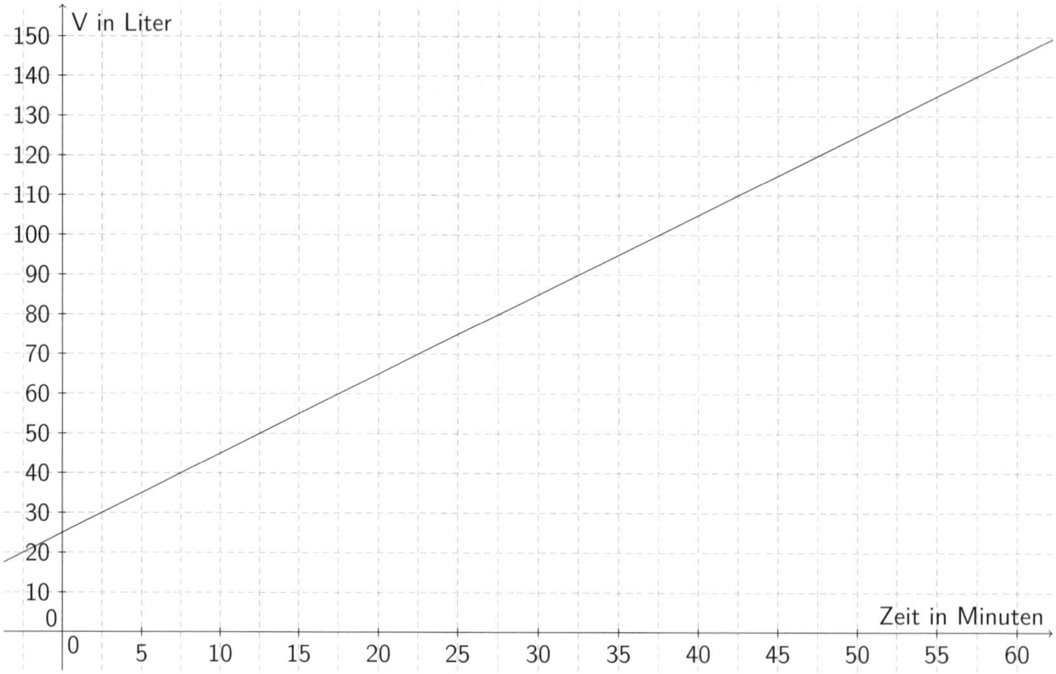

(4 Pkt.)

Musterprüfung nach LehrplanPLUS 2017

Aufgaben ohne Benutzung des Taschenrechners (15 Pkt.)

1 Susanne und Jan kaufen sich gemeinsam eine Pizza. Susanne hat bereits drei Viertel gegessen. Den Rest teilt sie mit Jan und gibt ihm davon die Hälfte. Wie hoch ist Jans Anteil an der gekauften Pizza?

A	B	C	D	Lösung
20 %	25 %	12,5 %	10 %	

(1 Pkt.)

2 Die kleinste der folgenden Zahlen ist ...

A	B	C	D	Lösung
2^3	$5\frac{1}{2}$	$\sqrt{17}$	5,65	

(1 Pkt.)

3 Das Hinterrad eines Fahrrads hat einen Durchmesser von 30 cm. Bei 10 Radumdrehungen fährt man ...

A	B	C	D	Lösung
ca. 15 m.	ca. 30 m.	ca. 3 m.	ca. 9m.	

(1 Pkt.)

4 In einer Urne befinden sich 4 Plättchen. Sie tragen die Buchstaben B, E, G und R. Es wird ohne Zurücklegen gezogen. Wie groß ist die Wahrscheinlichkeit, dass in der gezogenen Reihenfolge das Wort „BERG“ gebildet wird?

A	B	C	D	Lösung
$\frac{1}{6}$	$\frac{1}{12}$	$\frac{1}{24}$	$\frac{1}{32}$	

(1 Pkt.)

5 Die Waage befindet sich im Gleichgewicht.
Stellen Sie eine Gleichung auf und berechnen Sie das Gewicht der Kugel.

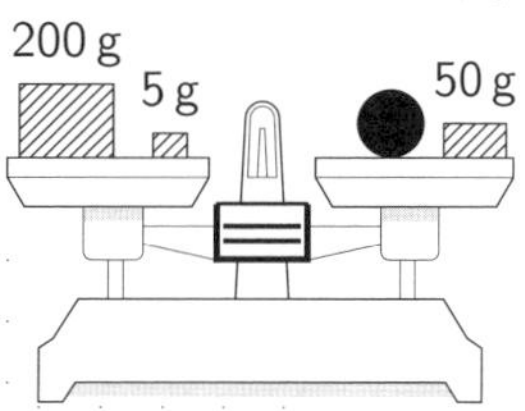

(2 Pkt.)

6 Begründen Sie, warum man mit diesen Maßen kein Dreieck bilden kann.

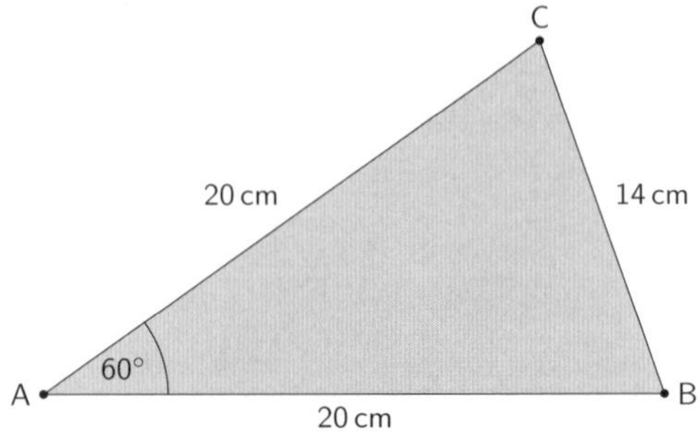

Die Skizze ist nicht maßstabsgetreu.

(2 Pkt.)

7 Petra und Jürgen, Klassensprecher einer Wirtschaftsschulklasse, planen eine Wanderung rund um den Tegernsee. Auf einer Internetseite wird die Fläche des Sees mit $25\,\text{km}^2$ angegeben. Petra vermutet, dass diese Angabe viel zu groß ist. Ist Petras Vermutung begründet?
Schätzen Sie auf nachvollziehbare Weise die Fläche des Tegernsees. Nutzen Sie dazu die Informationen aus der Karte.

(2 Pkt.)

8 Eine Wirtschaftsschulklasse unternimmt mit ihrer Klassenlehrerin von Bad Wiessee aus eine Wanderung entlang des 21 km langen Seerundwegs. Die Gruppe bricht um 13:00 Uhr auf und legt in den ersten 20 Minuten 1,4 km zurück. Nach einem Drittel des Weges dauert die erste Rast 16 Minuten, die zweite ist doppelt so lang.

Berechnen Sie, ob es die Klasse schafft, pünktlich zum Abendessen um 18:30 Uhr in Bad Wiessee zu sein, wenn sie mit gleichbleibender Geschwindigkeit wandert.

(3 Pkt.)

9 Peter bastelt einen Drachen mit den Diagonalen $\overline{AC} = e = 120\,\text{cm}$ und $\overline{BD} = f = 60\,\text{cm}$.
Er teilt die Strecke e durch die Strecke f so, dass das obere Teilstück $\overline{EC}$ 40 cm lang ist.
Zur Verbesserung der Flugeigenschaft verstärkt er die Seiten b und c mit einem Metallstreifen.

Berechnen Sie die Länge des Metallstreifens, den Peter für die Seiten b und c insgesamt benötigt.

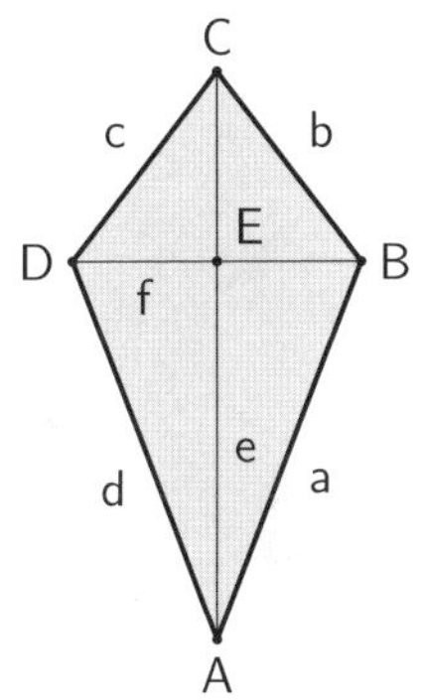

Die Skizze ist nicht maßstabsgetreu

(2 Pkt.)

Aufgaben ohne Benutzung des Taschenrechners (weitere Musteraufgaben)

1 Wahr oder falsch? Begründen Sie Ihre Entscheidung bzw. geben Sie ein Gegenbeispiel an.

1.1 In einem rechtwinkligen Dreieck ist die Hypotenuse immer die längste Seite.

(2 Pkt.)

1.2 Ein rechtwinkliges Dreieck besitzt immer drei verschieden lange Seiten.

(2 Pkt.)

2 Im Schaufenster eines Bekleidungsgeschäfts ist eine Jeanshose für 80,00 € ausgestellt. Ein Verkäufer reduziert den Preis um 20 %. Am nächsten Tag erhöht er den reduzierten Preis um 20 %. Welchen Preis muss der Verkäufer nun an der Hose anbringen?

A	B	C	D	Lösung
64,80 €	82,00 €	76,80 €	80 €	

(1 Pkt.)

3 $\frac{2}{5}$ von 10 Litern – das sind ...

A	B	C	D	Lösung
0,04 Liter	400 cm^3	4.000 cm^3	2 Liter	

(1 Pkt.)

4 Gegeben ist das Netz eines Würfels, bei dem die Grundfläche G eingezeichnet ist. Kennzeichnen Sie die gegenüberliegende Deckfläche D.

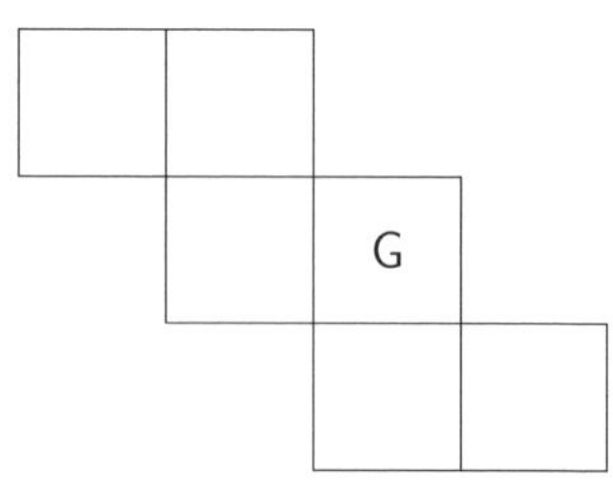

(1 Pkt.)

5 Gegeben ist nebenstehende Skizze:
Welcher Ansatz ist richtig, um die Länge der Strecke $x = \overline{AA'}$ zu berechnen?

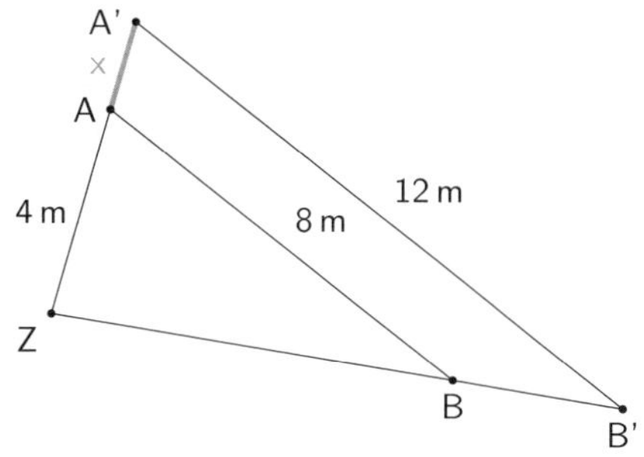

A	B	C	D	Lösung
$\frac{x}{4} = \frac{12}{8}$	$\frac{x}{12} = \frac{8}{4}$	$\frac{4}{x+4} = \frac{12}{8}$	$\frac{4+x}{4} = \frac{12}{8}$	

(1 Pkt.)

6 Max hat versucht die folgende Gleichung zu lösen. Leider sind ihm dabei zwei Rechenfehler unterlaufen.
Unterstreichen Sie diese Fehler und lösen Sie die Gleichung rechts daneben selbst richtig auf.

$(x+2)^2 = x(x-4) + 3x$

$x^2 + 2x + 4 = x^2 - 4x + 3x$

$2x + 4 = -x$

$3x = -4$

$x = -\frac{3}{4}$

$(x+2)^2 = x(x-4) + 3x$

(4 Pkt.)

7

(Quelle vom 28.08.2014: Lizenz: cc-by-2.0 http://commons.wikimedia.org/wiki/File:Zorb_21.jpg)

Beim Zorbing rollt ein Mensch in einem aufgeblasenen Ball einen Abhang hinab. Schätzen Sie anhand des Bildes den Gesamtdurchmesser des Balles und geben Sie diesen an.
Berechnen Sie mit Hilfe Ihres „Schätzdurchmessers" nachvollziehbar das Gesamtvolumen des Balles.

(3 Pkt.)

Aufgaben ohne Benutzung des Taschenrechners (15 Pkt.)

1 Susanne hat bereits drei Viertel der Pizza gegessen, das entspricht 75 %. Somit bleiben 25 % übrig. Davon gibt sie Jan die Hälfte, also 25 % : 2 = 12,5 %.
Lösung: C (1 Pkt.)

2 Um die kleinste der folgenden Zahlen zu finden, sollte eine vergleichende Schreibweise, in diesem Fall die Dezimalschreibweise, gewählt werden:

A	B	C	D
2^3	$5\frac{1}{2}$	$\sqrt{17}$	5,65
8	5,5	ca. 4,1	5,65

Somit ist die kleinste Zahl $\sqrt{17}$
Lösung: C (1 Pkt.)

3 Über den Durchmesser des Hinterads kommt man auf den Umfang des Rads. Dabei ist $\pi \approx 3{,}14$.

$$\begin{aligned} U &= 2 \cdot r \cdot \pi = d \cdot \pi \\ &= 30 \cdot 3{,}14 \\ &= 94{,}2\,\text{cm} \approx 0{,}9\,\text{m} \end{aligned}$$

Soviel legt das Rad bei einer Umdrehung zurück. Bei 10 Umdrehungen sind es somit ca. 9 m.
Lösung: D (1 Pkt.)

4 Die Wahrscheinlichkeit, ein bestimmtes Plättchen aus einer Menge von x Plättchen zu ziehen ist $\frac{1}{x}$. Beim ersten Zug ist hier x = 4, beim zweiten ist x = 3, usw. Die Wahrscheinlichkeit ist also:

$$\overset{\textbf{B}}{\frac{1}{4}} \cdot \overset{\textbf{E}}{\frac{1}{3}} \cdot \overset{\textbf{R}}{\frac{1}{2}} \cdot \overset{\textbf{G}}{\frac{1}{1}} = \frac{1}{24}$$

Lösung: C (1 Pkt.)

5 Die Gleichung und Lösung hierzu ist folgende:

$$\begin{aligned} 200 + 5 &= x + 50 \quad | -50 \\ x &= 155 \end{aligned}$$

Das Gewicht der gesuchten Kugel beträgt 155 g. (2 Pkt.)

6 Das vorgegebene Dreieck schließt zwei gleich lange Seiten mit einem 60° Winkel ein. Da beide Seiten gleich lang sind, müssten aufgrund der Innenwinkelgesetze die anderen beiden Winkel auch jeweils 60° sein, und die letzte Seite ebenfalls 20cm lang sein. Diese ist aber laut Angabe nur 14cm und somit kann das Dreieck nicht gebildet werden.

Skizze:

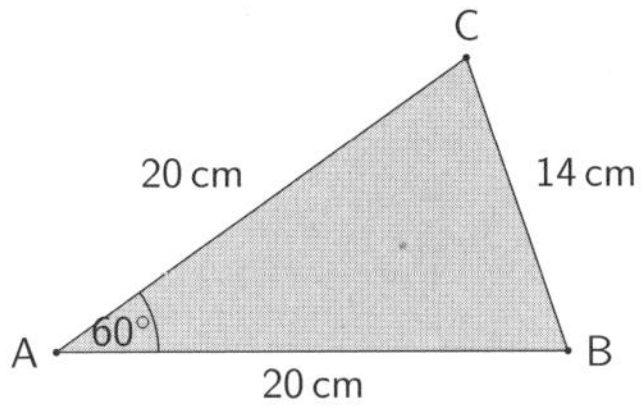

(2 Pkt.)

7 In der angegeben Karte kann man die Länge und die Breite des Sees abmessen. Die Länge beträgt ca. 4,5 cm und die Breite ca. 2 cm. Laut dem angegebenen Maßstab gilt 1,5 cm≙2 km. Also ist die tatsächliche Länge des Sees ca. 4,5 cm : 1,5 cm · 2 km = 6 km und die tatsächliche Breite des Sees ist ca. 1,5 cm : 1,5 cm · 2 km = 2 km. Demnach ergibt sich für den Flächeninhalt 6 km · 2 km = $\underline{\underline{12\,\text{km}^2}}$. Petras Vermutung, dass die Angabe aus dem Internet zu hoch ist, ist also begründet.

(2 Pkt.)

8 Die Klasse schafft in 20 Minuten 1,4 km. Somit geht die Klasse in einer Stunde 4,2 km = 1,4 km : 20 Minuten · 60 Minuten, also benötigt sie für die gesamte Strecke 5 Stunden = $\frac{21\,\text{km}}{4{,}2\,\text{km}}$. Die Klasse wäre also ohne Pause um 18 Uhr wieder zurück. Da aber insgesamt 3 · 16 Minuten = 48 Minuten Pause gemacht wird, kommt die Klasse erst um $\underline{\underline{18:48\,\text{Uhr}}}$ an, und somit nicht rechtzeitig zum Abendessen. (3 Pkt.)

9 Laut Angabe ist $\overline{EC} = 40\,\text{cm}$ und $\overline{EB} = 30\,\text{cm}$, weil $\overline{EB} = \frac{1}{2} \cdot \overline{BD} = \frac{1}{2} \cdot 60\,\text{cm}$ ist.
Da das Dreieck CEB rechtwinklig ist, wird mit dem Satz des Pythagoras gerechnet.

Skizze:

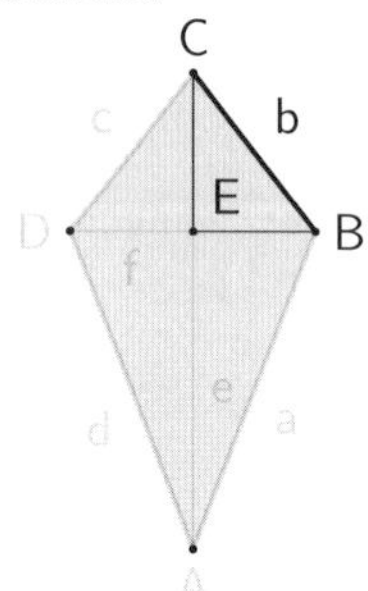

$$\iff \overline{BC}^2 = \overline{EC}^2 + \overline{EB}^2$$
$$\iff \overline{BC}^2 = 40^2 + 30^2$$
$$\iff \overline{BC}^2 = 2\,500$$
$$\iff \underline{\overline{BC} = 50}$$

Die Länge der Metallstreifen beträgt insgesamt $\underline{\underline{2 \cdot b = 100\,\text{cm}}}$. (2 Pkt.)

Weitere Musteraufgaben

1.1 Der rechte Winkel ist immer der größte Winkel in einem rechtwinkligen Dreieck und die Hypothenuse liegt immer gegenüber dem Rechten Winkel. Sie ist somit auch die längste Seite. (2 Pkt.)

1.2 Diese Aussage ist falsch, da die beiden Schenkel eines rechtwinkligen Dreiecks gleich lang sein können. (2 Pkt.)

2 Der Verkäufer reduziert erst den Preis um 20 %, somit fällt der Preis auf 80 %.

$$\frac{80\,€ \cdot 80}{100} = 64\,€$$

Jetzt schlägt der Verkäufer auf diesen Preis, der nun 100 % entspricht, wieder 20 % oben drauf.

$$\frac{64\,€ \cdot 120}{100} = 76{,}80\,€$$

Lösung: C (1 Pkt.)

3 $\frac{2}{5}$ von 10 Litern das sind …

$10\,\text{Liter} \mathrel{\hat{=}} \frac{5}{5}$ und somit entsprechen $\frac{2}{5} = \frac{10\,\text{Liter} \cdot 2}{5} = 4\,\text{Liter} \mathrel{\hat{=}} 4.000\,\text{cm}^3$

Lösung: C (1 Pkt.)

4 Faltet man das Netz des Würfels, so liegen die grauen Felder direkt an der Grundfläche G an. Somit bleibt nur ein Feld für die Deckfläche übrig.

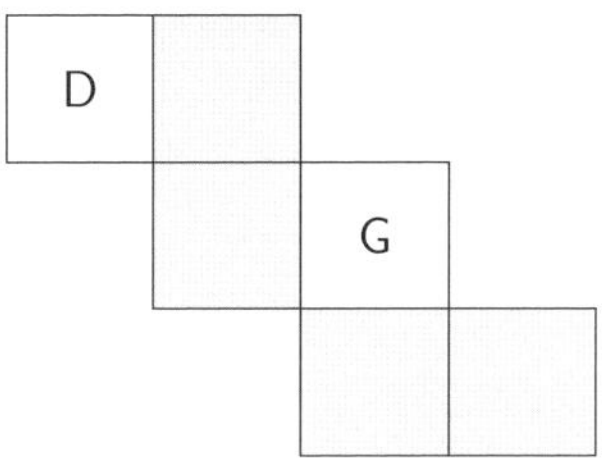

(1 Pkt.)

5 Die Lösung wird mit den Strahlensätzen herbeigeführt.
Dabei gilt allgemein: $\frac{\text{lang}}{\text{kurz}} = \frac{\text{lang}}{\text{kurz}}$

$\Rightarrow \quad \frac{4 + x}{4} = \frac{12}{8}$

Lösung: D

Skizze:

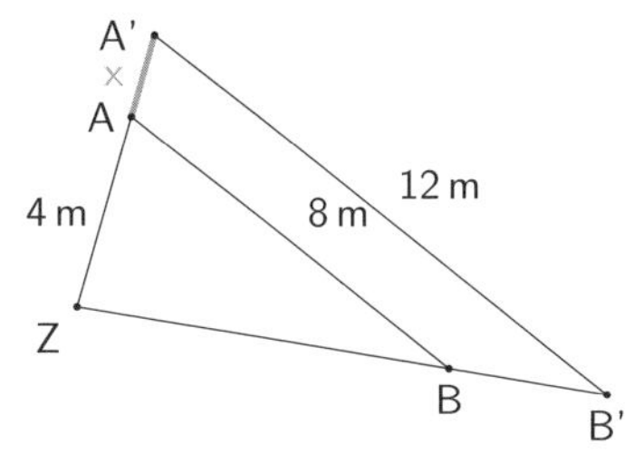

(1 Pkt.)

6 Die Fehler sollen unterstrichen und die Gleichung rechts daneben richtig aufgelöst werden.

$(x + 2)^2 = x(x - 4) + 3x$	$(x + 2)^2 = x(x - 4) + 3x$
$x^2 + \underline{\underline{\mathbf{2x}}} + 4 = x^2 - 4x + 3x$	$x^2 + 4x + 4 = x^2 - 4x + 3x$
$2x + 4 = -x$	$4x + 4 = -x$
$3x = -4$	$5x = -4$
$x = -\underline{\underline{\frac{\mathbf{3}}{\mathbf{4}}}}$	$x = -\frac{5}{4}$

Lösung: D (4 Pkt.)

7 Der aufgeblasene Ball ist etwas mehr als doppelt so groß, wie die Menschen, die daneben abgebildet sind. Demnach wird der Durchmesser auf $d = 4\,m$ geschätzt, also ergibt sich ein Radius $r = 2\,m$. Da kein Taschenrechner benutzt werden darf, gilt zur Vereinfachung $\pi = 3$. Somit berechnet sich das Volumen folgendermaßen:

$$\begin{aligned} V &= \frac{4}{3} \cdot \pi \cdot r^3 \\ &\approx \frac{4}{3} \cdot 3 \cdot 8 \\ &\approx 32\,m^3 \end{aligned}$$

Das Gesamtvolumen des Balles beträgt $\underline{\underline{32\,m^3}}$. (3 Pkt.)

1 **Finanzmathematik** **Musterprüfung** (20 Pkt.)

Herr Jürgen Schönfelder ist Kunde der Vereinigten Frankenbank eG in Weißenburg. Am 22.09.2018 kauft er ein Auto. Zur Finanzierung nimmt er kurzfristig einen Dispositionskredit in Höhe von 13.500,00 € in Anspruch.
Die Bank stellt ihm für den Kredit die in der Anlage zu seinem Kontoauszug ausgewiesenen Zinsen in Rechnung (siehe nächste Seite).

1.1 Berechnen Sie den Zinssatz des Dispositionskredits. (2 Pkt.)

Herrn Schönfelder ist die Finanzierung durch den Dispositionskredit auf Dauer zu teuer. Eine Mitarbeiterin der Bank unterbreitet ihm ein Kreditangebot und gibt ihm den dazugehörigen Tilgungsplan. Die Laufzeit des Darlehens beträgt 5 Jahre.

1.2 Bestimmen Sie anhand des Tilgungsplans (siehe nächste Seite) das zugrunde liegende Tilgungsverfahren und tragen Sie die fehlenden Beträge in die Tabelle ein. (4 Pkt.)

Herr Schönfelder nimmt das Kreditangebot der Bank an und wünscht die vertragliche Vereinbarung, Sondertilgungen vornehmen zu können.

1.3 Erläutern Sie, aus welchem Grund Herr Schönfelder Sondertilgungen leisten möchte. (1 Pkt.)

Herr Schönfelder hat sich frühzeitig um seine private Altersvorsorge gekümmert. Am 01.01.1994 hat er eine Lebensversicherung abgeschlossen, in die er zu Beginn eines jeden Jahres 3.600,00 € einzahlt. Die Versicherung wird am 31.12.2018 ausgezahlt.

1.4 Berechnen Sie den Betrag, über den Herr Schönfelder bei Versicherungsende verfügen kann, wenn vertraglich eine jährliche Mindestverzinsung von 4 % garantiert ist. (3 Pkt.)

In einem Schreiben teilt das Versicherungsunternehmen Herrn Schönfelder mit, dass er bei Vertragsende über einen garantierten Mindestbetrag von 155.922,28 € aus seiner Lebensversicherung verfügen kann. Laut Vertrag wird die Versicherungssumme in einer jährlich vorschüssigen Rente in Höhe von 12.000,00 € ausgezahlt.

1.5 Berechnen Sie, wie viele volle Rentenauszahlungen er von seiner Ansparleistung erhalten wird, wenn die Versicherung seine Einzahlungen mit 0,9 % verzinst. (5 Pkt.)

Zusatzblatt zu 1. Finanzmathematik

Name: ....

zu Teilaufgabe 1.1:

Herrn/Frau/Firma Jürgen Schönfelder Finkenweg 12 91781 Weißenburg	**Anlage zum Kontoauszug** Vereinigte Frankenbank eG Weißenburg Luitpoldstr. 13, 91781 Weißenburg	
	IBAN	KONTOAUSDRUCK
	DE51 7606 9468 0030 3908 33	30.09.2018
	BIC: GENODEF1GU1	Anlage 1 zu Auszug Nummer 3

Vorgang	**WERT**	**UMSATZ EUR**
ABRECHNUNG FÜR DIE INANSPRUCHNAHME DES DISPOSITIONSKREDITS: 13.500,00 € Abrechnungszeitraum: vom 22.09.2018 bis 30.09.2018 Zinsentgelt	**30.09**	**31,50 S***
Ihre Kreditlinie beträgt 15.000,00 €		
		*S = BELASTUNG / H = GUTSCHRIFT

zu Teilaufgabe 1.2:

Kreditangebot für Herrn Schönfelder

Auszug aus dem Tilgungsplan

Tilgunsverfahren: ________________________________

Jahr	Restschuld	Zinsen	Tilgung	Annuität
1	13.500,00 €	843,75 €	________ €	3.226,68 €
2	________ €	________ €	2.531,86 €	3.226,68 €

2 **Funktionaler Zusammenhang** **Musterprüfung** (15 Pkt.)

Im Sportunterricht der 10. Klasse werden Wurfspiele durchgeführt. Um die Note 1 zu erhalten, muss der Ball über eine, auf einem Hang (Punkt E) stehende, 4 m hohe Wand geworfen werden. Die Abbildung zeigt Pauls Wurf. Der Ball wird im Punkt A abgeworfen und fliegt parabelförmig durch die Punkte B und C.

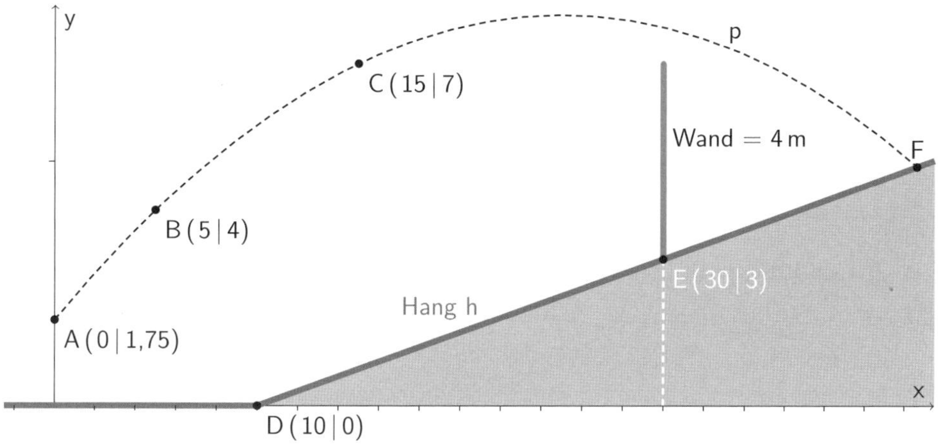

Alle Angaben in Meter.
Die Skizze ist nicht maßstabsgetreu.

2.1 Ermitteln Sie nachvollziehbar die Funktionsgleichung der Flugparabel p.
(Ergebnis $p: y = -0{,}01x^2 + 0{,}5x + 1{,}75$) (4 Pkt.)

Der Hang wird durch die Gerade h beschrieben, die durch die Punkte D und E verläuft.

2.2 Bestimmen Sie die Funktionsgleichung des Hanges h.
(Ergebnis $h: y = 0{,}15x - 1{,}5$) (3 Pkt.)

2.3 Berechnen Sie die Koordinaten des Auftreffpunktes F des Balles am Hang. (4 Pkt.)

2.4 Zeigen Sie rechnerisch, dass Paul für diesen Wurf die Note 1 erhält. (2 Pkt.)

2.5 Berechnen Sie, nach wie vielen Metern der Ball den höchsten Punkt der Flugparabel p erreicht. (2 Pkt.)

3 **Trigonometrie** **Musterprüfung** (15 Pkt.)

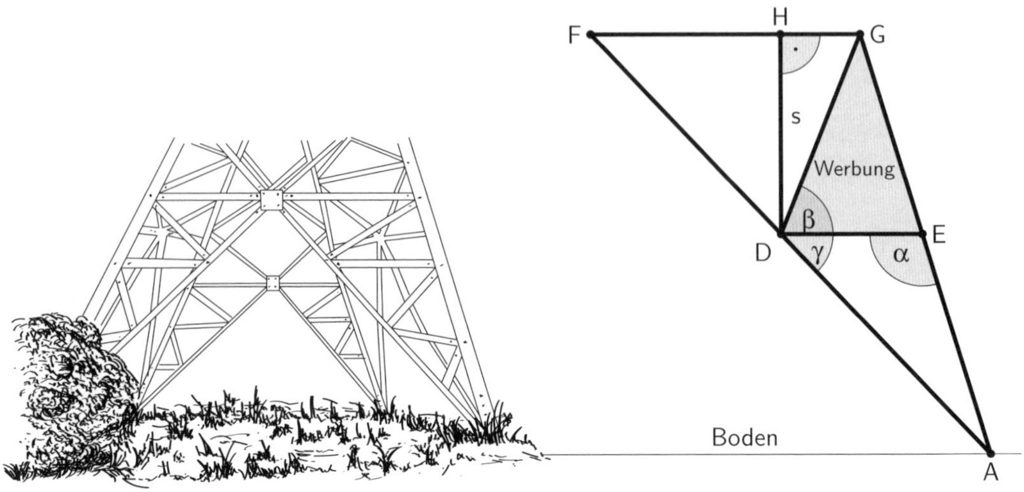

Die Skizze zeigt den rechten unteren Teil eines Hochspannungsmastes. Teile des Mastes müssen wegen Rostschäden mit Spezialfarbe gestrichen werden. Die Strecken [DE] und [FG] verlaufen parallel zum Boden.

Es gelten folgende Maße:

$\overline{AE} = 1{,}94$ m, $\overline{DE} = 1{,}19$ m, $\alpha = \sphericalangle DEA = 108{,}14°$

$\beta = \sphericalangle EDG = 67{,}65°$, $\gamma = \sphericalangle ADE = 45{,}75°$, $\overline{FD} = 2{,}25$ m, $\overline{FG} = 2{,}23$ m

3.1 Berechnen Sie die Länge der Metallstange $\overline{DA}$. (Ergebnis: $\overline{DA} = 2{,}57$ m) (3 Pkt.)

3.2 Die Metallstangen, die das Dreieck AGF begrenzen, werden mit Rostschutzfarbe angestrichen. Berechnen Sie die Gesamtlänge der zu streichenden Metallstangen.
(Zwischenergebnis: $\overline{GE} = 1{,}70$ m) (5 Pkt.)

Auf Grund der Rostschäden soll zur Stabilisierung eine Strebe s senkrecht zur Strecke [FG] eingezogen werden.

3.3 Berechnen Sie die Länge der Strebe s. (4 Pkt.)

3.4 Eine Firma will die dreieckige Fläche DEG für Werbezwecke nutzen.
Berechnen Sie die Fläche, die für das Firmenlogo zur Verfügung steht. (3 Pkt.)

4 **Stochastik** **Musterprüfung** (15 Pkt.)

Im vergangenen Jahr wurden von den sechs Ländern mit den höchsten Ausgaben für digitale Werbung insgesamt 20,4 Milliarden Euro in diese investiert. Die folgende Graphik gibt Ihnen Auskunft über die Verteilung in diesen Ländern.

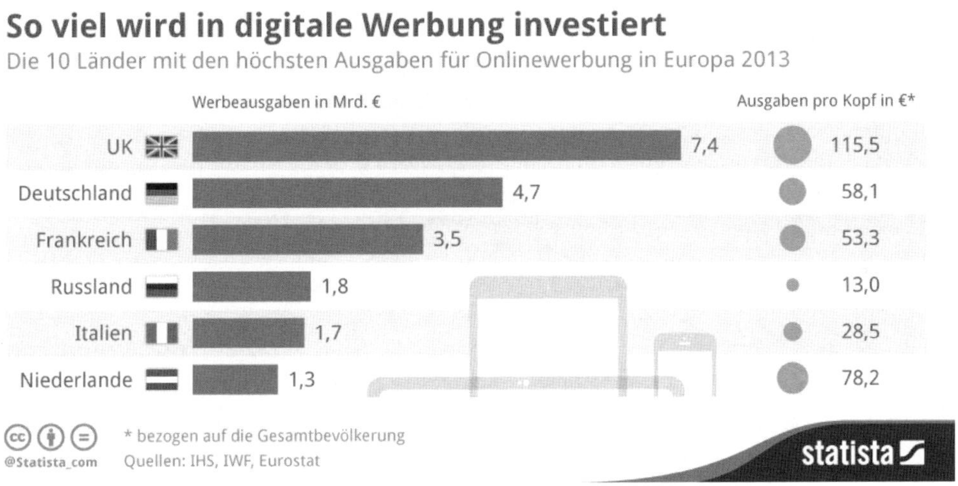

4.1 Erstellen Sie ein Kreisdiagramm (siehe Zusatzblatt am Ende dieses Aufgabenteils) der sechs Länder aus der oben abgebildeten Graphik, aus dem die Ausgaben für digitale Werbung pro Kopf in € abzulesen sind. (3 Pkt.)

4.2 Nehmen Sie zu den Werbeausgaben der Niederlande Stellung. Erklären Sie kurz, was im Vergleich zu den anderen Staaten auffällt. (2 Pkt.)

4.3 Berechnen Sie das arithmetische Mittel und den Median der gesamten Werbeausgaben der sechs Länder pro Kopf. (3 Pkt.)

Im Unterricht des Faches Übungsunternehmen gestalten die Schüler für den Internetauftritt eines Produktes ein Logo.
Mittels einer Wahl soll die Gestaltung des Logos durch Mehrheitsbeschluss festgelegt werden. Die Schüler können zwischen drei Schriftfarben („blau" (b), „grün" (g), „pink" (p)), zwischen zwei Formatierungen („kursiv" (k), „fett" (f)) und zwei Rahmenformen für den Schriftzug („Rechteck" (r), „Ellipse" (e)) entscheiden.
Jeder Schüler notiert auf einem Zettel eine Schriftfarbe, auf einem weiteren Zettel eine Formatierung und auf einem dritten eine Rahmenform und wirft sie in die jeweils dafür vorgesehenen Kartons mit der Aufschrift „Schriftfarbe", „Formatierung" und „Rahmenform".
Durch das einmalige Ziehen aus den drei Kartons wird die optische Gestaltung des Logos für den Werbeslogan durch Zufall bestimmt.
Folgendes Baumdiagramm liegt Ihnen zum obigen Sachverhalt vor:

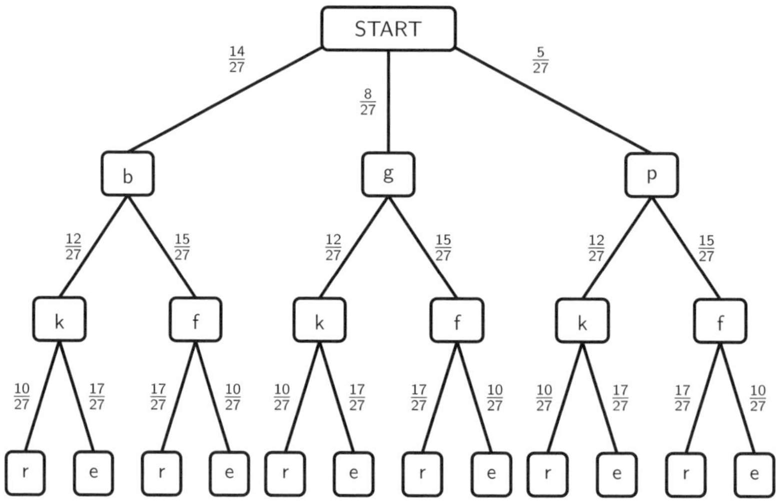

Der Klassenleiter, Herr Wagner, würde sich für das Logo die Kombination aus der Schriftfarbe „blau", einer „kursiven" Formatierung und einer „rechteckigen" Rahmenform wünschen. Er durfte jedoch keine Zettel abgeben.

4.4 Berechnen Sie, mit welcher prozentualen Wahrscheinlichkeit die Wunschgestaltung des Logos des Klassenleiters gezogen wird. (2 Pkt.)

Die Schülerinnen und Schüler sind übereingekommen, dass die Rahmenform „Ellipse" zusammen mit der Schriftart „kursiv" nicht harmoniert.

4.5 Berechnen Sie die Wahrscheinlichkeit, dass diese Gestaltungsmöglichkeit nicht gezogen wird. (3 Pkt.)

4.6 Bei der Abstimmung durfte der Klassenleiter nicht teilnehmen. Ergänzen Sie den linken Ast des abgebildeten Baumdiagramms (auf der nächsten Seite) unter der Annahme, Herr Wagner hätte auch an der Wahl teilnehmen dürfen und die Kombination aus Teilaufgabe 4.4 als Wunsch abgeben. (2 Pkt.)

Zusatzblatt zu 4. Stochastik
Name: ....
zu Teilaufgabe 4.1:

Kreisdiagramm:

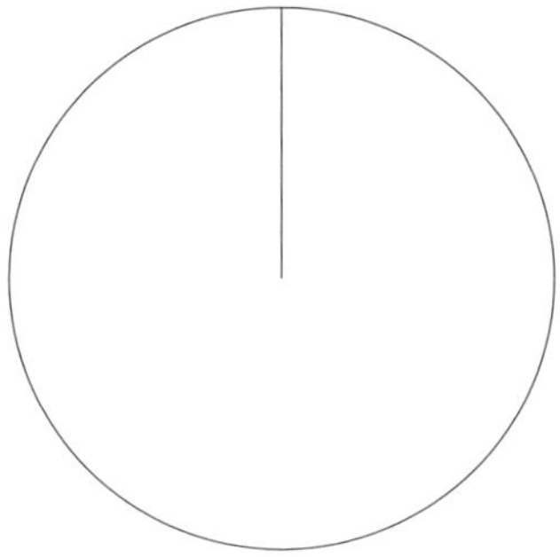

zu Teilaufgabe 4.6:

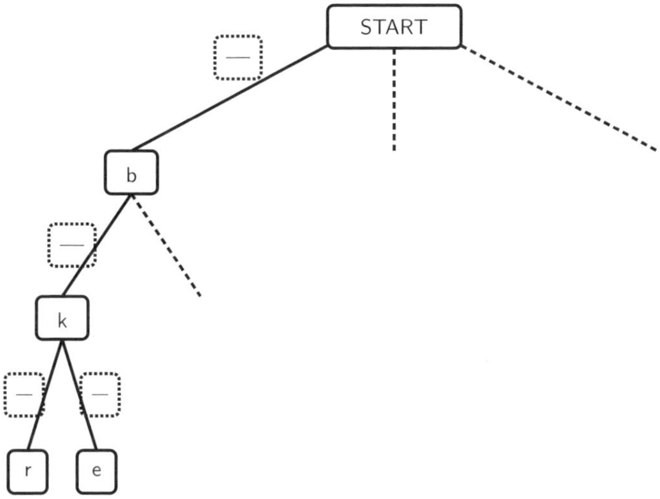

5 **Figuren- und Raumgeometrie** **Musterprüfung** (15 Pkt.)

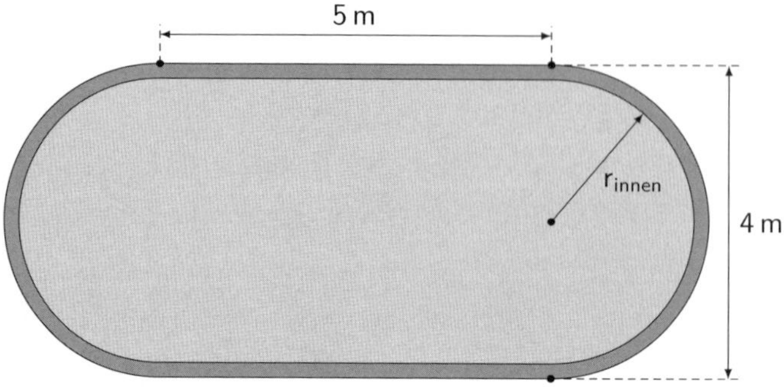

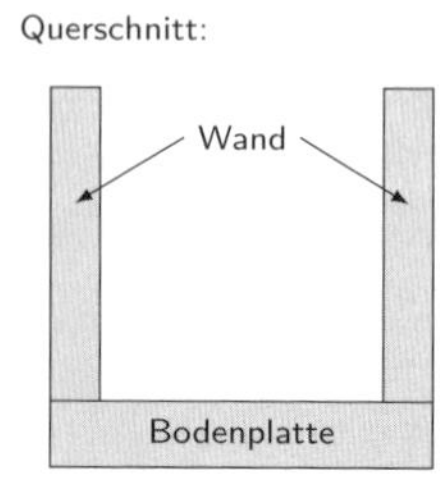

Familie Frisch möchte in ihrem Garten ein Schwimmbecken bauen (siehe oben: linke Skizze). Die Beckenwanne wird aus Beton gegossen, wobei die Bodenplatte 30 cm hoch und die auf der Bodenplatte senkrecht stehenden Seitenwände 20 cm dick sind (siehe Querschnitt). Die Beckentiefe beträgt 1,50 m.

5.1 Berechnen Sie den Innenradius des Beckens. (Ergebnis: $r_{innen} = 1{,}80$ m) (1 Pkt.)

5.2 Am Boden des Schwimmbeckens sollen Spezialfliesen verlegt werden. Berechnen Sie die zu fliesende Bodenfläche. (Ergebnis: $A_{Boden} = 28{,}18\ m^2$) (3 Pkt.)

5.3 Berechnen Sie das Wasservolumen bei einer Füllhöhe von 1,40 m. (1 Pkt.)

5.4 Die Innenwand des Schwimmbeckens bekommt einen wasserdichten Anstrich. Berechnen Sie die Fläche, die gestrichen werden muss. (3 Pkt.)

An einer Seite des Schwimmbeckens wird zur Beschattung ein pyramidenförmiger Sonnenschirm aufgestellt, dessen untere Kanten a = 3 m ein Quadrat bilden.
Die Innenhöhe h des Schirmes beträgt 0,50 m.

5.5 Berechnen Sie die Stofffläche des Schirmes. (4 Pkt.)

5.6 Berechnen Sie die Gesamtlänge der 4 Streben s, die von den Ecken des Schirmes zur Spitze verlaufen. (3 Pkt.)

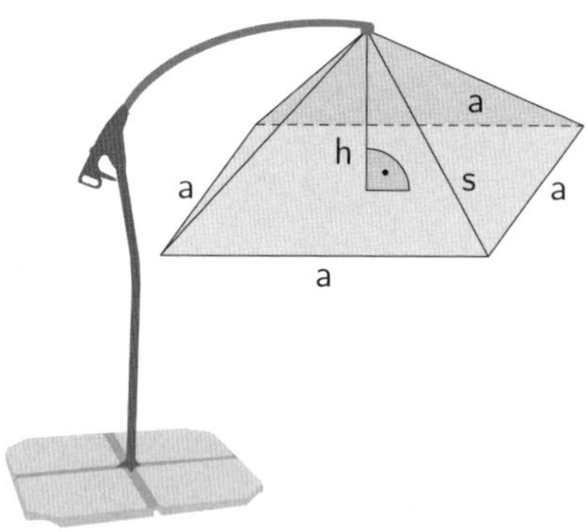

Aufgabenteil B – Musterprüfung

1 Finanzmathematik

1.1 Herr Schönfelder nimmt am 22.09.2018 einen Dispositionskredit über13.500,00 € auf und zahlt dafür (siehe Kontoauszug) nach 8 Tagen 31,50 € Zinsen.
Der gesuchte Zinssatz wird folgendermaßen berechnet:

$$\mathbf{Z} = \frac{\mathbf{K \cdot p \cdot t}}{\mathbf{100 \cdot 360}} \quad |[\text{Umstellen der Formel nach p}]$$
$$\Longleftrightarrow p = \frac{Z \cdot 100 \cdot 360}{K \cdot t} \quad |[\text{Einsetzen der gegebenen Werte}]$$
$$\Longleftrightarrow p = \frac{31{,}50 \cdot 100 \cdot 360}{13.500{,}00 \cdot 8}$$
$$\Longleftrightarrow p = 10{,}50$$

Der Zinssatz beträgt <u>10,50 %</u>. (2 Pkt.)

1.2 Bei dem zugrunde liegenden Tilgungsverfahren handelt es sich um eine Annuitätentilgung, weil aus dem Tilgungsplan hervorgeht, dass die Rückzahlungsbeträge, also Annuitäten, konstant bleiben.

Die fehlenden Beträge werden wie folgt berechnet:

Tilgung im Jahr 1:
3.226,68€ – 843,75€ = 2.382,93€

Restschuld im Jahr 2:
13.500€ – 3.226,68€ + 843,75€ = 11.117,07€

Zinsen im Jahr 2:
3.226,68€ – 2.531,86€ = 694,82€

Kreditangebot für Herrn Schönfelder

Auszug aus dem Tilgungsplan

Tilgunsverfahren: <u>**Annuitätentilgung**</u>

Jahr	Restschuld	Zinsen	Tilgung	Annuität
1	13.500,00 €	843,75 €	**2.382,93 €**	3.226,68 €
2	**11.117,07 €**	**694,82 €**	2.531,86 €	3.226,68 €

(2 Pkt.)

1.3 Herr Schönfelder kann im Falle einer Sondertilgung eventuell die Laufzeit des Kredits verkürzen oder die Finanzierungskosten senken. (1 Pkt.)

1.4 Die Lösung wird mit der vorschüssigen Rentenformel berechnet:

Gegeben: Jährlicher Einzahlungsbetrag r: 3.600,00 €; Laufzeit n: 25 Jahre (vom 01.01.1994 – 31.12.2018); $p = 4 \Rightarrow q = 1{,}04$
Gesucht: K_n' (Betrag am Ende der Laufzeit)

$$\mathbf{K_n' = r \cdot q \cdot \frac{q^n - 1}{q - 1}} \qquad |[\text{Einsetzen der gegebenen Werte}]$$

$$\Longleftrightarrow K_{25}' = 3.600 \cdot 1{,}04 \cdot \frac{(1{,}04)^{25} - 1}{0{,}04}$$

$$\Longleftrightarrow \quad = 155.922{,}28$$

Bei Versicherungsende beträgt der Auszahlungsbetrag $K_{25}' = 155.922{,}28$ € (3 Pkt.)

1.5 Die Anzahl der Rentenauszahlungen wird folgendermaßen berechnet:

Gegeben: Versicherungssumme K_0: 155.922,28 €; $K_n = 0$; $p = 0{,}9 \Rightarrow q = 1{,}009$
Gesucht: n (Laufzeit der Rentenauszahlungen)

$$\mathbf{K_n = K_0 \cdot q^n - r \cdot q \cdot \frac{q^n - 1}{q - 1}}$$

$$\mathbf{0 = K_0 \cdot q^n - r \cdot q \cdot \frac{q^n - 1}{q - 1}} \qquad |-\mathbf{K_0 \cdot q^n}$$

$$\mathbf{K_0 \cdot q^n = r \cdot q \cdot \frac{q^n - 1}{q - 1}} \qquad |[\text{Einsetzen der gegebenen Werte}]$$

$$\Longleftrightarrow 155.922{,}28 \cdot 1{,}009^n = 12.000 \cdot 1{,}009 \cdot \frac{1{,}009^n - 1}{0{,}009} \qquad | \cdot 0{,}009$$

$$\Longleftrightarrow 1.403{,}30 \cdot 1{,}009^n = 12.108 \cdot (1{,}009^n - 1)$$

$$\Longleftrightarrow 1.403{,}30 \cdot 1{,}009^n = 12.108 \cdot 1{,}009^n - 12.108 \qquad | -(12.108 \cdot 1{,}009^n)$$

$$\Longleftrightarrow -10.704{,}70 \cdot 1{,}009^n = -12.108 \qquad | : (-10.704{,}70)$$

$$\Longleftrightarrow 1{,}009^n = 1{,}13$$

$$\Longleftrightarrow n \cdot \log(1{,}009) = \log(1{,}13) \qquad | : \log(1{,}009)$$

$$\Longleftrightarrow n = 13{,}64$$

Demnach erhält Herr Schönfelder 13 volle Rentenauszahlungen. (5 Pkt.)

2 Funktionaler Zusammenhang

2.1 Eine Parabel hat immer die Normalform $y = a \cdot x^2 + b \cdot x + c$. Um die drei Parameter a, b und c zu bestimmen, werden drei Gleichungen benötigt. Diese werden mit den gegebenen Punkten A(0 | 1,75), B(5 | 4) und C(15 | 7) aufgestellt:

$$
\begin{array}{ll}
\text{(I)} & 1{,}75 = a \cdot 0^2 + b \cdot 0 + c \\
\Longleftrightarrow & c = 1{,}75 \\
\text{(II)} & 4 = a \cdot 5^2 + b \cdot 5 + c \\
\text{(III)} & 7 = a \cdot 15^2 + b \cdot 15 + c \\
\hline
\text{(I)} & \underline{c = 1{,}75} \\
\text{(II)} & 4 = 25a + 5b + c \\
\text{(III)} & 7 = 225a + 15b + c \quad |\text{(I in II und III)} \\
\hline
\text{(II')} & 4 = 25a + 5b + 1{,}75 \\
\text{(III')} & 7 = 225a + 15b + 1{,}75
\end{array}
$$

II' kann nun nach b aufgelöst werden:

$$
\begin{array}{lrl}
 & 4 = 25a + 5b + 1{,}75 & |-1{,}75 \\
\Longleftrightarrow & 2{,}25 = 25a + 5b & |-25a \\
\Longleftrightarrow & 2{,}25 - 25a = 5b & |:5 \\
\Longleftrightarrow & \underline{b = -5a + 0{,}45} &
\end{array}
$$

Das Zwischenergebnis $b = -5a + 0{,}45$ in III' einsetzen:

$$
\begin{array}{lrl}
 & 7 = 225a + 15 \cdot (-5a + 0{,}45) + 1{,}75 & |-1{,}75 \\
\Longleftrightarrow & 5{,}25 = 225a - 75a + 6{,}75 & |-6{,}75 \\
\Longleftrightarrow & -1{,}5 = 150a & |:150 \\
\Longleftrightarrow & \underline{a = -0{,}01} &
\end{array}
$$

Nun wird $a = -0{,}01$ in das Zwischenergebnis $b = -5a + 0{,}45$ eingesetzt, um b herauszufinden:

$$
\begin{array}{ll}
 & b = -5 \cdot (-0{,}01) + 0{,}45 \\
\Longleftrightarrow & \underline{b = 0{,}5}
\end{array}
$$

Die allgemeine Form der Parabel lautet somit:

$$\underline{\underline{y = -0{,}01x^2 + 0{,}5x + 1{,}75}}$$

(4 Pkt.)

2.2 Eine Gerade hat immer die Form $y = m \cdot x + t$. Auf dieser Geraden liegen die beiden gegebenen Punkte D(10 | 0) und E(30 | 3). Zuerst wird die Steigung m der Geraden bestimmt.

$$m = \frac{y_E - y_D}{x_E - x_D}$$

$$\Longleftrightarrow m=\frac{3-0}{30-10}$$

$$\Longleftrightarrow \underline{m=\frac{3}{20}}$$

Nun wählt man einen der beiden Punkte, setzt die x- und y-Koordinaten mit der berechneten Steigung m ein, um t herauszufinden.

$$\mathbf{y=m\cdot x+t} \qquad |D\,(10\,|\,0)\text{ einsetzen}$$

$$\Longleftrightarrow 0=\frac{3}{20}\cdot 10+t \qquad |-\frac{30}{20}$$

$$\Longleftrightarrow \underline{t=-\frac{3}{2}}$$

Die allgemeine Form der Geraden lautet somit:

$$y=\frac{3}{20}x-\frac{3}{2} \qquad \Rightarrow \underline{\underline{y=0{,}15x-1{,}5}}$$

(3 Pkt.)

2.3 Der Auftreffpunkt des Balles am Hang im Punkt F entspricht dem Schnittpunkt der Parabel $y=-0{,}01x^2+0{,}5x+1{,}75$ mit der Geraden $y=0{,}15x-1{,}5$. Die Koordinaten werden berechnet, indem man die beiden Funktionen gleichsetzt, auflöst und dann die Lösungsformel anwendet.

$$0{,}15x-1{,}5=-0{,}01x^2+0{,}5x+1{,}75 \qquad |-0{,}15x+1{,}5$$

$$\Longleftrightarrow \quad 0=-0{,}01x^2+0{,}35x+3{,}25$$

$$\Longleftrightarrow \quad x_{1,2}=\frac{-0{,}35\pm\sqrt{0{,}35^2-4\cdot(-0{,}01)\cdot 3{,}25}}{2\cdot(-0{,}01)}$$

$$\Longleftrightarrow \quad x_{1,2}=\frac{-0{,}35\pm\sqrt{0{,}2525}}{-0{,}02}$$

$$\Longleftrightarrow \quad \underline{x_1=-7{,}62} \quad \text{und} \quad \underline{x_2=42{,}62}$$

Aus der Aufgabenstellung und der Grafik ergibt sich, dass die x-Koordinate des Schnittpunktes positiv sein muss, also wird $x_2=42{,}62$ in die Geradengleichung eingesetzt, um die y-Koordinate zu ermitteln.

$$y=0{,}15\cdot 42{,}62-1{,}5$$

$$\Longleftrightarrow \underline{\underline{y=4{,}89}}$$

Somit sind die Koordinaten des Auftreffpunkt am Hang F (42,62 | 4,89). (4 Pkt.)

2.4 Die Mauer liegt bei $x=30$. Dies in die Parabelgleichung eingesetzt, ergibt die Höhe, in der Pauls Ball fliegt.

$$y=-0{,}01\cdot 30^2+0{,}5\cdot 30+1{,}75$$

$$\Longleftrightarrow \underline{\underline{y=7{,}75}}$$

Paul erhält für seinen Wurf die Note 1, wenn er über die Wand werfen kann, die beim Punkt E (30 | 3) nochmals mit 4 Metern in die Höhe ragt. Da Paul aber 7,75 Meter hoch werfen kann (siehe Flughöhe des Balls von Paul), bekommt er die Note 1. (2 Pkt.)

2.5 Der höchste Punkt einer Parabel ist der Scheitelpunkt, der durch die quadratische Ergänzung (als Alternative) in die Scheitelpunktform gebracht oder durch Formel bestimmt werden kann.

quadr. Ergänzung (als Alternative)

$$
\begin{aligned}
y &= -0{,}01x^2 + 0{,}5x + 1{,}75 \\
&= -0{,}01(x^2 - 50x - 175) \\
&= -0{,}01(x^2 - 2 \cdot 25x + 25^2 - 25^2 - 175) \\
&= -0{,}01(x^2 - 2 \cdot 25x + 25^2 - 625 - 175) \\
&= -0{,}01(x^2 - 2 \cdot 25x + 25^2) + 6{,}25 + 1{,}75 \\
&= -0{,}01(x - 25)^2 + 8
\end{aligned}
$$

Formel

$a = -0{,}01$, $b = 0{,}5$; $c = 1{,}75$

$$\mathbf{S}\left(-\frac{\mathbf{b}}{\mathbf{2a}} \,\middle|\, \mathbf{c} - \frac{\mathbf{b}^2}{\mathbf{4a}}\right)$$

$$S\left(-\frac{0{,}5}{2 \cdot (-0{,}01)} \,\middle|\, 1{,}75 - \frac{0{,}5^2}{4 \cdot (-0{,}01)}\right)$$

$$S\,(25 \,|\, 8)$$

Somit erreicht der Ball nach 25 m eine Höhe von 8 m. (2 Pkt.)

3 Trigonometrie

3.1 Die Länge der Metallstange $\overline{DA}$ wird mit Hilfe des Kosinussatzes berechnet.

Skizze:

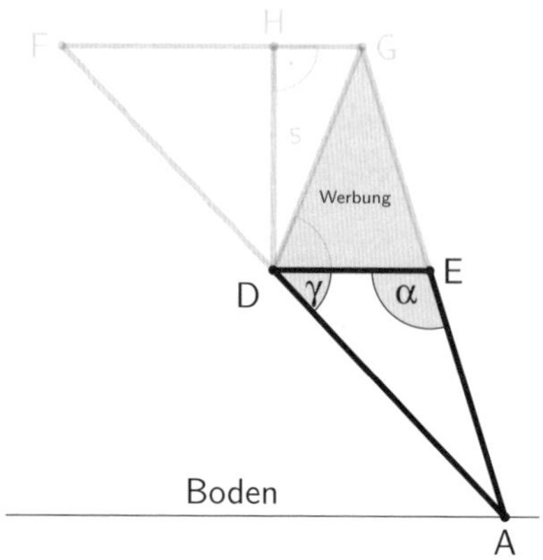

$$a^2 = b^2 + c^2 - 2 \cdot b \cdot c \cdot \cos(\alpha)$$
$$\iff \overline{DA}^2 = \overline{DE}^2 + \overline{AE}^2 - 2 \cdot \overline{DE} \cdot \overline{AE} \cdot \cos(\alpha)$$
$$\iff \overline{DA}^2 = 1{,}19^2 + 1{,}94^2 - 2 \cdot 1{,}19 \cdot 1{,}94 \cdot \cos(108{,}14^\circ)$$
$$\iff \overline{DA}^2 = 6{,}62 \quad |\sqrt{\ }$$
$$\iff \overline{DA} = 2{,}57$$

Alternativ kann die Länge der Metallstange $\overline{DA}$ mit dem Sinussatz wie folgt berechnet werden.

$$\frac{\overline{DA}}{\sin(\alpha)} = \frac{\overline{AE}}{\sin(\gamma)}$$
$$\iff \frac{\overline{DA}}{\sin(108{,}14^\circ)} = \frac{1{,}94}{\sin(45{,}75^\circ)} \quad | \cdot \sin(108{,}14^\circ)$$
$$\iff \overline{DA} = \frac{\sin(108{,}18^\circ) \cdot 1{,}94}{\sin(45{,}75^\circ)}$$
$$\iff \overline{DA} = 2{,}57$$

Die Metallstange hat also eine Länge von 2,57 m.

(3 Pkt.)

3.2 Um die Gesamtlänge der Metallstangen zu berechnen, wird nur noch die Strecke [GE] benötigt. Die Länge der restlichen Stangen ist gegeben bzw. wurde in Aufgabe 3.1 berechnet (siehe Ergebnis). Zuerst wird der Winkel $\sphericalangle$ GED $= \delta$ berechnet:

$\delta = 180^\circ - \alpha = 180^\circ - 108{,}14^\circ = 71{,}86^\circ$

Skizze:

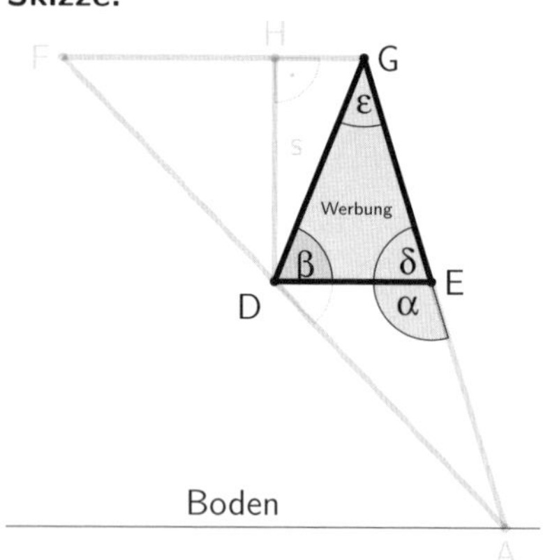

Damit wird der Winkel $\sphericalangle$ DGE $= \varepsilon$ berechnet.
$\varepsilon = 180^\circ - 67{,}65^\circ - 71{,}86^\circ = 40{,}49^\circ$

$$\frac{\overline{GE}}{\sin(\beta)} = \frac{\overline{DE}}{\sin(\varepsilon)}$$
$$\iff \frac{\overline{GE}}{\sin(67{,}65^\circ)} = \frac{1{,}19}{\sin(40{,}49^\circ)} \quad | \cdot \sin(67{,}65^\circ)$$
$$\iff \overline{GE} = \frac{\sin(67{,}65^\circ) \cdot 1{,}19}{\sin(40{,}49^\circ)}$$
$$\iff \overline{GE} = 1{,}70$$

Der Umfang ergibt sich aus der Summe aller Längen:
$U = 1{,}7 + 1{,}94 + 2{,}23 + 2{,}25 + 2{,}57 = 10{,}69\,\text{m}$

(5 Pkt.)

3.3 Um die Länge der Strecke s herauszufinden, wird zunächst die Strecke [DG] mit dem Sinussatz berechnet.

Skizze:

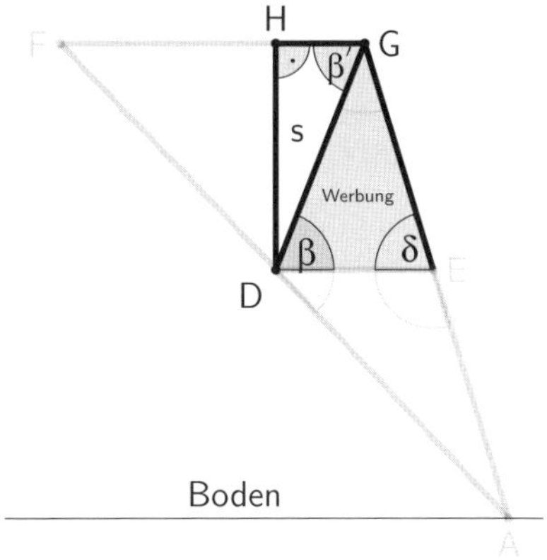

$$\frac{\overline{DG}}{\sin(\delta)} = \frac{\overline{GE}}{\sin(\beta)}$$

$$\Longleftrightarrow \quad \frac{\overline{DG}}{\sin(71{,}86°)} = \frac{1{,}70}{\sin(67{,}65°)} \quad | \cdot \sin(71{,}86°)$$

$$\Longleftrightarrow \quad \overline{DG} = \frac{\sin(71{,}86°) \cdot 1{,}70}{\sin(67{,}65°)}$$

$$\Longleftrightarrow \quad \underline{\overline{DG} = 1{,}75}$$

Der Winkel $\sphericalangle$ HGD $= \beta' = \beta = 67{,}65°$, weil es sich bei den Winkeln um Wechselwinkel handelt.
Und da das Dreieck GDH rechtwinklig ist, gilt:

$$\sin(\beta') = \frac{s}{\overline{DG}}$$

$$\Longleftrightarrow \quad \sin(67{,}65°) = \frac{s}{1{,}75} \,| \cdot 1{,}75$$

$$\Longleftrightarrow \quad \sin(67{,}65°) \cdot 1{,}75 = s$$

$$\Longleftrightarrow \quad \underline{\underline{s = 1{,}62}}$$

(4 Pkt.)

3.4 Die Fläche A des Dreiecks wird folgendermaßen berechnet.

$$A = \frac{1}{2} \cdot a \cdot c \cdot \sin(\beta)$$

$$\Longleftrightarrow A = \frac{1}{2} \cdot \overline{DG} \cdot \overline{DE} \cdot \sin(\beta)$$

$$\Longleftrightarrow A = \frac{1}{2} \cdot 1{,}75 \cdot 1{,}19 \cdot \sin(67{,}65°)$$

$$\Longleftrightarrow \underline{\underline{A = 0{,}96\,\text{m}^2}}$$

(3 Pkt.)

Muster

4 Stochastik

4.1 Die Gesamtausgaben der sechs Länder pro Kopf für Werbung belaufen sich auf

$$115{,}5 + 58{,}1 + 53{,}3 + 13{,}0 + 28{,}5 + 78{,}2 = 346{,}6$$

Die Ausgaben werden auf die 360° eines Kreises verteilt. Für UK ist die Berechnung wie folgt: $120 = 346{,}6 : 360 \cdot 115{,}5$. Die anderen Länder werden analog berechnet.

	UK	**Deutschland**	**Frankreich**	**Russland**	**Italien**	**Niederlande**
Ausgaben pro Kopf in €	115,5	58,1	53,3	13,0	28,5	78,2
Grad (gerundet)	120	60	55	14	30	81

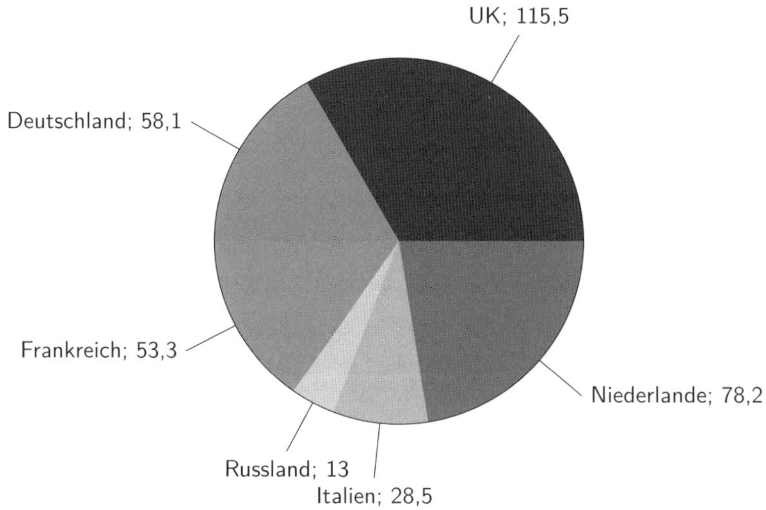

(3 Pkt.)

4.2 Die Gesamtausgaben der Niederlande sind unter den sechs Ländern am geringsten. Allerdings fällt auf, dass die Niederlande jedoch pro Kopf die zweithöchsten Ausgaben haben. (2 Pkt.)

4.3 Das arithmetische Mittel ist:

$$\frac{115{,}5 + 58{,}1 + 53{,}3 + 13 + 28{,}5 + 78{,}2}{6} = \underline{\underline{57{,}77€}}$$

Für den Median werden die Zahlen zunächst aufsteigend aufgelistet und dann die beiden mittleren Zahlen für die Berechnung genommen:

13; 28,5;**53,3**; **58,1**; 78,2; 115,5

$$\frac{53{,}3 + 58{,}1}{2} = \underline{\underline{55{,}7€}}$$

(3 Pkt.)

4.4 Die Wahrscheinlichkeit, dass die Wunschkombination des Lehrers gezogen wird, ist folgende:

$$P(\text{blau,kursiv,rechteckig}) = \frac{14}{27} \cdot \frac{12}{27} \cdot \frac{10}{27} = \underline{\underline{0{,}08535 \approx 8{,}54\%}}$$

(2 Pkt.)

4.5 Für die Wahrscheinlichkeit, dass die Kombination „Ellipse" und „kursiv" nicht gezogen wird, benötigt man zunächst die Wahrscheinlichkeit, dass diese Kombination gezogen wird.
Folgende Kombinationen sind möglich: blau, kursiv, Ellipse; gelb, kursiv, Ellipse; pink, kursiv, Ellipse

$$P(\text{nicht kursiv und Ellipse}) = 1 - \left(\frac{14}{27} \cdot \frac{12}{27} \cdot \frac{17}{27} + \frac{8}{27} \cdot \frac{12}{27} \cdot \frac{17}{27} + \frac{5}{27} \cdot \frac{12}{27} \cdot \frac{17}{27}\right) = \underline{\underline{0{,}72 \approx 72\%}}$$

(3 Pkt.)

4.6 Wenn Herr Wagner auch an der Wahl teilnehmen darf, gibt es insgesamt 28 Teilnehmer. Aus Teilaufgabe 4.4 geht hervor, dass er für die Kombination blau, kursiv, Ellipse stimmt, demnach erhöhen sich hier die Werte.

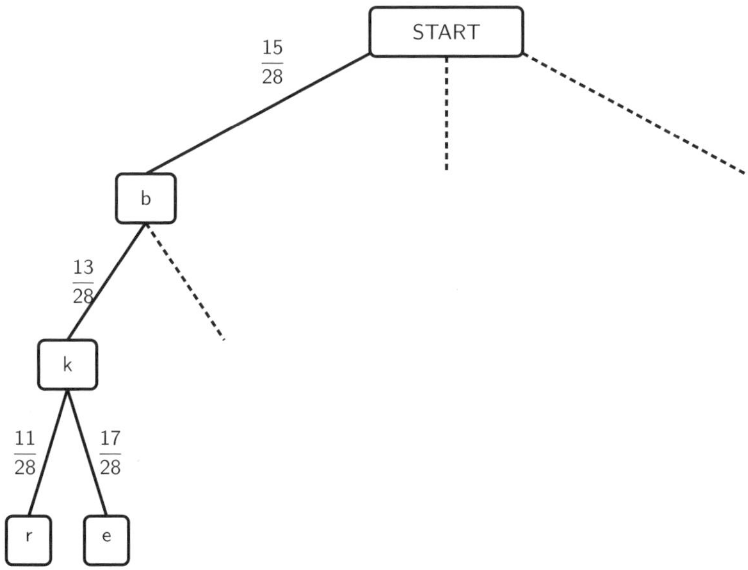

(2 Pkt.)

5 Figuren- und Raumgeometrie

5.1 Von dem Gesamtdurchmesser werden die Seitenwände mit je 0,2 m abgezogen, um den Innenradius zu ermitteln.

$$r_{\text{innen}} \frac{4-2\cdot 0{,}20}{2} = \underline{\underline{1{,}8\,\text{m}}}$$

Skizze:

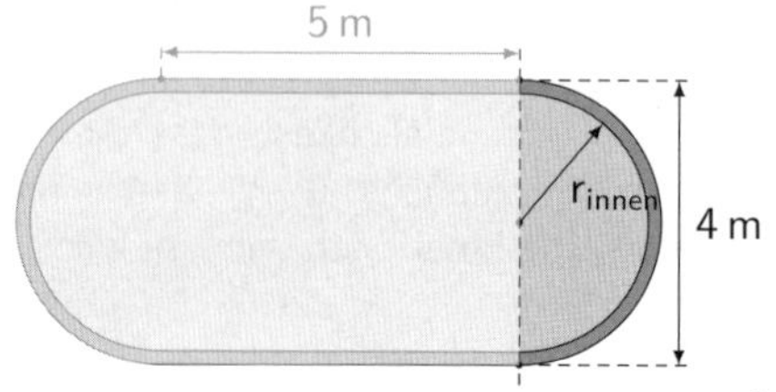

(1 Pkt.)

5.2 Um die zu fliesende Bodenfläche zu berechnen, wird das Becken in ein Rechteck und zwei Halbkreise, also einen ganzen Kreis, geteilt. Auch hier müssen die Seitenwände wieder beachtet werden.

$$\begin{aligned} A_{\text{Rechteck}} &= (4-2\cdot 0{,}20)\cdot 5 = 18\,\text{m}^2 \\ A_{\text{Kreis}} &= 1{,}8^2\cdot\pi = 10{,}18\,\text{m}^2 \\ A_{\text{Boden}} &= 18+10{,}18 = \underline{\underline{28{,}18\,\text{m}^2}} \end{aligned}$$

(3 Pkt.)

5.3 Das Wasservolumen bei einer Füllhöhe von 1,4 m wird über das Ergebnis der Bodenfläche aus Aufgabe 5.3 berechnet.

$$\begin{aligned} V_{\text{Wasser}} &= G\cdot h_k \\ &= 28{,}18\cdot 1{,}4 \\ &= \underline{\underline{39{,}45\,\text{m}^3}} \end{aligned}$$

(1 Pkt.)

5.4 Die Innenwand des Schwimmbeckens bekommt einen Anstrich. Die Fläche wird durch den Umfang des Beckens (innen) und der Höhe des Beckens bestimmt.

$$\begin{aligned} U_{\text{Innenwand}} &= \overset{\text{Halbkreise}}{2\cdot 1{,}8\cdot\pi} + \overset{\text{Seitenwände}}{2\cdot 5} = \underline{\underline{21{,}31\,\text{m}}} \\ A_{\text{Innenwand}} &= \overset{\text{Umfang}}{21{,}31}\cdot\overset{\text{Beckentiefe}}{1{,}5} = \underline{\underline{31{,}96\,\text{m}^2}} \end{aligned}$$

(3 Pkt.)

5.5 Die Seiten des Sonnenschirms bestehen aus Dreiecken. Für den Flächeninhalt einer Seite, wird zuerst die Höhe h_S einer Seite mit dem Satz des Pythagoras berechnet.

Skizze:

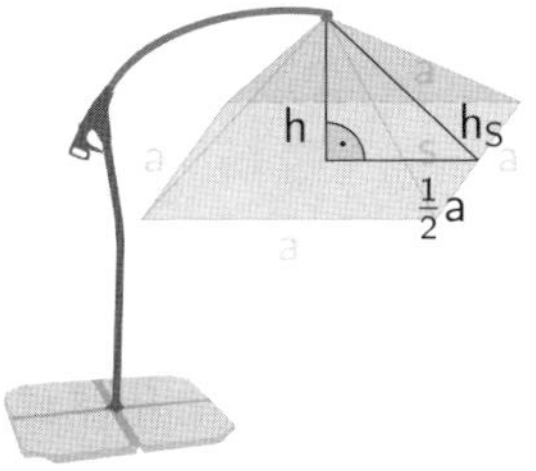

$$h_S^2 = (\frac{1}{2}a)^2 \cdot h^2$$

$$h_S^2 = 1{,}5^2 \cdot 0{,}5^2 = 2{,}5 \qquad |\sqrt{\ }$$

$$\Longleftrightarrow \underline{h_S \approx 1{,}58}$$

Dann wird der Flächeninhalt einer Seite berechnet:

$$A_S = \frac{1}{2} \cdot a \cdot h_S$$

$$A_S = \frac{1}{2} \cdot 3 \cdot 1{,}58 = \underline{2{,}37}$$

Also hat der gesamte Sonnenschirm einen Flächeninhalt von $4 \cdot 2{,}37 = \underline{\underline{9{,}48\,m^2}}$. (4 Pkt.)

5.6 Für die Gesamtlänge aller vier Streben, braucht man zunächst die Länge einer Strebe. Diese wird wieder mit dem Satz des Pythagoras berechnet.

Skizze:

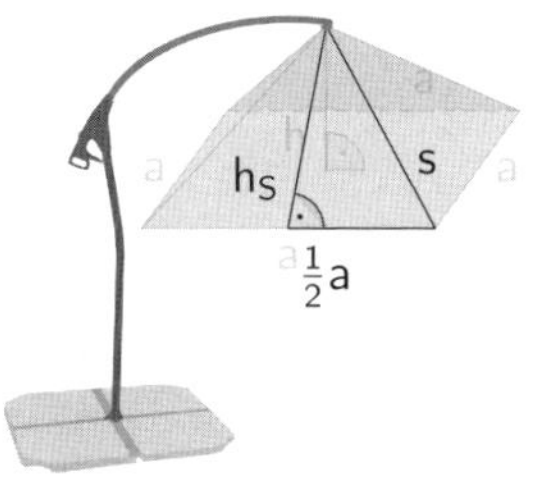

$$s^2 = (\frac{1}{2}a)^2 \cdot h_S^2$$

$$s^2 = 1{,}5^2 \cdot 1{,}58^2$$

$$\Longleftrightarrow \underline{s = 2{,}18}$$

Alle vier Streben haben also eine Gesamtlänge von $4 \cdot 2{,}18 = \underline{\underline{8{,}72\,m}}$. (3 Pkt.)

Original-Prüfung
Mathematik
an zwei-, drei- und vierstufigen Wirtschaftsschulen 2018

1 Max möchte verreisen. Er packt vier Oberteile, zwei Hosen und drei Paar Schuhe in seine Reisetasche. Geben Sie die Anzahl der Kombinationsmöglichkeiten an.

(1 Pkt.)

2 Im Schlussverkauf liest Nadine folgendes Angebot:

5 % Rabatt ab 50,00 €

20 % Rabatt ab 150,00 €

In ihrem Einkaufskorb liegen Kleidungsstücke im Wert von 140,00 €.

2.1 Berechnen Sie den Preis, den Nadine nach Abzug des Rabatts zahlen müsste.

(1 Pkt.)

2.2 Nadine überlegt, ob sie ein weiteres T-Shirt für 20,00 € kaufen soll.
Was raten Sie ihr? Begründen Sie Ihre Empfehlung mit einer Rechnung.

(2 Pkt.)

3 In einer Zeitung ist folgende Anzeige abgedruckt:

Günstiger Kredit
schnell und ohne SCHUFA-Auskunft
12.000,00 €
für nur 120,00 € Zinsen im Monat

Bestimmen Sie durch Rechnung die Höhe des Jahreszinssatzes.

(2 Pkt.)

4 Es wird verdeckt eine Karte gezogen.
Geben Sie die Wahrscheinlichkeit an, dass ein „T“ gezogen wird.

Wahrscheinlichkeit in Prozent
P(„T“) =

(1 Pkt.)

5 Die kleinste der folgenden Zahlen ist …

A	B	C	D	Lösung
2^0	$4^{\frac{1}{2}}$	$\sqrt[3]{27}$	10^{-2}	

(1 Pkt.)

6 Gegeben ist folgende Wertetabelle einer Funktion:

x	-3	0	1	2
y	12	3	4	7

Welche Funktionsgleichung wird durch die Wertetabelle abgebildet?

A	B	C	D	Lösung
$y = 2x + 3$	$y = x^2 + 3$	$y = 4x^2$	$y = x + 5$	

(1 Pkt.)

7 Gegeben sind das Parallelogramm ABCD und das gleichschenklige Dreieck EDA mit dem Winkel δ.
Bestimmen Sie rechnerisch die Größe des gesuchten Winkels β.

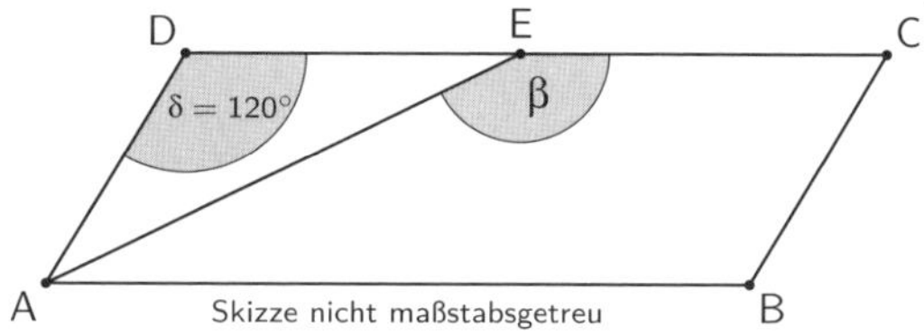

Skizze nicht maßstabsgetreu

(1 Pkt.)

8 Die Maurer nutzen eine einfache Methode zur Kontrolle des rechten Winkels. Wie wird hier sichergestellt, dass die Wände rechtwinkelig zueinander errichtet werden? Begründen Sie Ihre Überlegungen auch rechnerisch.

Quelle: https://diybook.at

(1 Pkt.)

9 Ein Landwirt will den Holzgiebel (Dreieck DCE) seines Geräteschuppens streichen und misst folgende Strecken:
$|\overline{AB}| = 8{,}00\,\text{m}$
$|\overline{EF}| = 7{,}00\,\text{m}$
$|\overline{BC}| = 4{,}00\,\text{m}$
Berechnen Sie die zu streichende Fläche.

Quelle: www.holzon.de

(2 Pkt.)

10 Familie Karl betrachtet auf einer Kunstausstellung die Skulptur eines übergroßen Autos. Frau Karl vermutet, dass der Umfang eines Reifens ungefähr 2 m beträgt. Schätzen Sie auf nachvollziehbare Weise den Durchmesser eines Reifens und geben Sie diesen an. Berechnen Sie näherungsweise mithilfe Ihres „Schätzdurchmessers“ den Umfang eines Reifens. Ist die Vermutung von Frau Karl richtig?

Quelle: https://commons.wikimedia.org/
File : Automobile1_Walk_of_Ideas_Berlin.JPG – LienhardSchulz

(2 Pkt.)

1 Um die Anzahl der gesamten Kombinationsmöglichkeiten zu erhalten, muss man die Anzahl der Oberteile, die Anzahl der Schuhe und die Anzahl der Hosen multiplizieren.

$$4 \cdot 2 \cdot 3 = 24$$

Max hat also 24 Kombinationsmöglichkeiten.

(1 Pkt.)

2.1 Da Nadine nur für 140 € einkauft, erhält sie einen Rabatt von 5 %, sie zahlt also noch 95 % des Originalpreises.

$$\frac{140\,€ \cdot 95}{100} = \underline{\underline{133\,€}}$$

(1 Pkt.)

2.2 Wenn Nadine sich noch ein weiteres T-Shirt kaufen würde, würde der Warenwert 160 € betragen. Somit würde Nadine einen Rabatt von 20 % erhalten. Sie würde also nur noch 80 % des ursprünglichen Preises bezahlen.

$$\frac{160 \cdot 80}{100} = \underline{\underline{128\,€}}$$

Nadine sollte das T-Shirt kaufen, denn dadurch erhält sie mehr Rabatt auf ihren gesamten Einkauf und zahlt deshalb weniger, als wenn sie das T-Shirt nicht kaufen würde.

(2 Pkt.)

3 **Gesucht:** Zinssatz Z
Gegeben: Kapital zur Verzinsung K = 12000 €; Zinsen Z = 120 €;
Die Formel zu Berechnung des Jahreszinssatzes lautet:

$$\begin{aligned} & \mathbf{Z} = \frac{\mathbf{K \cdot p \cdot t}}{\mathbf{100 \cdot 360}} && |[\text{Umstellen der Formel nach p}] \\ \Longleftrightarrow\quad & p = \frac{Z \cdot 100 \cdot 360}{K \cdot t} && |[\text{Einsetzen der gegebenen Werte}] \\ \Longleftrightarrow\quad & p = \frac{120 \cdot 100 \cdot 360}{12000 \cdot 30} \\ \Longleftrightarrow\quad & p = 12 \end{aligned}$$

Der Jahreszinssatz beträgt 12 %.

(2 Pkt.)

4 Die Wahrscheinlichkeit, ein T zu ziehen, ist $\frac{2}{10}$, da es zwei T (die Farbe spielt keine Rolle) und insgesamt zehn Karten gibt.

$$\frac{2}{10} = \underline{\underline{20\,\%}}$$

(1 Pkt.)

5 **A:** Wenn in der Potenz eine null steht, so ist das Ergebnis immer 1. Also: $\mathbf{2^0 = 1}$
B: Wenn in der Potenz ein Bruch steht, so wird von der Basis die Wurzel gezogen.
Also: $\mathbf{4^{\frac{1}{2}} = \sqrt{4} = \sqrt{2^2} = 2}$

C: Hier muss nur die dritte Wurzel gezogen werden. Also: $\sqrt[3]{27} = \sqrt[3]{3^3} = \mathbf{3}$
D: Wenn in der Potenz eine negative Zahl steht, so wird 1 durch die Basis geteilt:
$\mathbf{10^{-2}} = \frac{1}{10^2} = \frac{1}{100} = \mathbf{0{,}01}$

Also ist **D** die kleinste Zahl und somit die Lösung.

(1 Pkt.)

6 Um zu überprüfen, welche Funktion zu der abgebildeten Wertetabelle passt, müssen die Werte eingesetzt werden:

	-3	0	1	2
A	$2 \cdot (-3) + 3 = -3 \neq 12$	$\mathbf{2 \cdot 0 + 3 = 3}$	$2 \cdot 1 + 3 = 5 \neq 4$	$\mathbf{2 \cdot 2 + 3 = 7}$
B	$\mathbf{(-3)^2 + 3 = 12}$	$\mathbf{0^2 + 3 = 3}$	$\mathbf{1^2 + 3 = 4}$	$\mathbf{2^2 + 3 = 7}$
C	$4 \cdot (-3)^2 = 36 \neq 12$	$4 \cdot 0^2 = 0 \neq 3$	$\mathbf{4 \cdot 1^2 = 4}$	$4 \cdot 2^2 = 16 \neq 7$
D	$-3 + 5 = 2 \neq 12$	$0 + 5 = 5 \neq 3$	$1 + 5 = 6 \neq 4$	$\mathbf{2 + 5 = 7}$

Somit ist die richtige Antwort Funktion **B**.

(1 Pkt.)

7 Da man mit EDA ein gleichschenkliges Dreieck gegeben hat, müssen die beiden Winkel an A und E gleich groß sein. Über die Winkelsumme im Dreieck kann α berechnet werden und danach der Winkel β.

$\alpha = (180° - 120°) : 2 = 30°$
$\beta = 180° - \alpha = 180° - 30° = \underline{\underline{150°}}$

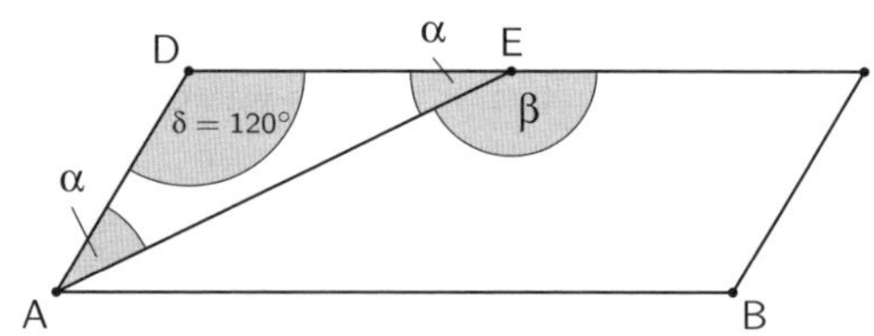

(1 Pkt.)

8 Die Maurer verwenden hier den **Satz des Pythagoras**.
Da hier alle drei Seitenlängen des Dreiecks bekannt sind, muss man diese Längen nur noch in die Formel $a^2 + b^2 = c^2$ einsetzen.

$$4^2 + 3^2 = 5^2$$
$$25 = 25$$

Da die Gleichung hier aufgeht, **liegen die Wände rechtwinklig zueinander**.

(1 Pkt.)

9 Zur Berechnung des Flächeninhaltes des Giebels A_G, berechnet man eines der beiden gleichen Dreiecke (DGE oder GCE) und verdoppelt den Wert.

$$A_\triangle = \frac{1}{2} \cdot \text{Kathete}_1 \cdot \text{Kathete}_2$$
$$A_\triangle = \frac{1}{2}\overline{EG} \cdot \overline{DG}$$
$$A_{\text{Giebel}} = 2 \cdot \frac{1}{2} \cdot (7-4) \cdot 3 = 12$$

Die zu streichende Fläche beträgt hier also $\underline{\underline{12\,m^2}}$.

(2 Pkt.)

10 Zuerst wird der Durchmesser eines Rades geschätzt. Dazu berücksichtigt man am besten die Körpergröße einer Person.
Schätzt man eine Person zwischen 160 cm und 180 cm, so liegt man beim Durchmesser des Rads bei ungefähr 150 cm.
Mit diesem Schätzwert kann nun der Umfang des Rads berechnet werden. π wird hierbei einfachheitshalber auf 3 gerundet:

$$U = 2 \cdot r \cdot \pi = d \cdot \pi = 150 \cdot 3 = \underline{450}$$

Der Umfang des Reifens liegt bei dieser Schätzung bei ungefähr $\underline{\underline{450\,\text{cm} \mathrel{\hat{=}} 4{,}5\,\text{m}}}$.
Somit liegt Frau Karl falsch.

(Schätzungen des Durchmessers und dadurch größere oder kleinere Werte für den Umfang sind zwischen $\underline{d_2 = 120\,\text{cm} \Rightarrow U_2 = 360\,\text{cm}}$ und $\underline{d_3 = 180\,\text{cm} \Rightarrow U_3 = 540\,\text{cm}}$ ebenfalls richtig.)
(2 Pkt.)

1 Finanzmathematik (15 Pkt.)

Herr Brandl hat vor 12 Jahren von seiner Unfallversicherung 12.500,00 € ausbezahlt bekommen. In einem Beratungsgespräch mit dem Kundenberater seiner Bank erkundigte er sich damals nach einer sicheren Geldanlage. Herr Brandl wollte durch die Anlage im Jahr 2018 mit Zinseszins über ein Gesamtkapital von 17.000,00 € verfügen.

1.1 Welchen Zinssatz hätte die Bank Herrn Brandl anbieten müssen, damit er sein geplantes Sparziel erreicht? (3 Pkt.)

Aufgrund des damals niedrigen Zinsniveaus konnte ihm die Bank aber nur einen Zinssatz von 1,25 % p. a. anbieten.

1.2 Berechnen Sie, welchen gleichbleibenden Betrag Herr Brandl jährlich zum Jahresende zusätzlich einzahlen musste, damit er ein Gesamtkapital von 17.000,00 € nach 12 Jahren erreichen konnte. (3 Pkt.)

Herr Brandl plant jetzt einen Teil der Studienkosten seines Sohnes Claus mit den angesparten 17.000,00 € zu finanzieren und ihm jährlich zu Beginn eines jeden Jahres 3.000,00 € davon zu geben.

1.3 Berechnen Sie, wie lange Herr Brandl seinen Sohn finanziell unterstützen kann, wenn sich sein Kapital mit 1,5 % p. a. verzinst. (4 Pkt.)

Nach Abschluss seines Studiums möchte Claus Brandl seine neue Wohnung einrichten. Dafür nimmt er bei der Bayernbank ein Darlehen auf (siehe Beleg):

DARLEHENSVERTRAG

b
baye
bayernb
bayernbank
bayernbankbaye
bayernbankbayernba
bayernbankbayernban

Zwischen

im Folgenden Darlehensgeber genannt	und	im Folgenden Darlehensnehmer genannt
Bayernbank Bamberg	FIRMA	- - - - - - - - - - - - -
- - - - - - - - - - - - -	VORNAME UND NACHNAME	Claus Brandl
Lange Straße 44	STRASSE UND HAUSNUMMER	Willy-Lessing-Straße 12
96047 Bamberg	PLZ UND STADT	96047 Bamberg

wird folgende Vereinbarung getroffen:

§ 1 Darlehensbetrag und Darlehenszweck

Der Darlehensnehmer erhält vom Darlehensgeber ein Darlehen in Höhe von **25.000,00 EUR** .

§ 2 Auszahlung

Der Darlehensbetrag ist auf folgendes Konto des Darlehensnehmers zu überweisen:

Claus Brandl	KONTOINHABER
DE19 3467 0404 1967 2031 18	IBAN/KONTONUMMER
Bayernbank Bamberg	GELDINSTITUT
BYRNBNKE1	BIC/BANKLEITZAHL

§ 3 Zinssatz

Das Darlehen ist mit einem Zinssatz von **3,20 % p. a.** zu tilgen.

§ 4 Annuitäten/Sondertilgungen

Die jährlichen Annuitäten sind in Höhe von **2.000,00 EUR** jeweils zum **Jahresende** auf folgendes Konto zu entrichten:

Bayernbank Bamberg	KONTOINHABER
DE19 5999 1000 2000 2030 22	IBAN/KONTONUMMER
Bayernbank Bamberg	GELDINSTITUT
BYRNBKE1	BIC/BANKLEITZAHL

Nach frühestens 6 Jahren kann zum 31.12. der Restbetrag in einer Summe zurückgezahlt werden.

Sebastian Kienle	*Claus Brandl*
DARLEHENSGEBER	DARLEHENSNEHMER
Bayernbank	

1.4 Erstellen Sie einen Tilgungsplan für die ersten beiden Jahre. (3 Pkt.)

Nach 8 Jahren möchte Claus Brandl seine Restschuld begleichen.

1.5 Berechnen Sie die Höhe der Restschuld. (2 Pkt.)

2 Funktionaler Zusammenhang (15 Pkt.)

Dennis trainiert Freiwürfe für das nächste Basketballspiel. Der Ball wird im Punkt A (0 | 2,75) abgeworfen, fliegt durch den Punkt B (2 | 4,85) und landet genau im Korb K (6 | y_K). Er beschreibt eine parabelförmige Flugkurve p_1 mit dem Faktor a = –0,25.

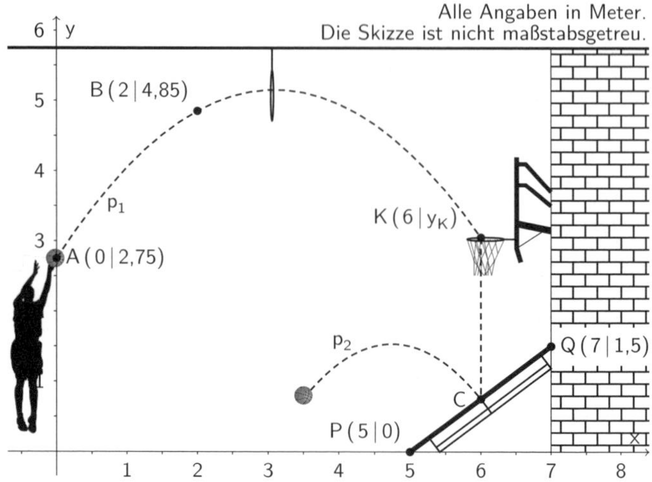

2.1 Ermitteln Sie die Funktionsgleichung der Flugparabel p_1.
(Ergebnis: p_1 : $y = -0{,}25x^2 + 1{,}55x + 2{,}75$) (3 Pkt.)

2.2 Berechnen Sie die Höhe y_K des Korbrings über dem Boden.
(Ergebnis: $y_K = 3{,}05$ m) (1 Pkt.)

Um die optimale Flugkurve p_1 zu trainieren, hängt Dennis einen Reifen an die Hallendecke, durch den der Ball fliegen soll.

2.3 Berechnen Sie den höchsten Punkt der optimalen Flugkurve p_1. (3 Pkt.)

Damit der Ball nach einem erfolgreichen Korbwurf wieder zurückspringt, stellt Dennis eine Sitzbank g schräg an die Wand.

2.4 Ermitteln Sie die Funktionsgleichung g der Bank, die durch die Punkte P (5 | 0) und Q (7 | 1,5) verläuft. (Ergebnis: g : $y = 0{,}75x - 3{,}75$) (3 Pkt.)

Nach einem Treffer fällt der Ball senkrecht nach unten und springt parabelförmig von der Bank weg. Die Flugbahn wird durch die Parabel p_2 : $y = -0{,}5x^2 + 4{,}75x - 9{,}75$ beschrieben.

2.5 Berechnen Sie die Fallhöhe f des Balls vom Korbring im Punkt K bis zum Aufprall auf die Bank im Punkt C. (2 Pkt.)

2.6 Berechnen Sie, wie viele Meter vor Dennis der Ball das erste Mal aufspringt, wenn angenommen werden kann, dass Dennis nach dem Wurf wieder im Nullpunkt der Skizze auf den Ball wartet. (3 Pkt.)

3 Trigonometrie (15 Pkt.)

Ein Baugerüst besteht aus waagerechten Gerüstböden, senkrechten Gerüstelementen, Querstreben, höhenverstellbaren Füßen und Leitern zwischen den Gerüstböden.

Ein Gerüstboden (z. B. $\overline{AB}$) hat eine Länge von 3 m. Ein senkrechtes Gerüstelement (z. B. $\overline{BC}$) ist 2,50 m lang.

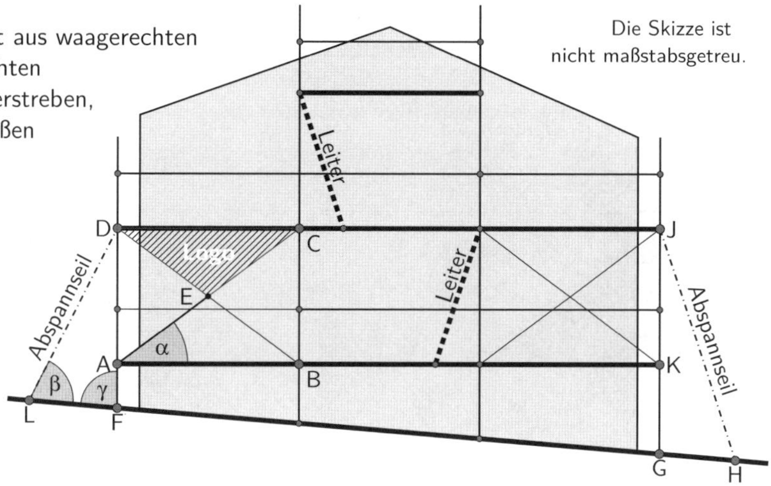

3.1 Berechnen Sie die Länge der Querstrebe $\overline{AC}$.
(Ergebnis: $|\overline{AC}| = 3{,}91\,\text{m}$) (2 Pkt.)

3.2 Berechnen Sie den Winkel α zwischen dem Gerüstboden $\overline{AB}$ und der Querstrebe $\overline{AC}$. (Ergebnis: $\alpha = 39{,}81\,°$) (2 Pkt.)

Die zur Stabilisierung notwendigen Querstreben $\overline{AC}$ und $\overline{BC}$ halbieren sich gegenseitig. Das so entstehende Dreieck DEC dient als Werbefläche für das Firmenlogo des Gerüstbauers.

3.3 Bestimmen Sie die Größe der Werbefläche. (3 Pkt.)

Als Sturmsicherung wird auf der linken Seite des Hauses ein Abspannseil ($\beta = 65\,°$ und $\gamma = 87\,°$) angebracht. Der linke Gerüstfuß $\overline{AF}$ ist auf eine Höhe von 15 cm eingestellt.

3.4 Berechnen Sie die Länge des linken Abspannseils $\overline{DL}$. (4 Pkt.)

In einer Entfernung von $|\overline{GH}| = 4\,\text{m}$ wird auf der rechten Seite ein weiteres Abspannseil $\overline{HJ}$ im Punkt H befestigt. Der rechte Gerüstfuß $\overline{GK}$ ist auf eine Höhe von 62 cm eingestellt.

3.5 Berechnen Sie die Länge des Seils $\overline{HJ}$. (4 Pkt.)

4 Daten und Zufall (15 Pkt.)

Auf dem deutschen Musikmarkt wurde im Jahr 2016 ein Gesamtumsatz von 1,58 Milliarden Euro erzielt. Vor allem über Streaming-Abos wurden hohe Umsatzzahlen erreicht.

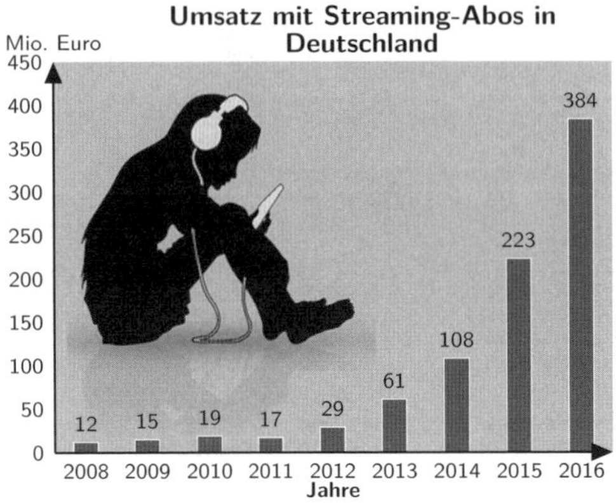

Quelle: https://pixabay.com

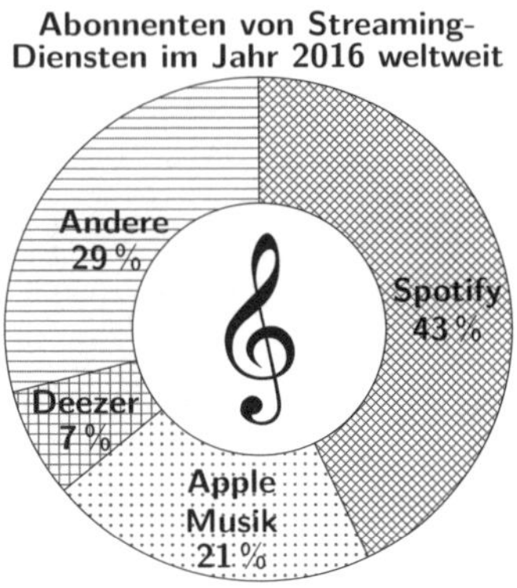

4.1 Bestimmen Sie für das Jahr 2016 den prozentualen Anteil des Umsatzes mit Streaming-Abos in Deutschland gemessen am Gesamtumsatz. (2 Pkt.)

Im Jahr 2016 gab es weltweit 100,4 Millionen Musikstreaming-Abonnenten.

4.2 Bestimmen Sie die Anzahl der Spotify–Abos im Jahr 2016 weltweit. (2 Pkt.)

Eine Befragung unter 10 Schülern einer Wirtschaftsschule hat folgende Daten hinsichtlich der monatlichen Ausgaben für Streaming-Dienste (Musik und Video) ergeben:

Schüler	1	2	3	4	5	6	7	8	9	10
Ausgaben	2 €	5 €	14 €	4 €	5 €	9 €	20 €	30 €	15 €	8 €

4.3 Bestimmen Sie die durchschnittlichen Ausgaben, den Median und die Spannweite zu dieser Befragung. (5 Pkt.)

Laut einer Umfrage der Verbraucherzentrale verwenden 78% der Internetnutzer Streaming-Dienste. Nicht alle User wollen dafür bezahlen.

4.4 Ergänzen Sie mit Hilfe der beiden Kreisdiagramme auf Seite 13 die noch fehlenden Übergangswahrscheinlichkeiten im Baumdiagramm. (3 Pkt.)

4.5 Berechnen Sie die Wahrscheinlichkeit von E_1 „Umfrageteilnehmer nutzt Streaming-Dienste gratis". (1 Pkt.)

4.6 Berechnen Sie die Wahrscheinlichkeit von E_2 „Umfrageteilnehmer nutzt kostenpflichtiges Videostreaming". (2 Pkt.)

Zusatzblatt zu 4. Daten und Zufall

Zu Teilaufgabe 4.4

Nutzung von Streaming-Diensten unter allen Internetnutzern

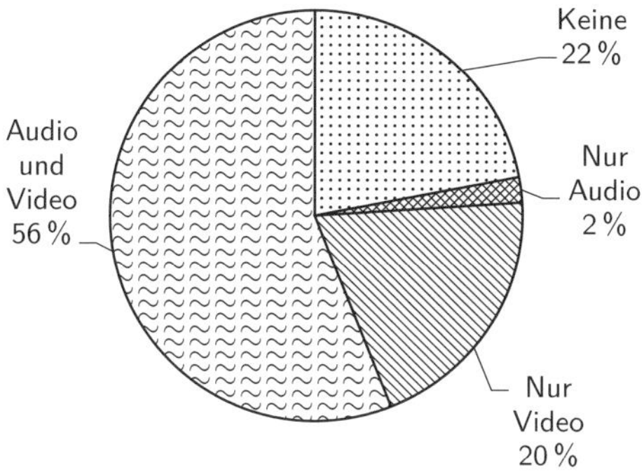

Ausgabenverteilung für die Nutzung von Streaming-Diensten

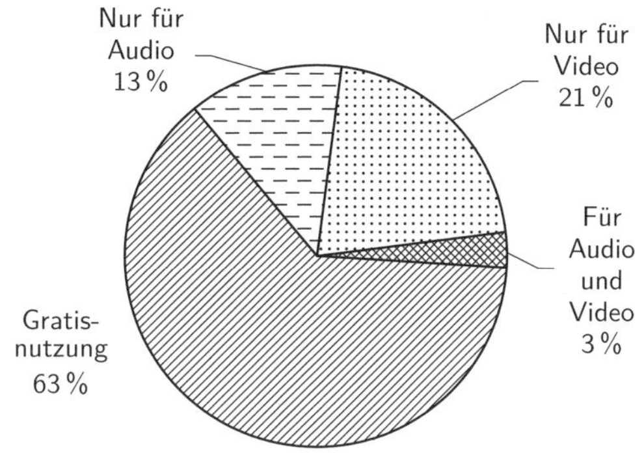

Baumdiagramm

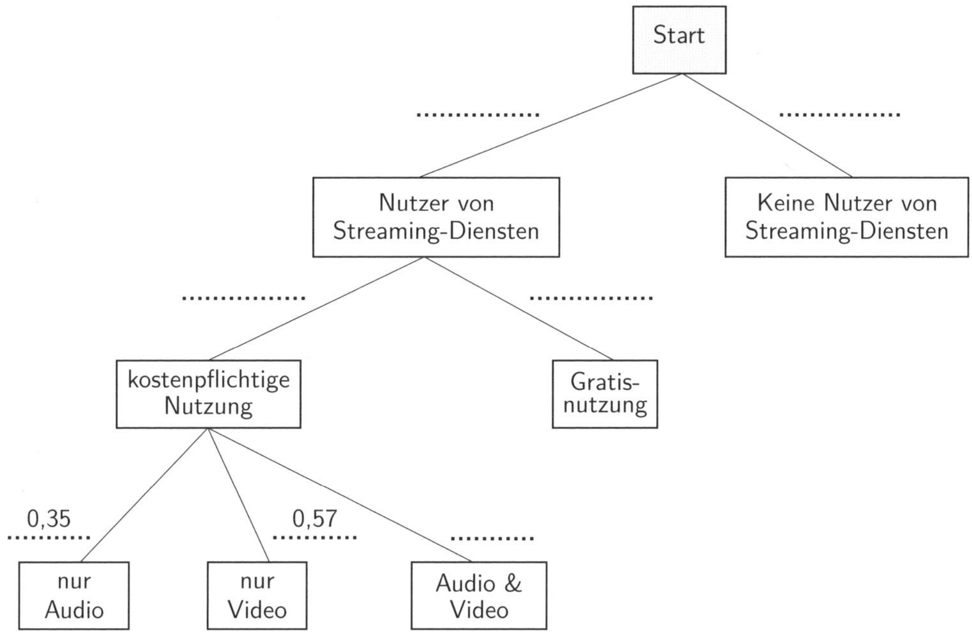

5 **Raum und Form** (15 Pkt.)

Quelle: lehner-versand.ch

Die Firma „Grillomat“ stellt extravagante Kohlegrills her. Unter anderem hat sie einen Halbkugelgrill (siehe linke Skizze) sowie einen Kegelgrill (siehe rechte Skizze) im Sortiment. Beide haben einen oberen Durchmesser von d = 36 cm. Der Kegelgrill hat ein Gesamtvolumen von 19 Liter.

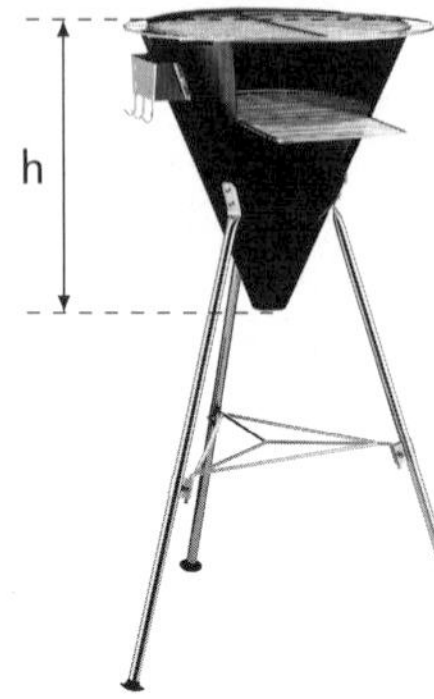

Quelle: bodum.com

5.1 Zeigen Sie rechnerisch, dass der Halbkugelgrill ein geringeres Volumen besitzt. (2 Pkt.)

5.2 Berechnen Sie die Höhe h des Kegelgrills. (Ergebnis: h = 56 cm) (2 Pkt.)

5.3 Berechnen Sie die Fläche in m^2, die bei der Herstellung des Kegelgrills außen lackiert werden muss (ohne Standbeine). (4 Pkt.)

Die rechte Skizze zeigt den Querschnitt des Kegelgrills (alle Angaben in cm). Damit nicht so viel Grillkohle verbraucht wird und die glühende Kohle von unten Luft bekommt, wird in einem Abstand von 42 cm vom oberen Durchmesser d ein zweiter Rost eingebaut.

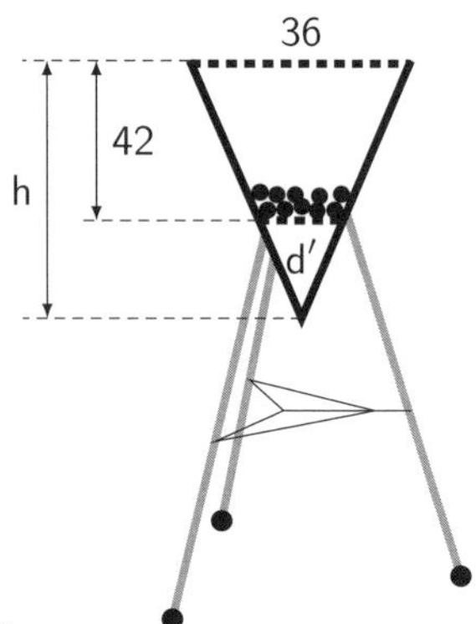

5.4 Berechnen Sie den Durchmesser d‘ des unteren Rostes. (3 Pkt.)

Damit auch bei schlechterem Wetter gegrillt werden kann, bietet die Firma „Grillomat“ auch Partyzelte an. Alle vier Streben a haben die Länge 6 m. Die Stützen f sind jeweils 2,5 m hoch. Das Zelt hat eine Gesamthöhe von 3,5 m.

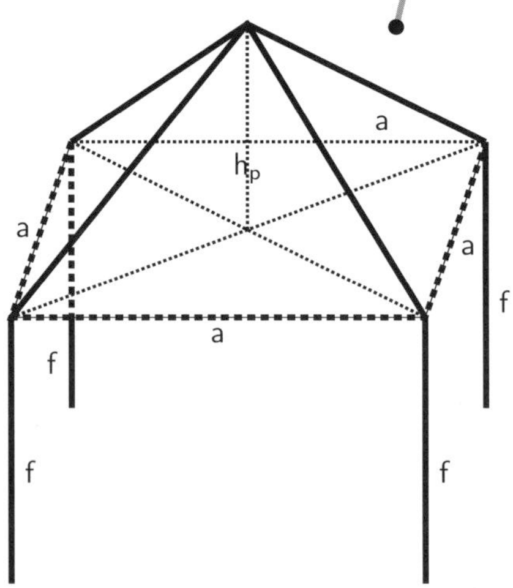

5.5 Berechnen Sie die Gesamtfläche für den Stoff des pyramidenförmigen Zeltdachs. (4 Pkt.)

1 Finanzmathematik

1.1 Wie hoch der angebotene Zinssatz der Bank für Herrn Brandl sein müsste, wird folgendermaßen berechnet:

Für die ersten zehn Jahre gilt:

$$\begin{aligned} K_{12} &= K_0 \cdot q^n \\ 17.000{,}00 &= 12.500{,}00 \cdot q^{12} \qquad | : 12.500{,}00 \\ \Longleftrightarrow \quad q^{12} &= \frac{17.000{,}00}{12.500{,}00} \qquad | \sqrt[12]{\ } \\ \Longleftrightarrow \quad q &= 1{,}026 \\ \Longleftrightarrow \quad p &= 2{,}6\,\% \end{aligned}$$

Der Zinssatz hätte 2,6 % betragen müssen. (3 Pkt.)

1.2 Um das geplante Gesamtkapital von 17.000,00 € zu erreichen, muss Herr Brandl jährlich zum Jahresende zusätzliches Geld mit einem Zinssatz von 1,25 % einzahlen.
Es handelt sich um eine nachschüssige Kapitalmehrung.

$$\begin{aligned} K_n &= K_0 \cdot q^n + r \cdot \frac{q^n - 1}{q - 1} \\ 17.000{,}00 &= 12.500{,}00 \cdot 1{,}0125^{12} + r \cdot \frac{1{,}0125^{12} - 1}{1{,}0125 - 1} \qquad | - 12.500{,}00 \cdot 1{,}0125^{12} \\ \Longleftrightarrow 2.490{,}5685 &= r \cdot \frac{1{,}0125^{12} - 1}{1{,}0125 - 1} \qquad | : \frac{1{,}0125^{12} - 1}{1{,}0125 - 1} \\ \Longleftrightarrow \quad r &= 193{,}66\,€ \end{aligned}$$

Herr Brandl müsste jährlich 193,66 € einzahlen. (3 Pkt.)

1.3 Herr Brandl finanziert am Anfang eines Jahres einen Teil der Studienkosten seines Sohnen mit jährlich 3.000,00 € mit dem angesparten Geld.
Es handelt sich um eine vorschüssige Kapitalminderung.

$$\begin{aligned} K_n &= K_0 \cdot q^n - r \cdot q \cdot \frac{q^n - 1}{q - 1} \\ 0 &= 17.000{,}00 \cdot 1{,}015^2 - 3.000{,}00 \cdot 1{,}015 \cdot \frac{1{,}015^n - 1}{1{,}015 - 1} \\ \Longleftrightarrow \quad 0 &= 17.000{,}00 \cdot 1{,}015^n - 203.000{,}00 \cdot (1{,}015^n - 1) \\ \Longleftrightarrow \quad 0 &= -186.000{,}00 \cdot 1{,}015^n + 203.000{,}00 \qquad | + 186.000{,}00 \cdot 1{,}015^n \\ \Longleftrightarrow 186.000{,}00 \cdot 1{,}015^n &= 203.000{,}00 \qquad | : 186.000{,}00 \\ \Longleftrightarrow \quad 1{,}015^n &= \frac{203.000{,}00}{186.000{,}00} \qquad |\lg(\ ) \\ \Longleftrightarrow \quad n &= \frac{\lg \frac{203.000{,}00}{186.000{,}00}}{\lg 1{,}015} \\ \Longleftrightarrow \quad n &= 5{,}87 \text{ Jahre} \end{aligned}$$

Herr Brandl kann seinen Sohn 6 Jahre finanziell unterstützen. (4 Pkt.)

1.4 Claus Brandl hat nach seinem Studium bei einem Zinssatz von 3,2 % und einer Annuität von 2.000,00 € einen Kreditbedarf in Höhe von 25.000,00 €.

Der Tilgungsplan für die ersten beiden Jahre sieht dann folgendermaßen aus:

Jahr	Schuld	Zinsen	Tilgung	Annuität
1	25.000,00 €	800,00 €	1.200,00 €	2.000,00 €
2	23.800,00 €	761,60 €	1.238,40 €	2.000,00 €

(3 Pkt.)

1.5 Claus Brandl möchte nach 8 Jahren seine Restschuld begleichen, die folgendermaßen berechnet wird.

$$K_n = K_0 \cdot q^n - r \cdot q \cdot \frac{q^n - 1}{q - 1}$$

$$K_8 = 25.000{,}00 \cdot 1{,}032^8 - 2.000{,}00 \cdot \frac{1{,}032^8 - 1}{1{,}032 - 1}$$

$$K_8 = 14.253{,}16\,€$$

Die Restschuld nach 8 Jahren beträgt 14.253,16 €. (2 Pkt.)

2 Funktionaler Zusammenhang

2.1 Eine Parabel hat immer die Normalform $y = a \cdot x^2 + b \cdot x + c$. Der Parameter $a = -0{,}25$ ist hier bereits gegeben. Um die zwei restlichen Parameter b und c zu bestimmen, werden zwei Gleichungen benötigt. Diese werden mit den gegebenen Punkten $A(0\,|\,2{,}75)$ und $B(2\,|\,4{,}85)$ aufgestellt:

$$\begin{array}{rl} \text{(I)} & 2{,}75 = -0{,}25 \cdot 0^2 + b \cdot 0 + c \\ \Longleftrightarrow & \underline{c = 2{,}75} \\ \text{(II)} & 4{,}85 = -0{,}25 \cdot 2^2 + b \cdot 2 + c \end{array}$$

Nun setzt man die erste Gleichung in die zweite Gleichung ein.

$$\begin{array}{rll} \text{(I) in (II)} & 4{,}85 = -1 + 2b + 2{,}75 & \\ \Longleftrightarrow & 4{,}85 = 1{,}75 + 2b & |-1{,}75 \\ \Longleftrightarrow & 3{,}1 = 2b & |:2 \\ \Longleftrightarrow & \underline{b = 1{,}55} & \end{array}$$

Die allgemeine Form der Parabel lautet somit

$$\underline{\underline{p_1: y = -0{,}25x^2 + 1{,}55x + 2{,}75}}$$

(3 Pkt.)

2.2 Um den y-Wert y_K zu erhalten, setzt man den zugehörigen x-Wert $x_K = 6$ in die Parabelgleichung p_1 ein:

$$\begin{aligned} y_K &= -0{,}25 \cdot 6^2 + 1{,}55 \cdot 6 + 2{,}75 \\ &= -9 + 9{,}3 + 2{,}75 = \underline{\underline{3{,}05}} \end{aligned}$$

Der Punkt K lautet also $(6\,|\,3{,}05)$. Somit liegt der Korb 3,05 m über dem Boden.

(1 Pkt.)

2.3 Der höchste Punkt einer Parabel ist der Scheitelpunkt, der durch die quadratische Ergänzung (als Alternative) in die Scheitelpunktform gebracht oder durch Formel bestimmt werden kann.

quadr. Ergänzung (als Alternative)

$$\begin{aligned} y &= -0{,}25x^2 + 1{,}55x + 2{,}75 \\ &= -0{,}25(x^2 - 6{,}2x - 11) \\ &= -0{,}25(x^2 - 2 \cdot 3{,}1x + 3{,}1^2 - (3{,}1)^2 - 11) \\ &= -0{,}25(x^2 - 2 \cdot 3{,}1x + 3{,}1^2 - 9{,}61 - 11) \\ &= -0{,}25(x^2 - 2 \cdot 3{,}1x + 3{,}1^2) + 2{,}4025 + 2{,}75 \\ &= -0{,}25(x - 3{,}1)^2 + 5{,}1525 \end{aligned}$$

Formel

$a = -0{,}25$, $b = 1{,}55$; $c = 2{,}75$

$$\mathbf{S}\left(-\frac{\mathbf{b}}{\mathbf{2a}}\;\middle|\;\mathbf{c} - \frac{\mathbf{b^2}}{\mathbf{4a}}\right)$$

$$S\left(-\frac{1{,}55}{2 \cdot (-0{,}25)}\;\middle|\;2{,}75 - \frac{1{,}55^2}{4 \cdot (-0{,}25)}\right)$$

$$S(3{,}1\,|\,5{,}15)$$

Somit hat der höchste Punkt S der optimalen Flugkurve die Koordinaten: $\underline{\underline{S(3{,}1\,|\,5{,}15)}}$ (2 Pkt.)

2.4 Eine Gerade hat immer die Form $y = m \cdot x + t$. Auf dieser Geraden liegen die beiden gegebenen Punkte $P\,(5\,|\,0)$ und $Q\,(7\,|\,1{,}5)$. Zuerst wird die Steigung m der Geraden bestimmt.

$$\begin{aligned} \mathbf{m} &= \frac{\mathbf{y_Q - y_P}}{\mathbf{x_Q - x_P}} \\ \Longleftrightarrow\ m &= \frac{1{,}5-0}{7-5} \\ \Longleftrightarrow\ m &= \underline{\frac{3}{4}} \end{aligned}$$

Nun wählt man einen der beiden Punkte und setzt die x- und y-Koordinaten mit der berechneten Steigung m ein, um t zu bestimmen.

$$\begin{aligned} \mathbf{y} &= \mathbf{m \cdot x + t} && |P\,(5\,|\,0) \text{ einsetzen} \\ \Longleftrightarrow\quad 0 &= \frac{3}{4} \cdot 5 + t && |-\frac{3}{4} \cdot 5 \\ \Longleftrightarrow\quad & \underline{t = -3{,}75} \end{aligned}$$

Die allgemeine Form der Geraden lautet somit:

$$\underline{\underline{y = \frac{3}{4}x - 3{,}75}}$$

(3 Pkt.)

2.5 Der Ball fällt beim x-Wert $x = 6$ in den Korb. Da er senkrecht nach unten fällt, bleibt der x-Wert gleich und der Ball trifft die Bank im Punkt $C\,(6\,|\,y_C)$. Nun muss man y_C für $x = 6$ berechnen.

$$y_C = 0{,}75 \cdot 6 - 3{,}75 = 0{,}75$$

Die Fallhöhe ist die Differenz zwischen der Höhe des Korbs (y_K) und der Höhe des Auftreffpunktes (y_C).

$$f = y_K - y_C = 3{,}05 - 0{,}75 = \underline{\underline{2{,}3}}$$

Der Ball fällt also $\underline{\underline{2{,}30\,\text{m}}}$. (2 Pkt.)

2.6 Der Auftreffpunkt des Balls vor Dennis entspricht der Nullstelle N von p_2. Die Nullstelle N berechnet man mithilfe der Lösungsformel:

$$\begin{aligned} p_2: 0 &= -0{,}5x^2 + 4{,}75x - 9{,}75 \\ \Longleftrightarrow\quad x_{1;2} &= \frac{-4{,}75 \pm \sqrt{4{,}75^2 - 4 \cdot (-0{,}5) \cdot (-9{,}75)}}{2 \cdot (-0{,}5)} \\ \Longleftrightarrow\quad x_1 &= 3 \text{ und } \ x_2 = 6{,}5 \end{aligned}$$

Der Ball kommt also das erste Mal im Punkt $N_1\,(3\,|\,0)$ auf, er springt also $\underline{3\,\text{m}}$ vor Dennis das erste Mal auf.
(Betrachtete wird hier nur x_1, denn der Ball springt von C ($x = 6$) aus auf Dennis und damit auf den Ursprung zu.)

(3 Pkt.)

3 Trigonometrie

3.1 Die Läge der Querstrebe $\overline{AC}$ kann mithilfe des Satz des Pythagoras berechnet werden:
Gegeben: $|\overline{AB}| = 3$; $|\overline{BC}| = 2{,}5$
Gesucht: $|\overline{AC}|$

$$\begin{aligned} |\overline{AB}|^2 + \overline{BC}|^2 &= |\overline{AC}|^2 \\ |\overline{AC}|^2 &= \sqrt{3^2 + 2{,}5^2} \quad |\sqrt{\ } \\ |\overline{AC}| &= \sqrt{15{,}25} \approx \underline{\underline{3{,}91}} \end{aligned}$$

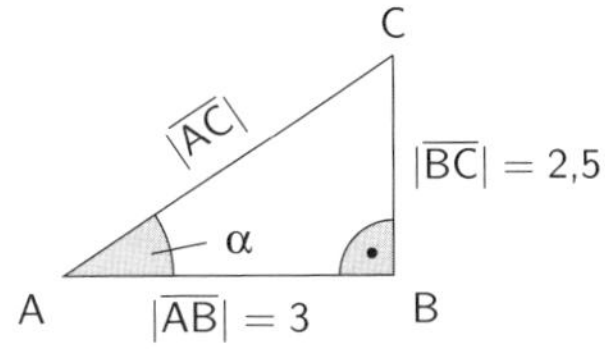

Die Querstrebe $\overline{AC}$ hat eine Länge von $\underline{\underline{3{,}91\,\text{m}}}$. (2 Pkt.)

3.2 Den Winkel α wird mithilfe des Tangens berechnet (siehe Skizze in 3.1):

$$\begin{aligned} \tan\alpha &= \frac{|\overline{BC}|}{|\overline{AB}|} = \frac{2{,}5}{3} \\ \Rightarrow \alpha &= \tan^{-1}\frac{2{,}5}{3} \approx \underline{\underline{39{,}81^\circ}} \end{aligned}$$

(2 Pkt.)

3.3 Es gibt zwei Möglichkeiten den Flächeninhalt des Firmenlogos zu bestimmen:
1. Möglichkeit: Über die Formel $A_D = \frac{1}{2} \cdot h \cdot G$. Dabei gilt:

$$\begin{aligned} h &= \frac{1}{2} \cdot |\overline{BC}| = \frac{1}{2} \cdot 2{,}5 = 1{,}25 \\ G &= |\overline{DC}| = |\overline{AB}| = 3 \\ A_D &= \frac{1}{2} \cdot 1{,}25 \cdot 3 = 1{,}875 \approx \underline{\underline{1{,}88\,\text{m}^2}} \end{aligned}$$

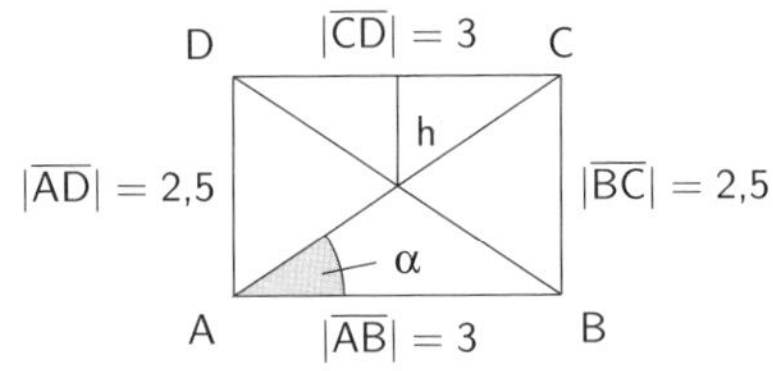

2. Möglichkeit: Über den Flächensatz für die Dreiecksfläche $A_D = \frac{1}{2} \cdot a \cdot b \cdot \sin\alpha$. Dabei gilt:

$$\begin{aligned} \triangle_{ABE} &= \triangle_{DEC} \\ a &= |\overline{AB}| = 3 \\ b &= |\overline{AE}| = |\overline{AC}| : 2 = 3{,}91 : 2 = 1{,}955 \\ A_D &= \frac{1}{2} \cdot a \cdot b \cdot \sin\alpha \\ &= \frac{1}{2} \cdot 3 \cdot 1{,}955 \cdot \sin(39{,}81^\circ) \approx \underline{\underline{1{,}88\,\text{m}^2}} \end{aligned}$$

Der Flächeninhalt des Dreiecks $\triangle_{DEC}$ und damit der Werbefläche beträgt $\underline{\underline{1{,}88\,\text{m}^2}}$.

(3 Pkt.)

3.4 Um die Länge des Abspannseils $|\overline{DL}|$ zu erhalten, benötigt man im Dreieck DLF den Sinussatz, den man nach $|\overline{DL}|$ auflöst:

$$\frac{|\overline{DL}|}{\sin\gamma} = \frac{|\overline{DF}|}{\sin\beta}$$
$$\Longleftrightarrow |\overline{DL}| = \frac{|\overline{DF}| \cdot \sin\gamma}{\sin\beta}$$
$$\Longleftrightarrow |\overline{DL}| = \frac{(0{,}15 + 2{,}5) \cdot \sin(87\,^\circ)}{\sin(65\,^\circ)}$$
$$\Longleftrightarrow |\overline{DL}| \approx \underline{\underline{2{,}92}}$$

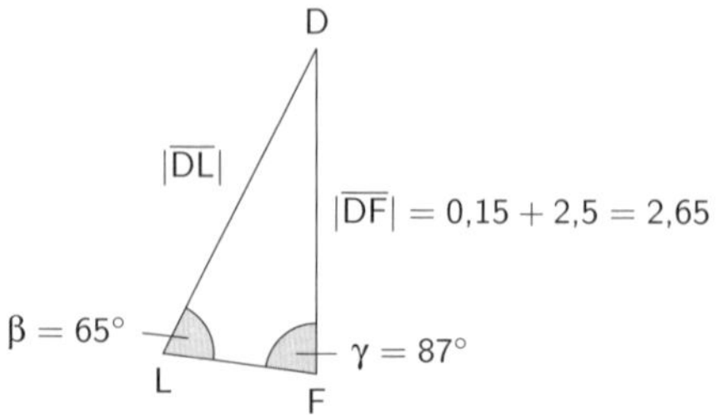

Das Abspannseil hat demnach eine Länge von $\underline{\underline{2{,}92\,\text{m}}}$.

(4 Pkt.)

3.5 Da $\overline{DF}$ und $\overline{JG}$ zueinander parallel sind und von derselben Strecke $\overline{LH}$ geschnitten werden, kann der Winkel ε wie folgt berechnet werden:

$$\begin{aligned}\varepsilon &= 180^\circ - \gamma\\ &= 180^\circ - 87^\circ\\ &= 93^\circ\end{aligned}$$

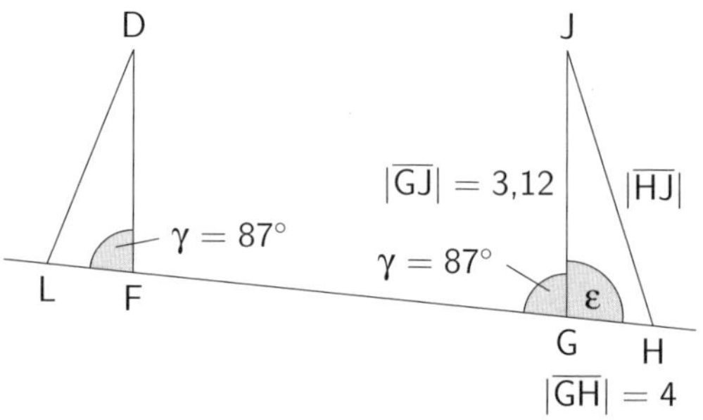

Nun kann man die Länge des Abspannseils $\overline{HJ}$ über den Kosinussatz berechnen:

$$\begin{aligned}|\overline{HJ}|^2 &= |\overline{GJ}|^2 + |\overline{GH}|^2 - 2 \cdot |\overline{GJ}| \cdot |\overline{GH}| \cdot \cos\varepsilon\\ |\overline{HJ}|^2 &= (2{,}5 + 0{,}62)^2 + 4^2 - 2 \cdot (2{,}5 + 0{,}62) \cdot 4 \cdot \cos(93\,^\circ)\\ |\overline{HJ}| &= \sqrt{3{,}12^2 + 16 - 2 \cdot 3{,}12 \cdot 4 \cdot \cos(93\,^\circ)}\\ &= \sqrt{9{,}7344 + 16 - 24{,}96 \cdot \cos(65\,^\circ)} \approx \underline{\underline{5{,}20\,\text{m}}}\end{aligned}$$

Das Abspannseil $\overline{HJ}$ ist also $\underline{\underline{5{,}20\,\text{m}}}$ lang.

(4 Pkt.)

4 Daten und Zufall

4.1 Der insgesamte Umsatz beträgt 1,58 Millliarden Euro, der Umsatz von Streaming-Abos liegt bei 384 Millionen.
Gegeben (in Millionen Euro): Grundwert (G)= 1580; Prozentwert (P)= 384
Gesucht: Prozentsatz (p)

Lösung mit Dreisatz:

Prozent	**Euro**	
$100\,\% \triangleq 1580\,€$		$\mid : 100$
$\Longleftrightarrow\ 1\,\% \triangleq 15{,}8\,€$		
$\Longleftrightarrow\ 384 : 15{,}8 \triangleq \underline{\underline{24{,}30\,\%}}$		

Lösung durch Formel:

$$p = \frac{P}{G} = \frac{384\,€}{1580\,€} = \underline{\underline{24{,}30\,\%}}$$

Streaming-Abos haben einen prozentualen Anteil von $\underline{\underline{24{,}30\,\%}}$ am Gesamtumsatz.

(2 Pkt.)

4.2 Spotify hat einen Anteil von 43 % an allen Streaming-Diensten. Das heißt 43 % von 100.400.000 Musikstreaming-Abonnenten sind Mitglieder bei Spotify.
Gegeben: Grundwert (G)= 100.400.000; Prozentsatz (p)= 43 %
Gesucht: Prozentwert (P)

Lösung mit Dreisatz:

Prozent	**Mitglieder**	
$100\,\%$	$\triangleq 100.400.000$	$\mid : 100$
$\Longleftrightarrow\ 1\,\%$	$\triangleq 1.004.000$	$\mid \cdot 43$
$\Longleftrightarrow\ 43\,\%$	$\triangleq \underline{\underline{43.172.000}}$	

Lösung durch Formel:

$$p = \frac{P}{G}$$
$$P = p \cdot G$$
$$= 43\,\% \cdot 100.400.000 = \underline{\underline{43.172.000}}$$

Spotify hat also $\underline{\underline{\text{43.172.000 Abonnenten}}}$.

(2 Pkt.)

4.3 Durch vorhandene Daten soll die Spannweite, der Median und das arithmetische Mittel (= durchschnittliche Ausgaben) bestimmt werden.

Schüler	1	2	3	4	5	6	7	8	9	10
Ausgaben	2 €	4 €	5 €	5 €	8 €	9 €	14 €	15 €	20 €	30 €

$$\text{Spannweite} = \overset{\text{höchster Preis}}{30\,€} - \overset{\text{niedrigster Preis}}{2\,€} = \underline{\underline{28\,€}}$$

$$\text{Median} = \frac{8\,€ + 9\,€}{2} = \underline{\underline{8{,}50\,€}}$$

$$\text{Arithmetische Mittel} = \frac{2+4+5+5+8+9+14+15+20+30}{10}$$
$$= \underline{\underline{11{,}20\,€}}$$

(5 Pkt.)

4.4 Zur Füllung der Lücken im Baumdiagramm benötigt man für die erste Ebene das erste Diagramm und für die zweite Ebene das zweite Diagramm.

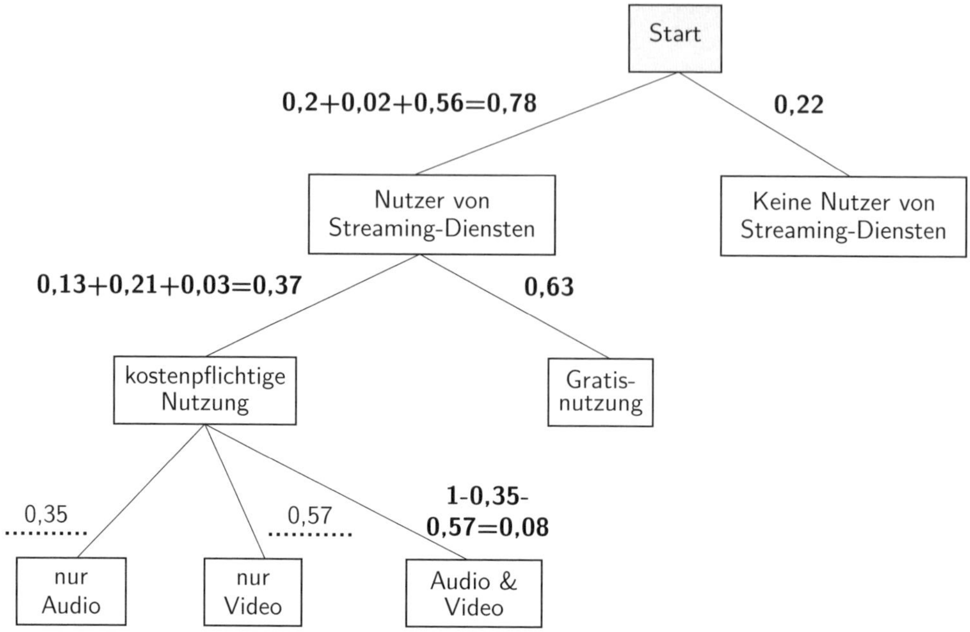

Für die unterste Lücke benötigt man kein Diagramm. Da bereits zwei der Lücken ausgefüllt sind und auf jeder Ebene ein Prozentsatz von 100 % (= 1) erreicht werden muss, kann die verbleibende Wahrscheinlichkeit direkt ausgerechnet werden.

(3 Pkt.)

4.5 Die Wahrscheinlichkeit, dass ein Umfrageteilnehmer gratis Streamingdienste nutzt, soll bestimmt werden. Dabei werden die Daten aus dem Baumdiagramm verwendet.

$$\begin{aligned} P(E_1) &= 0{,}78 \cdot 0{,}63 \\ &= 0{,}4914 \approx \underline{\underline{49{,}14\,\%}} \end{aligned}$$

Die Wahrscheinlichkeit beträgt $\underline{\underline{49{,}14\,\%}}$.

(1 Pkt.)

4.6 Die Wahrscheinlichkeit dafür, dass ein Umfrageteilnehmer kostenpflichtiges Videostreaming nutzt, soll bestimmt werden:

$$\begin{aligned} P(E_2) &= 0{,}78 \cdot 0{,}63 \cdot 0{,}57 + 0{,}78 \cdot 0{,}63 \cdot 0{,}08 \\ &= 0{,}164502 + 0{,}023088 \\ &= 0{,}18759 \approx \underline{\underline{18{,}76\,\%}} \end{aligned}$$

Die Wahrscheinlichkeit beträgt $\underline{\underline{18{,}76\,\%}}$.

(2 Pkt.)

5 Raum und Form

5.1 Das Volumen des Halbkugelgrills soll ausgerechnet werden. Dafür verwendet man die Formel zur Berechnung des Kugelvolumens und halbiert das Ergebnis.

$$\begin{aligned} V_{HK} &= \frac{4}{3} \cdot r^3 \cdot \pi \cdot \frac{1}{2} \\ &= \frac{4}{3} \cdot (18\,\text{cm})^3 \cdot \pi \cdot \frac{1}{2} \\ &= 12.214{,}51224\,\text{cm}^3 \\ &\approx 12{,}21\,\text{dm}^3 = \underline{\underline{12{,}21\,\text{l}}} \end{aligned}$$

Der Halbkugelgrill besitzt ein Volumen von 12,21 Liter und hat somit ein geringeres Volumen als der Kegelgrill.

(2 Pkt.)

5.2 Über das Volumen des Kegelgrills kann man die Höhe h bestimmen, indem man die Formel nach h auflöst.

$$\begin{aligned} V_K &= \frac{1}{3} \cdot r^2 \cdot \pi \cdot h && | : (r^2 \cdot \pi) \\ \iff \frac{1}{3}h &= \frac{V_K}{r^2 \cdot \pi} && | \cdot 3 \\ \iff h &= \frac{3 \cdot V_K}{r^2 \cdot \pi} \\ &= \frac{3 \cdot 19.000\,\text{cm}^3}{18^2 \cdot \pi} \approx \underline{56\,\text{cm}} \end{aligned}$$

Der Kegelgrill hat demnach eine Höhe von $\underline{\underline{56\,\text{cm}}}$.

(2 Pkt.)

5.3 Berechnet muss hier nur der Mantel werden, denn nur die Mantelfläche muss gestrichen werden. Zur Berechnung des Mantels benötigt man die Formel: $M = r \cdot s \cdot \pi$.
Zuerst wird s mithilfe des Satz des Pythagoras berechnet (Maße nun in m):

$$\begin{aligned} s^2 &= h^2 + r^2 \\ \iff s &= \sqrt{h^2 + r^2} \\ &= \sqrt{(0{,}18\,\text{m})^2 + (0{,}56\,\text{m})^2} \\ &\approx 0{,}5882\,\text{m} \end{aligned}$$

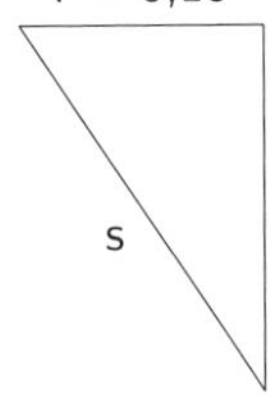

Als nächstes wird die Mantelfläche berechnet:

$$\begin{aligned} M &= r \cdot s \cdot \pi \\ &= 0{,}18\,\text{m} \cdot 0{,}5882\,\text{m} \cdot \pi \\ &= 0{,}33261\ldots\,\text{m}^2 \approx \underline{\underline{0{,}33\,\text{m}^2}} \end{aligned}$$

Beim Kegelgrill muss eine Fläche von $\underline{\underline{0{,}33\,\text{m}^2}}$ gestrichen werden. (4 Pkt.)

5.4 Die Länge des zweiten Rosts d′ wird über den Vierstreckensatz berechnet (Maße in cm):

$$\begin{aligned} \frac{d'}{d} &= \frac{h'}{h} \\ \Longleftrightarrow \quad \frac{d'}{36} &= \frac{56-42}{56} \qquad | \cdot 36 \\ \Longleftrightarrow \quad d' &= \frac{14}{56} \cdot 36 \\ \Longleftrightarrow \quad d' &= \underline{\underline{9}} \end{aligned}$$

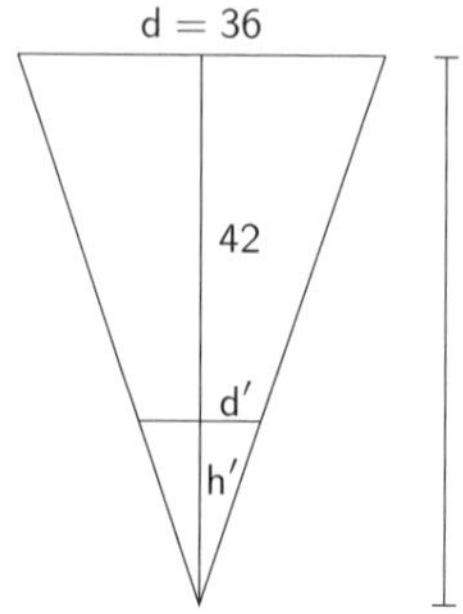

Der Durchmesser des unteren Rosts beträgt $\underline{\underline{9\,\text{cm}}}$.

(3 Pkt.)

5.5 Das Zeltdach hat die Form einer quadratischen Pyramide. Die Gesamtfläche des Zeltdachstoffes erhält man über die Mantelfläche der Pyramide.
Zuerst wird die Höhe h des Dreiecks berechnet, dafür wird der Satz des Pythagoras verwendet (Maße in m):

$$\begin{aligned} h_\triangle^2 &= \left(\frac{1}{2}a\right)^2 + h_{\text{Pyramide}}^2 \\ h_\triangle &= \sqrt{\left(\frac{1}{2}a\right)^2 + 1^2} \\ &= \sqrt{3^2 + 1} = \sqrt{10} \end{aligned}$$

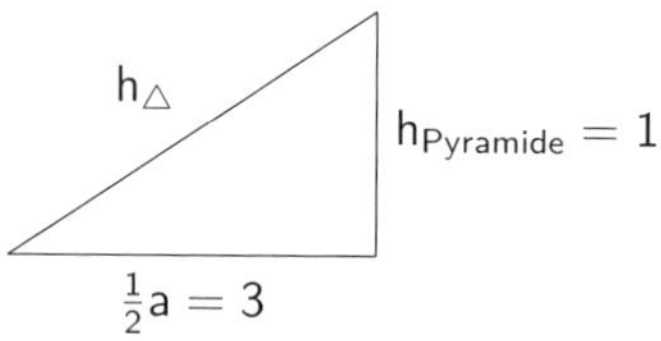

Nun kann die Mantelfläche berechnet werden:

$$\begin{aligned} M_P &= 4 \cdot A_\triangle \\ &= 4 \cdot \left(\frac{1}{2} \cdot h_\triangle \cdot a\right) \\ &= 4 \cdot \left(\frac{1}{2} \cdot 6 \cdot \sqrt{10}\right) \\ &= \underline{\underline{37{,}95\,\text{m}^2}} \end{aligned}$$

Die Gesamtfläche des Stoff, der für das Zeltdach verwendet wird, beträgt also $\underline{\underline{37{,}95\,\text{m}^2}}$.

(4 Pkt.)

Original-Prüfung
Mathematik
an zwei-, drei- und vierstufigen
Wirtschaftsschulen 2019

1 Aus dem abgebildeten Holzwürfel mit der Kantenlänge 3 dm wurden acht Würfel mit der Kantenlänge 1 dm herausgeschnitten.
Welches Volumen hat der Restkörper?

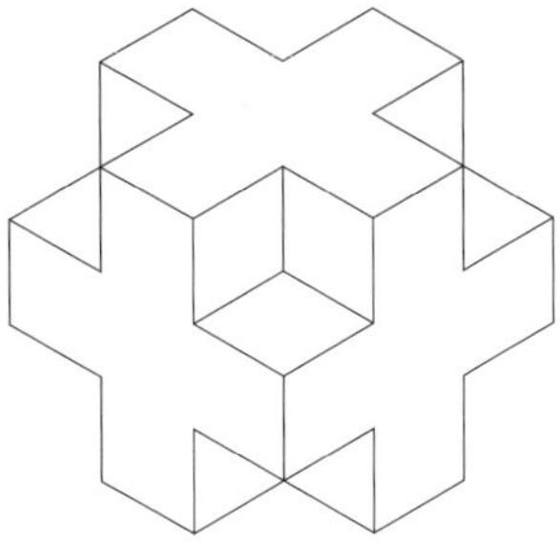

(2 Pkt.)

2 Gegeben sind die Punkte A(1 | 3) und B(− 1 | − 1) sowie die Funktionen $y_1 = -2x + 1$ und $y_2 = x^2 - 3x - 5$.

Sind folgende Behauptungen wahr (w) oder falsch (f)?

Ergänzen Sie die Tabelle und begründen Sie rechnerisch Ihre Entscheidung.

$A \in y_1$	$B \in y_2$
☐	☐

(2 Pkt.)

3 Herr Schneider benötigt täglich eine Stunde mit dem Auto zu seiner Arbeitsstelle. Wegen einer Baustelle verlängert sich seine Fahrzeit um 15 %.

Wie viele Minuten ist Herr Schneider dadurch länger mit dem Auto unterwegs?

A	B	C	D	Lösung
0,1 h	9 min	69 min	6 min	

(1 Pkt.)

4 Lässt man ein Rechteck um eine Körperachse rotieren, so entsteht ein …

A	B	C	D	Lösung
Quader	Kegel	Würfel	Zylinder	

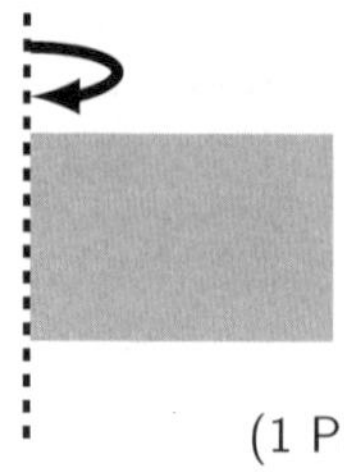

(1 Pkt.)

5 Geben Sie an, welche Potenz sich bei folgender Multiplikation ergibt: $5^3 \cdot 5^6$

A	B	C	D	Lösung
5^{18}	5^{-3}	5^9	5^3	

(1 Pkt.)

6 

Frank hat von seinem neuen Vermieter einen Schlüsselbund mit drei Schlüsseln erhalten. Nur einer von ihnen sperrt die neue Wohnung auf. Er probiert die Schlüssel in zufälliger Reihenfolge.

Tragen Sie die fehlenden Übergangswahrscheinlichkeiten in das Baumdiagramm ein.

Entscheiden Sie, wie groß die Wahrscheinlichkeit ist, dass erst der letzte Schlüssel passt.

A	B	C	Lösung
$\frac{4}{9}$	$\frac{1}{3}$	$\frac{1}{4}$	

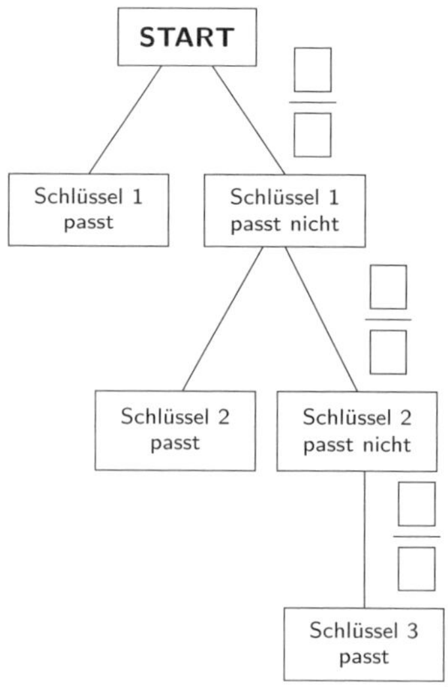

(2 Pkt.)

7 Petra und Jürgen haben eine Fahrradtour von Passau nach Wien begonnen. Die Längen ihrer fünf Tagestouren sind im nebenstehenden Diagramm dargestellt.

Ermitteln Sie nachvollziehbar, wie viele Kilometer Petra und Jürgen durchschnittlich pro Tag gefahren sind.

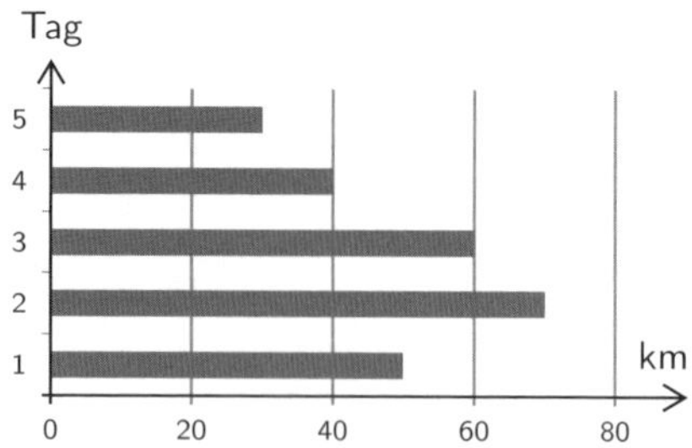

(2 Pkt.)

8 Am Sporttag der 10. Klassen der Wirtschaftsschule sollten sich die Schüler jeweils für genau eine Sportart entscheiden und diese in die ausgehängte Liste eintragen.

Die Eintragung ergab folgende Verteilung über die Sportarten:

Volleyball (30 %), Badminton (45 %), Yoga (? %)

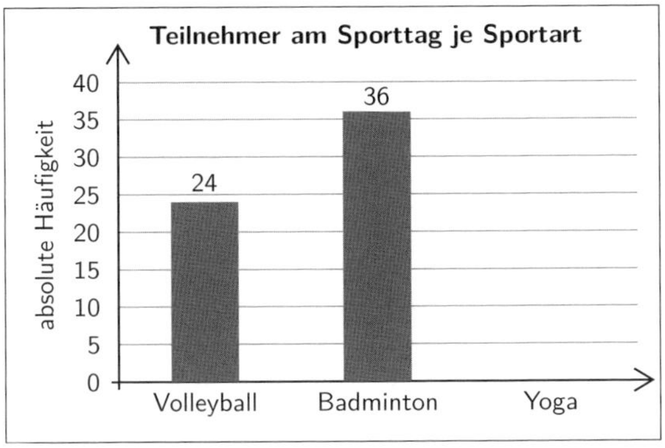

Berechnen Sie die Teilnehmerzahl bei Yoga und ergänzen Sie das oben dargestellte Diagramm um die fehlende Säule „Yoga".

(2 Pkt.)

9 Pia hat versucht die folgende Gleichung zu lösen. Leider ist ihr dabei ein Rechenfehler unterlaufen. Kreisen Sie den Fehler ein und lösen Sie die Gleichung rechts daneben richtig.

$$x \cdot (x-8) = (3-x)^2$$
$$x^2 - 8x = 9 - 9x + x^2$$
$$-8x = 9 - 9x$$
$$x = 9$$

$$x \cdot (x-8) = (3-x)^2$$

(2 Pkt.)

1 Um das Volumen des Restkörpers zu erhalten, muss man das Volumen der acht herausgeschnittenen Würfel von dem Volumen des großen Würfels subtrahieren.

$$V_{ges} = V_{groß} - 8 \cdot V_{klein} = (3\,dm)^3 - 8 \cdot (1\,dm)^3 = 27\,dm^3 - 8\,dm^3 = 19\,dm^3$$

Das Volumen des Restkörpers beträgt also $\underline{\underline{19\,dm^3}}$.

(2 Pkt.)

2 Um bestimmen zu können, ob die Behauptungen wahr oder falsch sind, muss man den Punkt A in die Funktion y_1 und den Punkt B in die Funktion y_2 einsetzen.

$A \in y_1 \qquad 3 = -2 \cdot 1 + 1 = -1 \qquad \Rightarrow$ falsche Aussage!

$B \in y_2 \qquad -1 = (-1)^2 - 3 \cdot (-1) - 5 = 1 + 3 - 5 = -1 \qquad \Rightarrow$ korrekte Aussage!

Demnach ergibt sich die Tabelle vervollständigt wie folgt:

$A \in y_1$	$B \in y_2$
f	w

(2 Pkt.)

3 Die Zeit, die er länger unterwegs ist, entspricht 15 % der normalen Fahrzeit von 1 Stunde, also von 60 Minuten:

$$60 \cdot \frac{15}{100} = \frac{900}{100} = 9$$

Er ist 9 Minuten länger unterwegs, Antwort $\underline{\underline{B}}$ ist also richtig. (1 Pkt.)

4 Der entstehende Körper muss rotationssymmetrisch sein, darf also mindestens keine Ecken an den Außenkanten aufweisen. Dadurch entfallen die Optionen Quader und Würfel. Um durch Rotation zu einer Spitze, wie bei einem Kegel, zu gelangen, muss die Fläche die rotiert eine Schräge aufweisen. Auch dies ist nicht der Fall. Demnach handelt es sich um einen Zylinder und Antwort $\underline{\underline{D}}$ ist richtig. (1 Pkt.)

5 Entsprechend den Potenzgesetzen werden die Exponenten bei Multiplikation von zwei Zahlen mit gleicher Basis addiert:

$$5^3 \cdot 5^6 = 5^{3+6} = 5^9$$

Die richtige Antwort ist somit Antwort $\underline{\underline{C}}$. (1 Pkt.)

6 Zunächst wird das Baumdiagramm mit allen Einzelwahrscheinlichkeiten ausgefüllt. Dabei wird jeweils überlegt, wie viele Möglichkeiten dem Ereignis entsprechen und wie viele es insgesamt gibt. Am Anfang gibt es beispielsweise 3 Schlüssel, von denen 2 nicht passen. Die Wahrscheinlichkeit, dass der erste nicht passt, ist also $\frac{2}{3}$. Komplett ausgefüllt gilt:

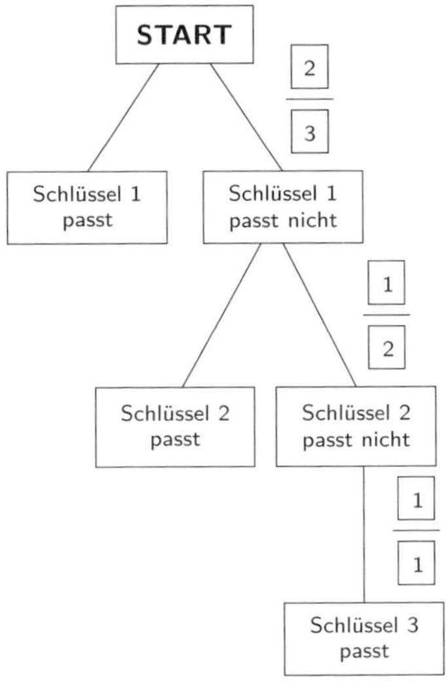

Die gesuchte Wahrscheinlichkeit erhält man dann durch Multiplikation der Einzelwahrscheinlichkeiten entlang des Pfades:

$$\frac{2}{3} \cdot \frac{1}{2} \cdot \frac{1}{1} = \frac{2 \cdot 1 \cdot 1}{3 \cdot 2 \cdot 1} = \frac{2}{6} = \frac{1}{3}$$

Somit ist Antwort B die richtige. (2 Pkt.)

7 Aus dem Diagramm können die gefahrenen Kilometer pro Tag abgelesen werden. An Tag 1 wurden 50 km, an Tag 2 insgesamt 70 km, an Tag 3 insgesamt 60 km, an Tag 4 insgesamt 40 km und an Tag 5 insgesamt 30 km gefahren. Die durchschnittliche Fahrstrecke ergibt sich, wenn man die Summe der Kilometer durch die Anzahl der Tage teilt.

$$\text{Gesamtstrecke:} \quad (50 + 70 + 60 + 40 + 30)\,\text{km} = 250\,\text{km}$$

$$\text{Durchschnitt pro Tag:} \quad \frac{250}{5}\,\text{km} = 50\,\text{km}$$

Petra und Jürgen sind also durchschnittlich 50 km pro Tag gefahren. (2 Pkt.)

8 Wenn sich 30 % für Volleyball und 45 % für Badminton interessieren, verbleiben (100 – 30 – 45) %=25 % für Yoga. Mit dem Dreisatz wird bestimmt, wie vielen Personen dies entspricht. Dafür wird zugrunde gelegt, dass Volleyball von 30 % gewählt wurde und dies 24 Personen entspricht.

$$\begin{aligned} 30\,\% &\mathrel{\hat{=}} 24\ \text{Teilnehmer} \quad &|:3 \\ 10\,\% &\mathrel{\hat{=}} 8\ \text{Teilnehmer} \quad &|\cdot 2{,}5 \\ 25\,\% &\mathrel{\hat{=}} 20\ \text{Teilnehmer} \end{aligned}$$

Es nehmen also 20 Schüler an der Sportart Yoga teil.

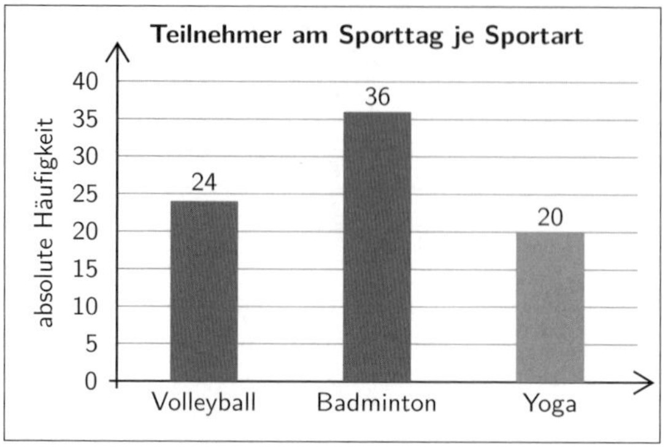

(2 Pkt.)

9 Der Fehler in der Gleichung ist nachfolgend eingekreist. Die binomische Formel wurde dabei falsch aufgelöst. Die korrekte Lösung ist auf der rechten Seite gezeigt.

$$\begin{aligned} x \cdot (x-8) &= (3-x)^2 \\ x^2 - 8x &= 9 - \text{(9x)} + x^2 \\ -8x &= 9 - 9x \\ x &= 9 \end{aligned}$$

$$\begin{aligned} && x \cdot (x-8) &= (3-x)^2 & \\ \Longleftrightarrow && x^2 - 8x &= 9 - 6x + x^2 & \quad |-x^2 \\ \Longleftrightarrow && -8x &= 9 - 6x & \quad |+6x \\ \Longleftrightarrow && -2x &= 9 & \quad |:(-2) \\ \Longleftrightarrow && \underline{\underline{x}} &\underline{\underline{= -4{,}5}} & \end{aligned}$$

(2 Pkt.)

1 Finanzmathematik

Zur Geburt seines Sohnes Luca am 01.01.2001 hat Herr Abel 3.000,00 € auf ein Konto seiner Hausbank angelegt. Des Weiteren überweist er zukünftig jeweils am Jahresende eine bestimmte Summe auf dieses Konto. Am Ende des Jahres 2001 erhielt Herr Abel einen Kontoauszug (siehe Anlage) von seiner Hausbank.

1.1 Berechnen Sie über wie viel Geld Luca zu seinem 18. Geburtstag verfügen kann. (2 Pkt.)

Luca möchte das angesparte Kapital in Höhe von 33.331,84 € zunächst auf dem Konto belassen. Damit er in drei Jahren ohne weitere Einzahlungen über die Summe von 35.000,00 € verfügen kann, verhandelt er mit der Bank einen höheren Zinssatz.

1.2 Berechnen Sie, welchen gleichbleibenden Zinssatz die Bank Luca anbieten müsste. (3 Pkt.)

Nachdem Luca für Auto und Urlaub einiges von dem Geld benötigt hat, befinden sich noch 20.000,00 € auf dem Konto. Davon möchte er sich zukünftig jeweils am Jahresanfang 4.500,00 € für die Finanzierung seines Studiums auszahlen lassen.

1.3 Berechnen Sie, wie viele Jahre sich Luca den vollen Betrag bei einem Zinssatz von 1,64 % ausbezahlen lassen kann. (4 Pkt.)

Herr Abel benötigt für die Modernisierung seines Hauses einen Kredit. Von seiner Hausbank erhält er einen Darlehensvertrag (siehe Anlage auf der nächsten Seite).

1.4 Erstellen Sie einen Tilgungsplan für die ersten zwei Jahre.

(Zwischenergebnis: A = 4.314,42 €)

(3 Pkt.)

Herr Abel möchte mit Hilfe eines fälligen Sparbriefes in Höhe von 21.000,00 € das Darlehen zum erstmöglichen Zeitpunkt vollständig zurückzahlen. Darum plant er von seinem vereinbarten Sondertilgungsrecht Gebrauch zu machen.

1.5 Überprüfen Sie rechnerisch, ob dieses Vorhaben gelingt. (3 Pkt.)

Anlage Finanzmathematik

Zu Teilaufgabe 1.1:

```
GESCHÄFTSGIRO  S-ONLINE 10103554  BLZ 742 500 00        Kontoauszug 2
Moneybank Niederbayern-Mitte UST-ID DE132462045              Blatt 1
Datum       Erläuterungen                                    Betrag

Kontostand in EUR am 01.01.2001                           3.000,00+ H
                                                  -----------------------
31.12.2011    Überweisung Einzel                          1.500,00+ H
              10103554
              Martin Abel
              Zinssatz p = 1,1%

31.12.2001    Zinsen                                         33,00+ H
                                                  -----------------------
Kontostand in EUR am 31.12.2001, 15:00 Uhr                4533,00+ H

Luca Abel
Hans Carossa Str. 5
94447 Plattling
```

Zu Teilaufgabe 1.4:

Darlehensvertrag

MONEY Bank

zwischen

Martin Abel
Hans Carossa Str. 5
94447 Plattling - **im Folgenden „Darlehensnehmer"**

und

Moneybank Niederbayern-Mitte
Frühlingsstraße 12
94469 Deggendorf - **im Folgenden „Darlehensgeber"**

wird folgender Vertrag geschlossen:

---

§1 Darlehensgewährung

Der Darlehensgeber stellt dem Darlehensnehmer einen Betrag von **40.000 €** als Darlehen zur Verfügung.

§2 Verzinsung

Das Darlehen ist über den gesamten Zeitraum mit 1,40 % p.a. zu verzinsen.

§3 Laufzeit

(1) Der Darlehensgeber gewährt dem Darlehensnehmer den in §1 vereinbarten Kreditbetrag für die Dauer von 10 Jahren nach Laufzeitbeginn.
(2) Das Darlehen ist mit jährlich gleichen Raten (Tilgung+Zinsen) jeweils zum 31.12. eines jeden Jahres zu tilgen.
(3) Die Laufzeit beginnt mit dem 01.01.2020.

§4 Sondertilgung

Der Darlehensnehmer kann erstmalig nach fünf Jahren das Darlehen zum 01.01.2025 durch eine Sondertilgung vollständig zurückzahlen.

Deggendorf, 27.06.2019

i.V. Klaus Progel	*Martin Abel*
Darlehensgeber	Darlehensnehmer

2 Funktionaler Zusammenhang

Die Konstruktion einer Brücke besteht aus zwei festen Auflagern in den Punkten A und B, zwei Stützen E und F, sowie drei Parabelstücken, an denen die Fahrbahn mit Seilen aufgehängt wird.

Vereinfacht kann die x-Achse als Fahrbahn und die Stütze E als y-Achse angenommen werden.

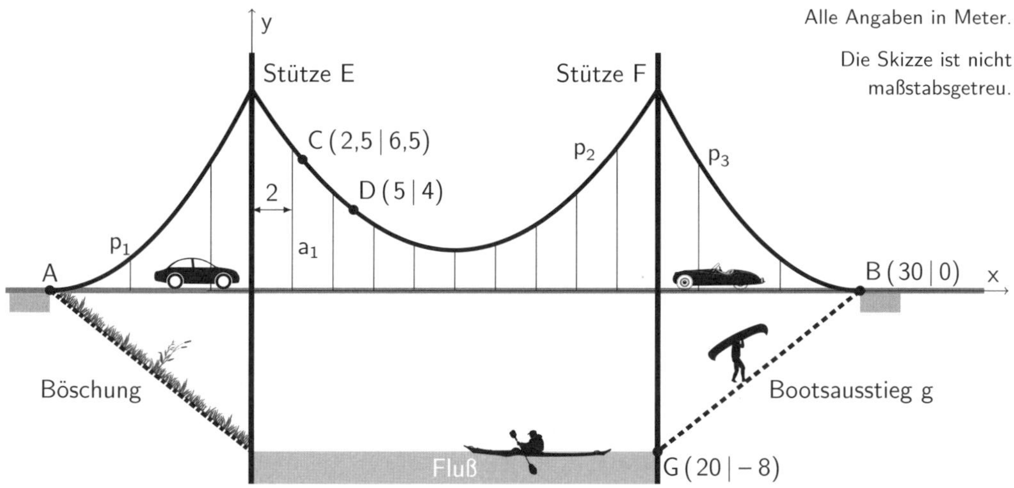

2.1 Bestimmen Sie die Funktionsgleichung des mittigen Parabelstücks p_2, wenn dieses durch die Punkte C(2,5|6,5) und D(5|4) verläuft und der Formfaktor $a = 0{,}08$ beträgt.

(Ergebnis: $p_2\colon y = 0{,}08x^2 - 1{,}6x + 10$)

(4 Pkt.)

Bei Wartungsarbeiten wurden Mängel an der Brücke festgestellt.

2.2 Berechnen Sie die Koordinaten des tiefsten Punktes im mittleren Parabelstück p_2, da dort die Aufhängung ausgetauscht werden muss. (3 Pkt.)

2.3 Berechnen Sie die Seillänge a_1, die im Abstand von 2,00 m parallel zur Stütze E verläuft. (2 Pkt.)

Das linke Parabelstück kann durch die Funktionsgleichung $p_1\colon y = 0{,}1x^2 + 2x + 10$ beschrieben werden.

2.4 Berechnen Sie den Abstand des Auflagepunktes A von der Stütze E. (3 Pkt.)

Vom Punkt G(20| − 8) zum Auflager B(30|0) verläuft ein geradliniger Weg für die Kajakfahrer, um ihr Boot nach oben zu bringen.

2.5 Bestimmen Sie die Funktionsgleichung des Bootsausstiegs g durch die Punkte G und B. (3 Pkt.)

3 Trigonometrie

Die MODERN-ART GmbH baut für die Familie Kröger ein modernes Fachwerkhaus. Einige Sichtbalken sollen in der Hausfassade mit Farbe gestrichen werden. Die seitliche Erhöhung $\overline{EF}$ beträgt 1,01 m und der Winkel $\beta = 26{,}4°$.

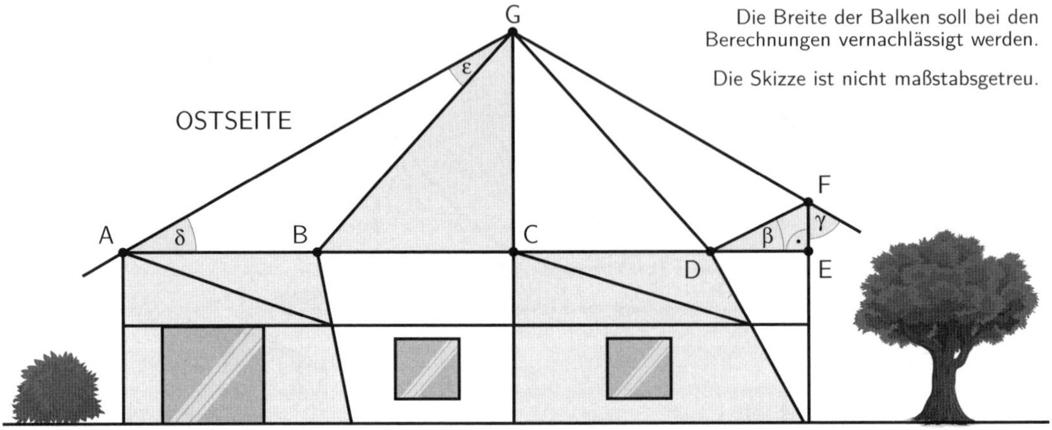

Der Balken $\overline{DF}$ dient als Stütze zum Abtragen der Dachlast.

3.1 Berechnen Sie die Balkenlänge $|\overline{DF}|$. (Ergebnis: $|\overline{DF}| = 2{,}27$ m)
(2 Pkt.)

Im Dreieck DEF soll nachträglich ein Glasfenster eingesetzt werden.

3.2 Berechnen Sie diese Glasfläche. (3 Pkt.)

Der Teil $\overline{GF}$ des rechten Dachbalkens beträgt 6,90 m. Des Weiteren gilt $\gamma = 60{,}2°$.

3.3 Berechnen Sie die zu streichende Länge des Balkens $\overline{GD}$.
(Ergebnis: $|\overline{GD}| = 5{,}94$ m)
(4 Pkt.)

Der Balken $\overline{AD}$ muss ein weiteres Mal gestrichen werden. Die Holzbalken $\overline{GD}$ und $\overline{GB}$ sind gleich lang. Es gilt: $\delta = 29{,}1°$, $\varepsilon = 18{,}8°$.

3.4 Berechnen Sie die zu streichende Balkenlänge $\overline{AD}$, wenn die Strecken $\overline{AB}$, $\overline{BC}$ und $\overline{CD}$ ebenfalls gleich lang sind. (4 Pkt.)

Die moderne Architektur des Hauses wird von der Nachbarschaft kritisch gesehen. Ein Nachbar legt bei der Gemeinde Einspruch ein, um den Weiterbau zu stoppen.
Der Bebauungsplan sieht eine Dachneigung des Balkens $\overline{AG}$ von mindestens 55 % vor. Er behauptet, dass diese Vorgabe nicht eingehalten wurde.

3.5 Berechnen Sie die tatsächliche Dachneigung auf der Ostseite. Hat der Einspruch Erfolg? (2 Pkt.)

4 Daten und Zufall

Immer mehr Menschen nutzen „Fitness-Tracker“ zur Aufzeichnung ihrer Fitnesswerte. Die Ergebnisse einer Umfrage unter 1.236 Personen zur Nutzung solcher Geräte sind in folgender Tabelle abzulesen.

Art	Fitness-Armband	Smartphone mit Fitness-App	Smartwatch	Keine Nutzung
Anzahl	220	160	75	?

4.1 Bestimmen Sie die absolute und relative Häufigkeit derjenigen Personen, die „Keine Nutzung“ angegeben haben. (2 Pkt.)

Karin und Emma nehmen an einem Programm ihrer Krankenkasse teil. Versicherte erhalten für ihre Aktivität je einen Bonuspunkt, wenn ihr Fitness-Tracker...

- ... mindestens 10.000 Schritte pro Tag gemessen hat oder
- ... einen Puls von mindestens 120 Schlägen pro Minute über die Dauer von täglich 30 Minuten gespeichert hat.

Die nachstehende Tabelle zeigt die Anzahl der Schritte in den ersten fünf Tagen. Emma hat am fünften Tag wegen einer Fehlbedienung des Gerätes keine Daten.

	1. Tag	2. Tag	3. Tag	4. Tag	5. Tag
Anzahl Schritte Karin	9.755	11.379	9.349	9.256	12.458
Anzahl Schritte Emma	11.378	10.687	3.464	10.247	——

Karin behauptet: „Du bekommst zwar mehr Bonuspunkte, aber im Durchschnitt habe ich eine größere Anzahl von Schritte pro Tag erreicht.“

4.2 Überprüfen Sie die Aussagen von Karin. (3 Pkt.)

4.3 Berechnen Sie jeweils die Spannweite der Schrittzahl und beurteilen Sie anhand der Ergebnisse, wer von beiden gleichmäßiger trainiert. (2 Pkt.)

Das Diagramm zeigt einen Ausschnitt der Pulsfrequenz von Karin.

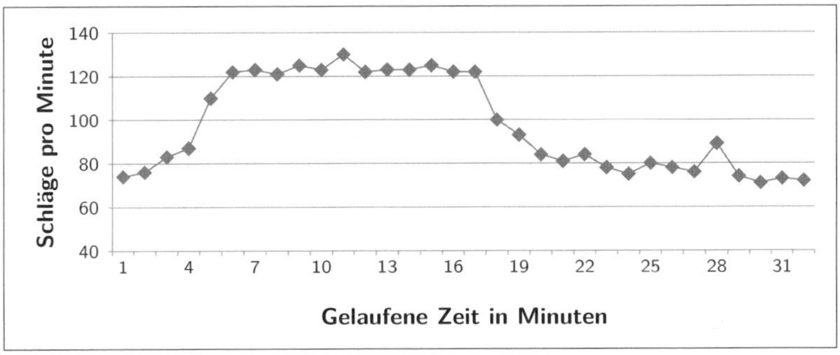

4.4 Beurteilen Sie, ob Karin im dargestellten Zeitraum Anspruch auf einen Bonuspunkt hat. (2 Pkt.)

2019

Die Befragung eines Herstellers von Fitness-Armbändern ergab, wie viel Prozent der Nutzer die jeweilige Fitness-Armband-Funktion als Lieblingsfunktion angegeben haben.

	Lieblingsfunktion		
	GPS-Tracker	Herzfrequenz-messung	Schrittzähler
Frauen	5 %	65 %	?
Männer	45 %	30 %	25 %

Die Auswertung hat außerdem ergeben, dass 60 % der befragten Nutzer Männer waren. Als kleines Dankeschön wird unter allen Teilnehmern der Befragung am Ende eine neue Smartwatch verlost.

4.5 Ergänzen Sie das folgende Baumdiagramm für das Zufallsexperiment „Gewinner der Smartwatch" und tragen Sie alle fehlenden Übergangswahrscheinlichkeiten in die leeren Quadrate ein.

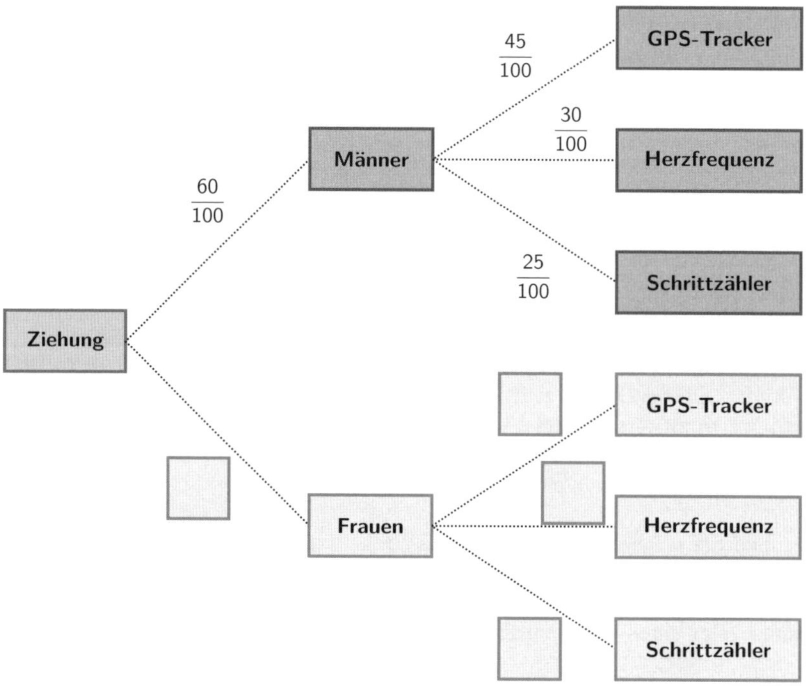

(3 Pkt.)

4.6 Bestimmen Sie die Wahrscheinlichkeit des Ereignisses E_1 in Prozent, dass der Gewinner ein Mann ist, der als Lieblingsfunktion GPS-Tracker angibt. (1 Pkt.)

4.7 Bestimmen Sie die Wahrscheinlichkeit des Ereignisses E_2, dass der Gewinner ein Mann ist, der entweder den Schrittzähler oder die Herzfrequenzmessung gut findet. (2 Pkt.)

5 Raum und Form

Frau Süß kocht Marmelade ein. Zum Abfüllen stehen ihr zwei Sorten von Gläsern zur Verfügung. Das zylinderförmige Glas ist mit 212 cm³ gefüllt. In das quaderförmige Gefäß mit quadratischer Grundfläche passen 270 cm³ Marmelade.

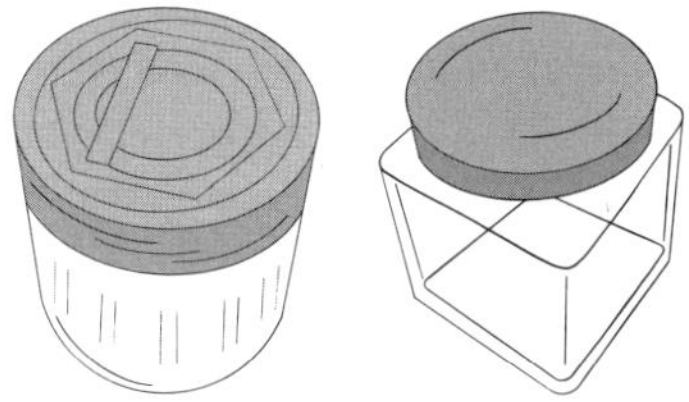

5.1 Berechnen Sie die Füllhöhe des zylinderförmigen Glases in cm, wenn der Innendurchmesser 60 mm beträgt. (2 Pkt.)

Frau Süß beklebt das zylinderförmige Gefäß mit einem 5 cm breiten, rechteckigen Streifen zur Beschriftung, welcher das ganze Glas umschließen soll.

5.2 Berechnen Sie die Fläche eines Streifens, wenn mit 15 % Überlappung gerechnet werden muss. Die Wandstärke ist zu vernachlässigen. (3 Pkt.)

5 cm

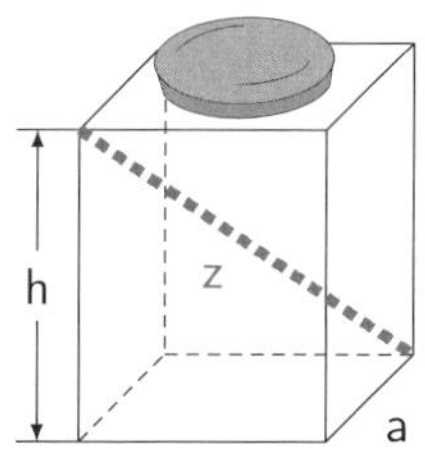

5.3 Überprüfen Sie rechnerisch, ob eine 10 cm lange Zimtstange z theoretisch diagonal in das 7,50 cm hohe, quaderförmige Glas passt. (4 Pkt.)

Frau Süß möchte auch ein Pflaumengelee zubereiten. Dazu benötigt sie 250 ml Fruchtsaft. Leider ist die 250 ml Markierung am Messbecher nicht mehr lesbar. Frau Süß schätzt kurzerhand die 250 ml Markierung und misst dabei die Länge $s_2 = 13$ cm.

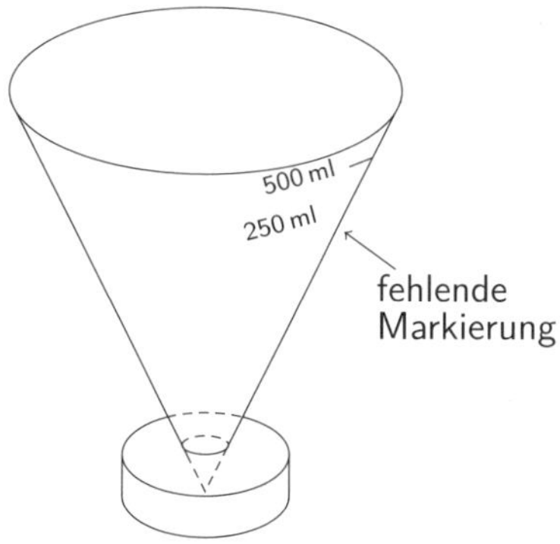

Messbecher

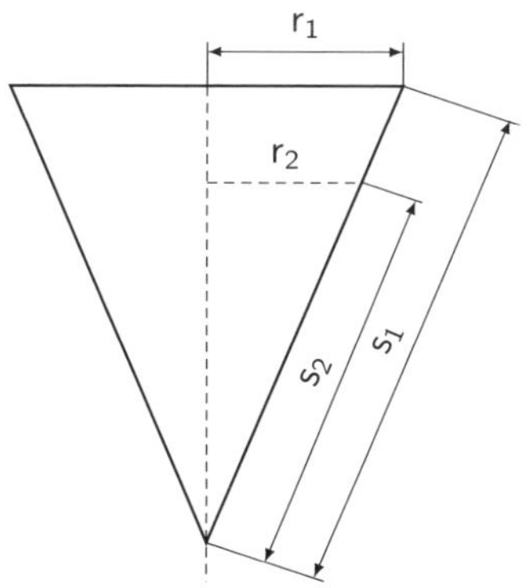

Querschnittsskizze

Sie misst darüber hinaus folgende Längen:

$s_1 = 17$ cm

$r_1 = 5{,}5$ cm

5.4 Berechnen Sie, wie hoch der Fruchtsaft im Messbecher steht, wenn Frau Süß diesen bis zu ihrer neu gesetzten Markierung füllt.

(Zwischenergebnis: $r_2 = 4{,}21$ cm)

(4 Pkt.)

5.5 Berechnen Sie, wie viel Milliliter (ml) Fruchtsaft Frau Süß tatsächlich abgemessen hat, wenn der Messbecher bis zu einer Höhe von 12,30 cm gefüllt ist. (2 Pkt.)

1 Finanzmathematik

1.1 Über wie viel Geld Luca an seinem 18. Geburtstag (es handelt sich um eine nachschüssige Kapitalmehrung) verfügen kann, wird folgendermaßen berechnet:

$$K_n = K_0 \cdot q^n + r \cdot \frac{q^n - 1}{q - 1}$$

$$K_{18} = 3.000{,}00 \cdot 1{,}011^{18} + 1.500{,}00 \cdot \frac{1{,}011^{18} - 1}{1{,}011 - 1}$$

$$\Longleftrightarrow K_{18} = 33.331{,}84\,€$$

Luca hat an seinem 18. Geburtstag 33.331,84 €. (2 Pkt.)

1.2 Der Zinssatz, den die Bank Luca anbieten müsste, um in drei Jahren über eine Summe von 35.000,00 € verfügen zu können, wird folgendermaßen berechnet:

$$K_3 = K_0 \cdot q^3$$

$$35.000{,}00 = 33.331{,}84 \cdot q^3 \quad | : 33.331{,}84$$

$$\Longleftrightarrow \quad q^3 = \frac{35.000{,}00}{33.331{,}84} \quad | : \sqrt[3]{\ }$$

$$\Longleftrightarrow \quad q = \sqrt[3]{\frac{35.000{,}00}{33.331{,}84}}$$

$$\Longleftrightarrow \quad q = 1{,}0164$$

$$\Rightarrow \quad p = 1{,}64\,\%$$

Die Bank müsste Luca einen Zinssatz von 1,64 % anbieten. (3 Pkt.)

1.3 Luca hat einiges an dem angesparten Geld verbraucht und ihm bleiben noch 20.000,00 € übrig, wovon er sich jeweils am Jahresanfang (es handelt sich um eine vorschüssige Kapitalminderung) 4.500,00 € ausbezahlen möchte.
Wie viele Jahre sich Luca den vollen Betrag auszahlen lassen kann, wird folgendermaßen berechnet:

$$K_n = K_0 \cdot q^n - r \cdot q \cdot \frac{q^n - 1}{q - 1}$$

$$0 = 20.000{,}00 \cdot 1{,}0164^n - 4.500{,}00 \cdot 1{,}0164 \cdot \frac{1{,}0164^n - 1}{1{,}0164 - 1}$$

$$\Longleftrightarrow \quad 0 = 328{,}00 \cdot 1{,}0164^n - 4.573{,}80 \cdot 1{,}0164^n + 4.573{,}80 \quad | - 4.573{,}80$$

$$\Longleftrightarrow \quad -4.573{,}80 = -4.245{,}80 \cdot 1{,}0164^n \quad | : (-4.245{,}80)$$

$$\Longleftrightarrow \quad \frac{-4.573{,}80}{-4.245{,}80} = 1{,}0164^n \quad | \lg(\ )$$

$$\Longleftrightarrow \quad n = \frac{\lg(\frac{-4.573{,}80}{-4.245{,}80})}{\lg(1{,}0164)}$$

$$\Longleftrightarrow \quad n = 4{,}57\text{ Jahre}$$

Luca kann sich insgesamt viermal den vollen Betrag auszahlen lassen. (4 Pkt.)

1.4 Herr Abel benötigt einen Kredit (siehe Anlage Darlehensvertrag) über 40.000,00 € mit einem Zinssatz von 1,40 % p. a., mit jährlich gleichbleibenden Raten (Zinsen + Tilgung) als Annuitätendarlehen.
Vorab muss die Annuität ausgerechnet werden, um den Tilgungsplan zu erstellen.

$$A = \frac{K_0 \cdot q^n \cdot (q-1)}{q^n - 1}$$
$$\iff \quad = \frac{40.000{,}00 \cdot 1{,}014^{10} \cdot (1{,}014 - 1)}{1{,}014^{10} - 1}$$
$$\iff \quad = 4.314{,}42$$

Der Tilgungsplan für die ersten beiden Jahre sieht dann folgendermaßen aus:

Jahr	Restschuld	Zinsen	Tilgung	Annuität
1	40.000,00 €	560,00 €	3.754,42 €	4.314,42 €
2	36.245,58 €	507,44 €	3.806,98 €	4.314,42 €

(3 Pkt.)

1.5 Martin Abel möchte mit seinem fälligen Sparbrief das Darlehen zum erstmöglichen Zeitpunkt (nach 5 Jahren) zurückzahlen.
Es soll geprüft werden, ob dies möglich ist. Es handelt sich um eine Annuitätentilgung mit Restschuld am Ende des v-ten Jahres.

$$K_v = K_0 \cdot q^v - \frac{A \cdot (q^v - 1)}{q - 1}$$
$$K_5 = 40.000{,}00 \cdot 1{,}014^5 - \frac{4.314{,}42 \cdot (1{,}014^5 - 1)}{1{,}014 - 1}$$
$$K_5 = 20.694{,}87\,€$$

Herr Abel kann den Kredit vollständig zurückzahlen, da die Restschuld kleiner als der Sparbrief ist. (3 Pkt.)

2 Funktionaler Zusammenhang

2.1 Die allgemeine Form einer Parabel lautet $y = ax^2 + bx + c$. Der Parameter $a = 0{,}08$ ist hier bereits gegeben. Um die zwei restlichen Parameter b und c zu bestimmen, werden zwei Gleichungen benötigt, welche man erhält, indem die Koordinaten der gegebenen Punkte $C\,(2{,}5\,|\,6{,}5)$ (Gleichung (I)) und $D\,(5\,|\,4)$ (Gleichung (II)) einsetzt:

$$\begin{array}{lll} \text{(I)} & 6{,}5 = 0{,}08 \cdot 2{,}5^2 + b \cdot 2{,}5 + c & \\ \Longleftrightarrow & 6{,}5 = 0{,}5 + 2{,}5b + c & |-0{,}5 \\ \Longleftrightarrow & 6 = 2{,}5b + c & \\ \text{(II)} & 4 = 0{,}08 \cdot 5^2 + b \cdot 5 + c & \\ \Longleftrightarrow & 4 = 2 + 5b + c & |-2 \\ \Longleftrightarrow & 2 = 5b + c & |-5b \\ \Longleftrightarrow & c = 2 - 5b & \end{array}$$

Der aus (II) erhaltene Ausdruck für c kann nun in die vereinfachte Gleichung (I) eingesetzt werden.

$$\begin{array}{lll} \text{c in (I)} & 6 = 2{,}5b + 2 - 5b & |-2 \\ \Longleftrightarrow & 4 = -2{,}5b & |:-2{,}5 \\ \Longleftrightarrow & \underline{\underline{b = -1{,}6}} & \\ \text{b in c} & c = 2 - 5 \cdot (-1{,}6) & \\ \Longleftrightarrow & \underline{\underline{c = 10}} & \end{array}$$

Die Funktionsgleichung der Parabel lautet somit

$$\underline{\underline{p_2:\ y = 0{,}08x^2 - 1{,}6x + 10}}.$$

(4 Pkt.)

2.2 Der niedrigste Punkt einer Parabel ist der Scheitelpunkt, der aus der Scheitelpunktform durch quadratische Ergänzung (als Alternative) oder durch Formel bestimmt werden kann.

quadr. Ergänzung (als Alternative)

$$\begin{aligned} y &= 0{,}08x^2 - 1{,}6x + 10 \\ &= 0{,}08(x^2 - 20x + 125) \\ &= 0{,}08(x^2 - 2 \cdot 10x + 10^2 - 10^2 + 125) \\ &= 0{,}08(x^2 - 2 \cdot 10x + 10^2 + 25) \\ &= 0{,}08(x^2 - 2 \cdot 10x + 10^2) + 2 \\ &= 0{,}08(x - 10)^2 + 2 \end{aligned}$$

Formel

$a = 0{,}08,\ b = -1{,}6;\ c = 10$

$$\mathbf{S}\left(-\frac{\mathbf{b}}{\mathbf{2a}}\,\middle|\,\mathbf{c} - \frac{\mathbf{b}^2}{\mathbf{4a}}\right)$$

$$S\left(-\frac{-1{,}6}{2 \cdot 0{,}08}\,\middle|\,10 - \frac{(-1{,}6)^2}{4 \cdot 0{,}08}\right)$$

$$S\,(10\,|\,2)$$

Somit hat der niedrigste Punkt S, an dem die Aufhängung ausgetauscht werden muss, die Koordinaten $\underline{\underline{S\,(10\,|\,2)}}$. (3 Pkt.)

2.3 Um Seillänge a_1 zu erhalten, die dem Funktionswert von p_2 entspricht, setzt man den zugehörigen Wert $x = 2{,}00$ in die Parabelgleichung p_2 ein:

$$a_1 = 0{,}08 \cdot 2^2 - 1{,}6 \cdot 2 + 10$$

$$= 0{,}32 - 3{,}2 + 10 = 7{,}12$$

Die Seillänge der Aufhängung a_1 beträgt $\underline{\underline{7{,}12\,\text{m}}}$.

(2 Pkt.)

2.4 Der Auflagepunkt A entspricht der Nullstelle N von p_1. Die Nullstelle N berechnet man mithilfe der Lösungsformel:

$$0 = 0{,}1x^2 + 2x + 10$$
$$\Longleftrightarrow \quad x_{1;2} = \frac{-2 \pm \sqrt{2^2 - 4 \cdot 0{,}1 \cdot 10}}{2 \cdot 0{,}1}$$
$$\Longleftrightarrow \quad x_{1;2} = -10$$

Die Strecke vom Auflagepunkt A bei $x = -10$ zur Stütze E bei $x = 0$ beträgt also $\underline{\underline{10\,\text{m}}}$. (3 Pkt.)

2.5 Eine Gerade hat allgemein die Form $y = m \cdot x + t$. Auf dieser Geraden liegen die beiden gegebenen Punkte $G(20\,|-8)$ und $B(30\,|\,0)$. Zuerst wird die Steigung m der Geraden bestimmt.

$$\mathbf{m} = \frac{\mathbf{y_B - y_G}}{\mathbf{x_B - x_G}}$$
$$\Longleftrightarrow \quad m = \frac{0 - (-8)}{30 - 20}$$
$$\Longleftrightarrow \quad \underline{m = 0{,}8}$$

Nun wählt man einen der beiden Punkte und setzt die x- und y-Koordinaten mit der berechneten Steigung m ein, um t zu bestimmen.

$$\mathbf{y = m \cdot x + t} \qquad |B(30\,|\,0) \text{ einsetzen}$$
$$\Longleftrightarrow \quad 0 = 0{,}8 \cdot 30 + t$$
$$\Longleftrightarrow \quad 0 = 24 + t \qquad |-24$$
$$\Longleftrightarrow \quad \underline{t = -24}$$

Die Funktionsgleichung des Bootsausstiegs g lautet somit:

$$\underline{\underline{g\colon y = 0{,}8x - 24}}$$

(3 Pkt.)

3 Trigonometrie

3.1 Das Dreieck ist rechtwinklig, weshalb gilt:

$$\sin(\beta) = \frac{|\overline{EF}|}{|\overline{DF}|} \qquad | \cdot |\overline{DF}| \quad | : \sin(\beta)$$

$$\Longleftrightarrow \quad |\overline{DF}| = \frac{|\overline{EF}|}{\sin(\beta)}$$

$$\Longleftrightarrow \quad |\overline{DF}| = \frac{1{,}01}{\sin(26{,}4^\circ)}$$

$$\Longleftrightarrow \quad |\overline{DF}| = 2{,}27$$

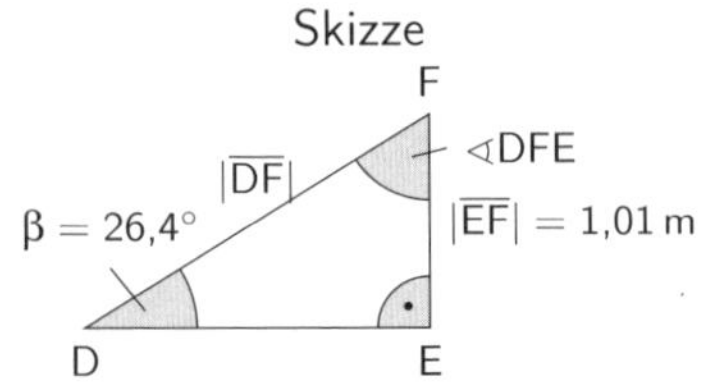

Die Balkenlänge ist $|\overline{DF}| = 2{,}27\,\text{m}$. (2 Pkt.)

3.2 Über die Innenwinkelsumme im Dreieck DEF ergibt sich die Größe des Winkels ∢DFE (Vergleich Skizze letzte Teilaufgabe) zu

$$\sphericalangle DEF = 180^\circ - 90^\circ - \beta = 180^\circ - 90^\circ - 26{,}4^\circ = 63{,}6^\circ$$

Damit gilt für den Flächeninhalt:

$$A_{\Delta DEF} = \frac{1}{2} \cdot |\overline{DF}| \cdot |\overline{EF}| \cdot \sin(\sphericalangle DFE) = \frac{1}{2} \cdot 2{,}27 \cdot 1{,}01 \cdot \sin(63{,}6^\circ) = 1{,}03$$

Der Flächeninhalt der Glasfläche beträgt $1{,}03\,\text{m}^2$. (3 Pkt.)

3.3 Bei den Winkeln ∢GFD, ∢DFE und γ handelt es sich um drei Nebenwinkel, die sich zusammen zu 180° ergänzen. Demnach gilt:

$$\sphericalangle GFD = 180^\circ - \sphericalangle DFE - \gamma = 180^\circ - 60{,}2^\circ - 63{,}6^\circ = 56{,}2^\circ$$

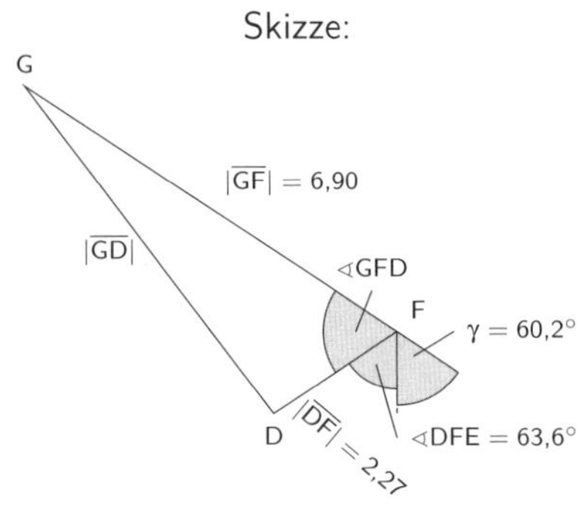

Mithilfe dieses Winkels kann im Dreieck GDF der Kosinussatz verwendet werden:

$$|\overline{GD}|^2 = |\overline{GF}|^2 + |\overline{DF}|^2 - 2 \cdot |\overline{GF}| \cdot |\overline{DF}| \cdot \cos \sphericalangle GFD$$

$$\Longleftrightarrow \quad |\overline{GD}|^2 = 6{,}90^2 + 2{,}27^2 - 2 \cdot 6{,}90 \cdot 2{,}27 \cdot \cos(56{,}2^\circ)$$

$$\Longleftrightarrow \quad |\overline{GD}|^2 = 35{,}34 \qquad |\sqrt{\ }$$

$$\Longleftrightarrow \quad |\overline{GD}| = 5{,}94$$

Die zu streichende Länge des Balkens beträgt $|\overline{GD}| = 5{,}94\,\text{m}$. (4 Pkt.)

3.4 Aus den Angaben und den Ergebnissen der bisherigen Aufgaben ergibt sich folgende Skizze:

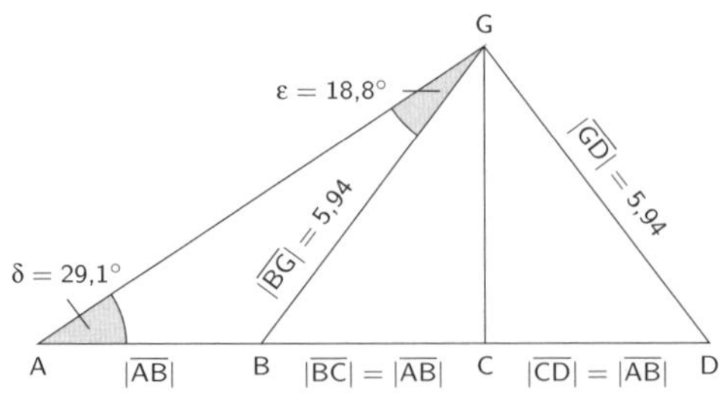

Wie bereits in der Skizze eingetragen ist laut Angabe $|\overline{GB}| = |\overline{GD}| = 5{,}94\,\text{m}$. Damit und mit den gegebenen Winkeln δ und ε kann im Dreieck ABG der Sinussatz verwendet werden:

$$\begin{aligned} && \frac{|\overline{AB}|}{\sin(\varepsilon)} &= \frac{|\overline{BG}|}{\sin(\delta)} && |\cdot \sin(\varepsilon) \\ \Longleftrightarrow && |\overline{AB}| &= \frac{|\overline{BG}| \cdot \sin(\varepsilon)}{\sin(\delta)} \\ \Longleftrightarrow && |\overline{AB}| &= \frac{5{,}94 \cdot \sin(18{,}8^\circ)}{\sin(29{,}1^\circ)} \\ \Longleftrightarrow && |\overline{AB}| &= 3{,}94 \end{aligned}$$

Da die drei Kanten $\overline{AB}$, $\overline{BC}$ und $\overline{CD}$ gleich lang sind, ergibt sich die Gesamtstrecke von $\overline{AD}$ wie folgt:

$$|\overline{AD}| = |\overline{AB}| + |\overline{BC}| + |\overline{CD}| = 3 \cdot |\overline{AB}| = 3 \cdot 3{,}94 = 11{,}82$$

Die Länge des Balkens $\overline{AD}$ ergibt sich zu $\underline{\underline{11{,}82\,\text{m}}}$. (4 Pkt.)

3.5 Die prozentuale Neigung des Daches ergibt sich aus dem Winkel δ:

$$\tan(\delta) \cdot 100\,\% = \tan(29{,}1^\circ) \cdot 100\,\% = \underline{\underline{55{,}66\,\%}}$$

Die Vorgabe wurde eingehalten, weshalb der Einspruch abgelehnt wird. (2 Pkt.)

4 Daten und Zufall

4.1 Insgesamt haben 1236 Personen an der Umfrage teilgenommen. Die Anzahl, also die absolute Häufigkeit, derer, die „Keine Nutzung“ angegeben haben, ergibt sich demnach aus der Differenz des Gesamtzahl zu den restlichen Anzahlen der Tabelle:

$$\text{absolute Häufigkeit:}\quad H = 1.236 - 220 - 160 - 75 = \underline{\underline{781}}\ \text{Personen}$$

Die relative Häufigkeit ergibt sich aus dieser Zahl im Verhältnis zur Gesamtanzahl der Teilnehmer:

$$\text{relative Häufigkeit:}\quad h = \frac{781}{1.236} = \underline{\underline{0{,}6319}} \mathrel{\hat=} \underline{\underline{63{,}19\,\%}}$$

(2 Pkt.)

4.2 Karin ist an 2 Tagen mehr als 10.000 Schritte gelaufen und bekommt deshalb 2 Bonuspunkte, Emma bekommt 3 Bonuspunkte.
Um die Aussage von Karin überprüfen zu können, wird die durchschnittliche Anzahl an Schritten pro Tag berechnet. Dafür werden zuerst alle Schritte addiert und dann durch die Anzahl der Tage dividiert.

$$\overline{x}_{\text{Karin}} = \frac{9.755 + 11.379 + 9.349 + 9.256 + 12.458}{5} = 10.439{,}40\,\text{Schritte}$$

$$\overline{x}_{\text{Emma}} = \frac{11.378 + 10.687 + 3.464 + 10.247}{4} = 8.944\,\text{Schritte}$$

Somit hat Karin recht, denn Emma bekommt mehr Bonuspunkte, aber Karin hat durchschnittlich mehr Schritte pro Tag zurückgelegt. (3 Pkt.)

4.3 Die jeweilige Spannweite R, also die Differenz zwischen maximaler und minimaler Schrittzahl wird bestimmt.

$$R_{\text{Karin}} = \overset{\text{meiste Schritte}}{12.458} - \overset{\text{wenigste Schritte}}{9.256} = \underline{\underline{3.202\,\text{Schritte}}}$$

$$R_{\text{Emma}} = \overset{\text{meiste Schritte}}{11.378} - \overset{\text{wenigste Schritte}}{3.464} = \underline{\underline{7.914\,\text{Schritte}}}$$

Da das Ergebnis von Karin kleiner ist und die gelaufenen Schrittanzahlen somit weniger von einander abweichen, trainiert sie gleichmäßiger. (2 Pkt.)

4.4 Die Pulsfrequenz liegt etwa ab Minute 7 bis Minute 17 oberhalb von 120 Schlägen pro Minute. Diese Dauer ist deutlich kürzer als die geforderten 30 Minuten, die zum Erhalt eines Bonuspunktes erbracht werden müssen. Im dargestellten Zeitraum hat Karin also keinen Anspruch auf einen Bonuspunkt. (2 Pkt.)

4.5 Da 60 % der Teilnehmer Männer sind, sind insgesamt 40 %, also $\frac{40}{100}$ Frauen. Von diesen haben 5 % ($\frac{5}{100}$) den GPS-Tracker, 65 % ($\frac{65}{100}$) die Herzfrequenzmessung und somit $(100-5-65)\,\% = 30\,\%$ ($\frac{30}{100}$) den Schrittzähler als Lieblingsfunktion angegeben. Komplett ausgefüllt ergibt sich folgendes Baumdiagramm:

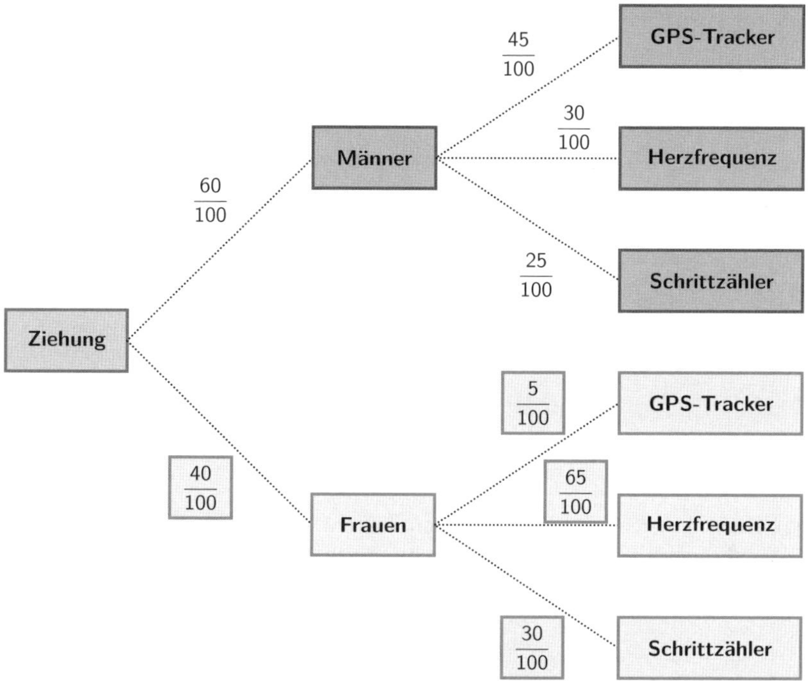

(3 Pkt.)

4.6 Die Wahrscheinlichkeit, dass der Gewinner ein Mann ist, der als Lieblingsfunktion GPS-Tracker angibt, ergibt sich, indem man die Wahrscheinlichkeiten entlang des entsprechenden Pfades im Baumdiagramm multipliziert.

$$P(E_1) = \frac{60}{100} \cdot \frac{45}{100} = \frac{2.700}{10.000} = \frac{27}{100} = 0{,}27 \mathrel{\hat{=}} 27\,\%$$

Die Wahrscheinlichkeit beträgt 27 %. (1 Pkt.)

4.7 Analog zur letzten Teilaufgabe werden die Einzelwahrscheinlichkeiten entlang der Pfade multipliziert und dann die Wahrscheinlichkeiten der Teilereignisse (Mann, Schrittzähler und Mann, Herzfrequenzmessung) addiert.

$$P(E_2) = \frac{60}{100} \cdot \frac{25}{100} + \frac{60}{100} \cdot \frac{30}{100} = \frac{1.500}{10.000} + \frac{1.800}{10.000} = \frac{3.300}{10.000} = \frac{33}{100} = 0{,}33 \mathrel{\hat{=}} 33\,\%$$

Die Wahrscheinlichkeit beträgt 33 %.

(2 Pkt.)

5 Raum und Form

5.1 Der Innendurchmesser des Glases ist gegeben zu 60 mm = 6 cm, der Radius beträgt also 3 cm. Setzt man Radius und das gegebene Volumen in die Formel zur Berechnung des Volumens ein, kann nach der Höhe umgeformt werden:

$$
\begin{aligned}
V_{Zylinder} &= \mathbf{r^2 \cdot \pi \cdot h} \\
212 &= 3^2 \cdot \pi \cdot h \qquad | : (3^2 \cdot \pi) \\
\Longleftrightarrow \quad h &= \frac{212}{3^2 \cdot \pi} \\
\Longleftrightarrow \quad h &= 7{,}50
\end{aligned}
$$

Die Füllhöhe des zylinderförmigen Glases beträgt also 7,50 cm. (2 Pkt.)

5.2 Der Streifen, der eine Höhe von h = 5 cm haben soll, muss genauso lang wie der Umfang u des Glases sein, damit er das Glas einmal umschließt. In die Berechnung der Fläche fließt neben u und h noch der Faktor 1,15 ein, da mit 15 % Überlappung gerechnet werden soll. Für die Fläche gilt dann:

$$A = 1{,}15 \cdot u \cdot h = 1{,}15 \cdot (2 \cdot \pi \cdot r) \cdot h = 1{,}15 \cdot 2 \cdot \pi \cdot 3 \cdot 5 = 108{,}39$$

Der Streifen hat eine Fläche von $108{,}39\,\text{cm}^2$. (3 Pkt.)

5.3 Das zweite Glas ist quaderförmig, sodass sich dessen Volumen aus den drei Seitenlängen a, a und h ergeben. Da Volumen V und Höhe h vorgegeben sind, kann daraus die Länge der Seite a bestimmt werden:

$$
\begin{aligned}
V_{Quader} &= \mathbf{a \cdot a \cdot h} \\
270 &= a^2 \cdot 7{,}50 \qquad | : 7{,}50 \\
\Longleftrightarrow \quad a^2 &= \frac{270}{7{,}50} \qquad |\sqrt{\ } \\
\Longleftrightarrow \quad a &= \sqrt{\frac{270}{7{,}50}} \\
\Longleftrightarrow \quad a &= 6
\end{aligned}
$$

Die quadratische Grundfläche hat eine Seitenlänge von 6 cm. Damit kann die Länge der Diagonale d im Marmeladenglas berechnet werden:

$$d = \sqrt{a^2 + a^2 + h^2} = \sqrt{6^2 + 6^2 + 7{,}50^2} = 11{,}32$$

Die Diagonale hat eine Länge von 11,32 cm, sodass die 10 cm lange Zimtstange diagonal ins Glas passt. (4 Pkt.)

5.4 Für die gegebenen Streckenlängen ergeben sich die die nachfolgenden Verhältnisse, aus denen die Länge r_2 ermittelt werden kann.

$$\frac{r_2}{s_2} = \frac{r_1}{s_1}$$
$$\Rightarrow \quad \frac{r_2}{13} = \frac{5{,}50}{17} \qquad | \cdot 13$$
$$\Longleftrightarrow \quad r_2 = \frac{5{,}50 \cdot 13}{17}$$
$$\Longleftrightarrow \quad r_2 = 4{,}21$$

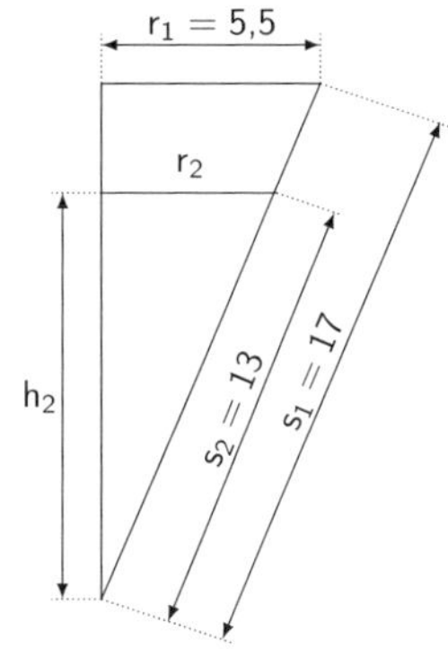

Im rechtwinkligen Dreieck, welches von den Seiten h_2, r_2 und s_2 gebildet wird, kann nun der Satz des Pythagoras verwendet werden: um schließlich die Länge der Höhe h_2 zu ermitteln:

$$s_2^2 = r_2^2 + h_2^2$$
$$\Rightarrow \quad 13^2 = 4{,}21^2 + h_2^2 \qquad | - 4{,}21^2$$
$$\Longleftrightarrow \quad h_2^2 = 13^2 - 4{,}21^2 \qquad | \sqrt{\ }$$
$$\Longleftrightarrow \quad h_2 = \sqrt{13^2 - 4{,}21^2}$$
$$\Longleftrightarrow \quad h_2 = 12{,}30$$

Der Fruchtsaft steht 12,30 cm hoch im Gefäß. (4 Pkt.)

5.5 Der Fruchtsaft, dessen Volumen bestimmt werden soll, nimmt ein kegelförmiges Volumen ein, mit Radius $r_2 = 4{,}21$ cm und Höhe $h_2 = 12{,}30$ cm. Damit ergibt sich das Volumen des Fruchtsaftes gemäß der Volumenformel eines Kegels:

$$V_2 = \frac{1}{3} \cdot \pi \cdot r_2^2 \cdot h_2 = \frac{1}{3} \cdot \pi \cdot 4{,}21^2 \cdot 12{,}30 = 228{,}30$$

Das tatsächlich abgemessene Volumen an Fruchtsaft sind $228{,}30\,\text{cm}^3 = 228{,}30$ ml. (2 Pkt.)

2019

Original-Prüfung
Mathematik
an zwei-, drei- und vierstufigen Wirtschaftsschulen 2020

1 Familie Gruber (Vater, Mutter, der 13-jährige Sohn Jonas und die 4-jährige Tochter Lena) besucht zu Beginn der Sommerferien die Stadt München und möchte auf dem Fernsehturm die Aussicht genießen. Aus der Zeitung weiß Herr Gruber, dass es in der ersten Ferienwoche 20 % Rabatt auf den Eintrittspreis gibt.

Quelle „Fernsehturm": (pixabay - 640835)

Eintrittspreise	
Erwachsene:	7,00 €
Kinder und Jugendliche (6 – 18 Jahre):	5,00 €
Kinder unter 6 Jahre:	frei

Entscheiden Sie, welcher Term zur Berechnung des ermäßigten Eintrittspreises richtig ist.

A	B	C	Lösung
$(2 \cdot 7 + 5) \cdot 0{,}2$	$(2 \cdot 7 + 5) \cdot \frac{4}{5}$	$(2 \cdot 7 + 2 \cdot 5) \cdot 1{,}2$	

(1 Pkt.)

2 Beim Oktoberfest - Special der Quizshow „Wer wird Millionär?" wurde folgende 125.000 € - Frage gestellt.

Betragen die Seitenlängen bei einem Dreieck 3 cm, 4 cm und 5 cm, dann handelt es sich definitiv um ein ...

A: spitzwinkliges Dreieck

B: rechtwinkliges Dreieck

C: stumpfwinkliges Dreieck

D: gleichseitiges Dreieck

Welche dieser Antworten ist die richtige? Begründen Sie rechnerisch.

(2 Pkt.)

2020

3 Luca möchte sein Fahrradschloss öffnen. Auf jedem Ring können die Ziffern 0 bis 9 eingestellt werden. Die ersten vier Ziffern der Kombination hat er richtig eingestellt. Leider hat er die letzte Ziffer vergessen.
Wie groß ist die Wahrscheinlichkeit, dass Luca bereits beim ersten Versuch sein Fahrradschloss öffnen kann?
Geben Sie das Ergebnis als Bruch und in Prozent an.

Quelle „Fahrradschloss": (ISB)

(1 Pkt.)

4 Hannes hat zum Geburtstag einen Tandemfallschirmsprung geschenkt bekommen. Er springt mit einem erfahrenen Fallschirmspringer aus dem Flugzeug und befindet sich in den ersten 40 Sekunden im freien Fall. Danach öffnet sich der Fallschirm und der Gleitflug beginnt.

Der Graph stellt Hannes Flughöhe y in Abhängigkeit von der Zeit x dar.

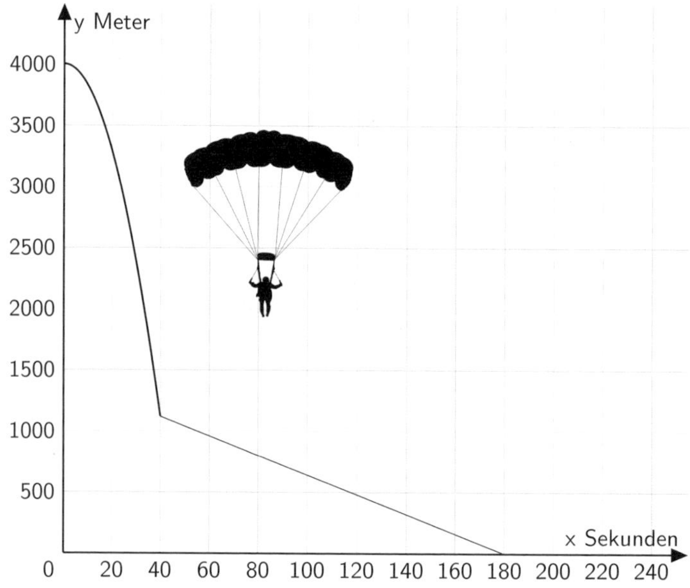

Quelle „Fallschirmspringer": (pixabay - 1781587)

4.1 Setzen Sie aus folgenden Bausteinen die Funktionsgleichung zusammen, welche die Flugphase „Freier Fall" beschreibt.

$18x^2$	$1{,}8x^2$	$-1{,}8x^2$	4000	–4000

y = ______________________

(1 Pkt.)

4.2 Entnehmen Sie der Zeichnung, wie lange nur der Gleitflug dauert.

______________________ (1 Pkt.)

5 Das Ehepaar Albrecht möchte sich den Traum eines eigenen Hauses erfüllen und kauft sich deshalb ein Grundstück. Sie müssen beim Kauf 3 % vom Grundstückspreis als Grunderwerbssteuer zahlen. Diese beläuft sich auf 4.503,00 €.

5.1 Berechnen Sie den Kaufpreis des Grundstücks.

(2 Pkt.)

5.2 Einen Teil des Kaufpreises finanzieren die Eheleute Albrecht über einen Kredit. Von der Bank bekommen sie eine Grafik ausgehändigt, die den Darlehensverlauf darstellt.

Bestimmen Sie, um welche Tilgungsart es sich handelt.

Tilgungsart: ____________________

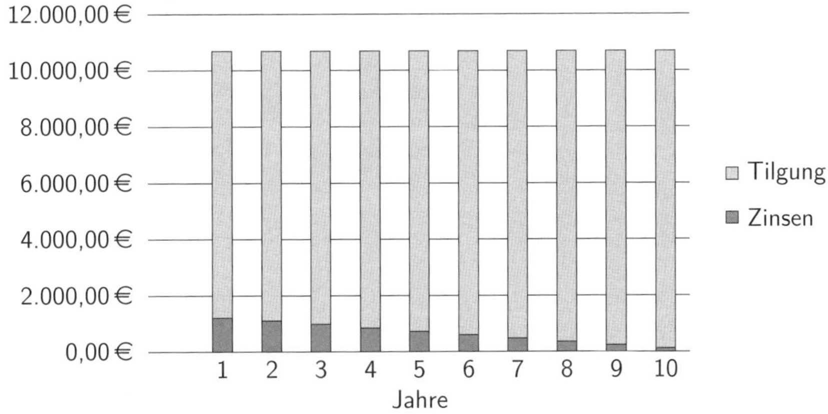

(1 Pkt.)

6 Laura behauptet, dass die beiden Funktionsgleichungen $p_1: y = (x+3)^2 - 2$ und $p_2: y = x^2 + 6x + 7$ die gleiche Parabel beschreiben.

Überprüfen Sie die Behauptung von Laura rechnerisch, indem Sie die Scheitelform in die allgemeine Form umwandeln.

(2 Pkt.)

7 Von einem 58 m hohen Leuchtturm sieht man ein Schiff unter dem Tiefenwinkel $\alpha = 30°$.
Berechnen Sie mit Hilfe untenstehender Tabelle, wie weit das Schiff vom Leuchtturm entfernt ist.

Quelle: „Leuchtturm"(https://cdn.shopify.com/s/files/1/0012/3125/7697/products/Lighthouse_And_Waves_d4afb67b-e527-436d-8f04-c2e08b8640ea_720x.jpg?v=1571709319, © paintwithdiamaonds)

Winkel	5°	10°	15°	20°	25°	30°	35°	40°	45°
sin ≈	0,09	0,17	0,26	0,34	0,42	0,50	0,57	0,64	0,71
cos ≈	1	0,98	0,97	0,94	0,91	0,87	0,82	0,77	0,71
tan ≈	0,09	0,18	0,27	0,36	0,47	0,58	0,70	0,84	1

(2 Pkt.)

2020

8 Auf dem Bild ist ein zylinderförmiger Wassertank zu sehen. Schätzen Sie Durchmesser und Höhe des Tanks und berechnen Sie dessen Volumen ($\pi = 3$).

Quelle „Wassertank": (ISB)

(2 Pkt.)

1 Es sind zwei Erwachsene ($2 \cdot 7$ €), ein Kind zwischen 6-18 Jahre (5 €), sowie ein Kind unter 6 Jahre (0 €). Ohne Rabatt würde die Familie also $(2 \cdot 7 + 5)$ € bezahlen. Da es zusätzlich 20 % Rabatt gibt, müssen nur $80\,\% = 0{,}8 = \frac{4}{5}$ bezahlt werden. Der korrekte Term zur Berechnung ist also B. (1 Pkt.)

2 Die Seitenlängen erfüllen den Satz des Pythagoras:

$$\begin{aligned}(3\,\text{cm})^2 + (4\,\text{cm})^2 &= (5\,\text{cm})^2\\ 9\,\text{cm}^2 + 16\,\text{cm}^2 &= 25\,\text{cm}^2\\ 25\,\text{cm}^2 &= 25\,\text{cm}^2\end{aligned}$$

Da der Satz des Pythagoras erfüllt ist, muss ein rechtwinkliges Dreieck vorliegen und Antwort B ist richtig. (2 Pkt.)

3 Für die letzte Ziffer verbleiben noch die Ziffern 0 bis 9, also zehn verschiedene Möglichkeiten. Die Wahrscheinlichkeit, dass eine dieser zehn beim ersten Versuch korrekt eingestellt wird, liegt also bei $\frac{1}{10} = 10\,\%$. (1 Pkt.)

4.1 Der Ausschnitt der gezeigten Parabel ist nach unten geöffnet. Damit muss das Vorzeichen vor dem quadratischen Term negativ sein, was nur bei „$-1{,}8x^2$" der Fall ist.

Bei 0 Sekunden (vertikale Achse) kann zudem ein Wert von 4000 m abgelesen werden, der zusätzlich durch den Term „4000" berücksichtigt wird.

Die Funktionsgleichung lautet demnach $y = -1{,}8x^2 + 4000$. (1 Pkt.)

4.2 Der Gleitflug beginnt nach 40 Sekunden und endet bei 180 Sekunden. Die Differenz von $180 - 40 = 140$ Sekunden entspricht also der Dauer des Gleitfluges. (1 Pkt.)

5.1 Die Lösung kann mithilfe der Formel oder durch Dreisatz berechnet werden.
Gegeben: Prozentwert (P) = 4503 €, Prozentsatz (p) = 3 %=0,03
Gesucht: Grundwert (G)

Lösung mit Dreisatz:

	Prozent	**Euro**	
	3 ≙	4503	| : 3
⟺	1 ≙	1501	| · 100
⟺	100 ≙	150100	

Lösung mit Formel:

$$\begin{aligned}G &= \frac{P}{p}\\ &= \frac{4503}{0{,}03} = 150100\end{aligned}$$

Der Kaufpreis beträgt 150100 €. (2 Pkt.)

5.2 Da die Summe über die gesamte Laufzeit des Darlehens gleichbleibt und dabei der Zins immer kleiner und die Tilgung immer größer wird, handelt es sich um eine Annuitätentilgung. (1 Pkt.)

6 Umwandlung der Scheitelpunktform in die allgemeine Form durch Anwendung der 1. binomischen Formel:

$$\begin{aligned}y &= (x + 3)^2 - 2\\ &= (x^2 + 2 \cdot 3x + 9) - 2\\ &= x^2 + 6x + 7\end{aligned}$$

Die Behauptung von Laura ist also wahr. (2 Pkt.)

2020

7 Da die Meeresoberfläche und der Lichtstrahl parallel verlaufen, ist der Winkel α auch im Dreieck zu finden (Wechselwinkel, siehe Skizze). Mit den gegebenen Längen und der Tabelle kann dann die gesuchte Seitenlänge ermittelt werden:

$$\tan(\alpha) = \frac{58\,\text{m}}{x} \qquad |\cdot x$$
$$\Longleftrightarrow \quad x \cdot \tan(30^\circ) = 58\,\text{m} \qquad |:\tan(30^\circ)$$
$$\Longleftrightarrow \quad x = \frac{58\,\text{m}}{\tan(30^\circ)}$$
$$\Longleftrightarrow \quad x = \frac{58\,\text{m}}{0{,}58}$$
$$\Longleftrightarrow \quad \underline{\underline{x = 100\,\text{m}}}$$

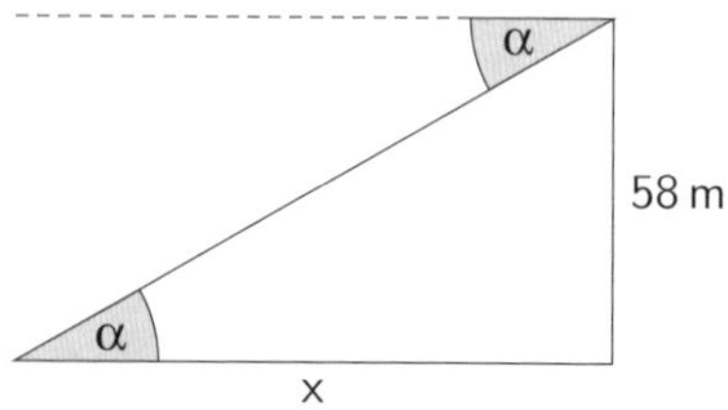

(2 Pkt.)

8 Die Höhe des Sattels eines Fahrrads kann im Durchschnitt auf 1 m geschätzt werden. Der Tank hat einen Durchmesser von etwa 1,5 Sattelhöhen, also $\underline{\underline{1{,}5\,\text{m}}}$ und eine Höhe von etwa 2,5 Sattelhöhen, also $\underline{\underline{2{,}5\,\text{m}}}$.

Das Volumen des Tanks kann nun aus dem Produkt von Grundfläche und Höhe bestimmt werden. Die kreisförmige Grundfläche des Tanks hat einen Radius von 0,75 m. Für die Fläche gilt damit:

$$A_G = \pi \cdot r^2 \approx 3 \cdot (0{,}75\,\text{m})^2 = 3 \cdot 0{,}75 \cdot 0{,}75\,\text{m}^2 \approx 1{,}6\,\text{m}^2$$

Damit ergibt sich das Volumen des Tanks:

$$V = A_G \cdot h \approx 1{,}6\,\text{m}^2 \cdot 2{,}5\,\text{m} = (1{,}6 \cdot 2 + 1{,}6 \cdot 0{,}5)\,\text{m}^3 \approx \underline{\underline{4\,\text{m}^3}}$$

(Hinweis: Ausgehend von unterschiedlichen Schätzwerten und verschiedener Rundung von Zwischenergebnissen sind bei nachvollziehbarer Darstellung auch ähnliche Ergebnisse korrekt.) (2 Pkt.)

1 Finanzmathematik

Quelle „Skaterin“: (pixabay - 316565)

Die ehemalige Wirtschaftsschülerin Luisa träumt davon, ihr Hobby zum Beruf zu machen. Sie plant einen kleinen Laden zu eröffnen, in dem sie Longboards, Skateboards und Snowboards anbieten will.
Luisas Opa hat am Anfang des Jahres 2010 einen Sparvertrag für seine Enkelin abgeschlossen, in den er einmalig zu Beginn 7.500,00 € und seither immer zu Jahresbeginn 2.500,00 € einbezahlt hat. Der Vertrag wurde mit 2,10 % verzinst.

1.1 Berechnen Sie, auf welches Kapital Luisa am Ende des Jahres 2019 zurückgreifen kann. (3 Pkt.)

Neben dem Sparvertrag von ihrem Opa besitzt Luisa noch ein Sparbuch, auf das sie vor 7 Jahren ihre Geldgeschenke zur Konfirmation in Höhe von 2.490,00 € einbezahlt hat. Aktuell weist das Sparbuch nach Eintragung aller Zinsen und Zinseszinsen einen Kontostand von 2.763,51 € auf.

1.2 Berechnen Sie den Zinssatz, den Luisa auf ihr Sparbuch bekommen hat. (3 Pkt.)

Luisa erbt von ihrer Großtante 40.000,00 €. Diesen Betrag legt sie auf einem Sparkonto zu einem Zinssatz von 1,80 % an. Sie möchte davon zukünftig zu Beginn eines jeden Jahres Geld entnehmen, um davon ihre Werbepartner bezahlen zu können.

1.3 Berechnen Sie, wie viele volle Jahre Luisa den Betrag von 5.200,00 € entnehmen kann, bevor das Kapital aufgebraucht ist. (4 Pkt.)

Zur Einrichtung ihres Ladens benötigt Luisa einen Bankkredit (siehe Beleg).

Darlehensvertrag

zwischen

Sparbank Unterfranken	und	**Schott, Luisa**
Kreditinstitut		Name, Vorname
Weißenburger Str. 35		**Hörsteiner Str. 4**
Straße		Straße
63739 Aschaffenburg		**63801 Kleinostheim**
PLZ und Wohnort		PLZ und Wohnort
– nachfolgend „*Darlehensgeber*“ genannt –		– nachfolgend „*Darlehensnehmer*“ genannt –

§1 Darlehensgewährung

Der Darlehensgeber gewährt dem Darlehensnehmer ein verzinsliches Darlehen in Höhe von **57.800,00** EUR.

Das Darlehen hat eine Laufzeit von **17** Jahren ab dem Auszahlungsdatum.
Der Darlehensbetrag wird auf folgende Bankverbindung ausgezahlt:

Luisa Schott	**DE34 7953 5547 0000 0145 88**	**Sparbank Unterfranken**
Kontoinhaber	Kontoverbindung (IBAN)	Kreditinstitut

§2 Verzinsung

Das Darlehen ist mit 3,20 % p.a. zu verzinsen. Die Zinsen werden jeweils jährlich berechnet.

§3 Tilgung

Das Darlehen ist in jährlichen gleichbleibenden Tilgungsraten in Höhe von **3.400,00** EUR zu tilgen. Tilgung und Zinsen werden automatisch am Jahresende von Ihrem Konto eingezogen. Bitte achten Sie auf ausreichende Deckung.

Aschaffenburg, 25.06.2020
(Ort) (Datum)

Harald Geißendörfer	***Luisa Schott***
(Darlehensgeber)	(Darlehensnehmer)

1.4 Erstellen Sie einen Tilgungsplan für die ersten beiden Jahre. (3 Pkt.)

1.5 Berechnen Sie nach wie vielen Jahren Luisa erstmals weniger als 1.000,00 € Zinsen für ihr Darlehen zahlen muss. (2 Pkt.)

2 Funktionaler Zusammenhang

Über eine Autobahn $\overline{GH}$ soll eine Fußgängerbrücke gebaut werden, die von einem parabelförmigen Brückenbogen getragen wird.

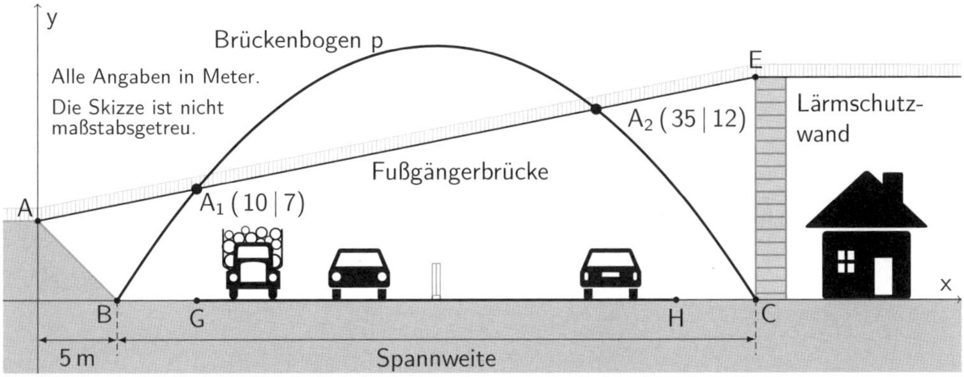

Der Brückenbogen p soll durch die Punkte $A_1\,(10\,|\,7)$ und $A_2\,(35\,|\,12)$ verlaufen.

2.1 Bestimmen Sie die allgemeine Form der Parabel p, wenn $a = -0{,}04$ gilt.

(Ergebnis: $p\colon y = -0{,}04x^2 + 2x - 9$)

(4 Pkt.)

Für die Einreichung des Bauantrages sind noch einige Größen zu berechnen.

2.2 Berechnen Sie die Spannweite $\overline{BC}$ des Brückenbogens. (4 Pkt.)

Aufgrund des naheliegenden Hubschrauberlandeplatzes darf der Brückenbogen nicht höher als 20 Meter sein.

2.3 Überprüfen Sie rechnerisch, ob der Brückenbogen wie geplant gebaut werden darf. (2 Pkt.)

Die Fußgängerbrücke kann zwischen den Punkten A und E durch eine Gerade g beschrieben werden. An den Punkten A_1 und A_2 liegt der Gehweg am Brückenbogen auf.

2.4 Bestimmen Sie die Funktionsgleichung von g (Ergebnis: $g\colon y = 0{,}2x + 5$). (3 Pkt.)

Die Lärmschutzwand soll mit Kletterpflanzen begrünt werden. Die zuständige Autobahnmeisterei soll eine Kletterhilfe für Pflanzen anbringen.

2.5 Berechnen Sie die Höhe $\overline{CE}$ der senkrechte Lärmschutzwand, wenn die Spannweite $\overline{BC}$ 40 m beträgt. (2 Pkt.)

3 Trigonometrie

Simon und Teresa möchten nach der Schule die neue Kletterhalle in ihrer Heimatstadt testen. Vor Ort finden die beiden eine große Kletterwand vor, die sowohl für Anfänger als auch für Fortgeschrittene geeignet ist.

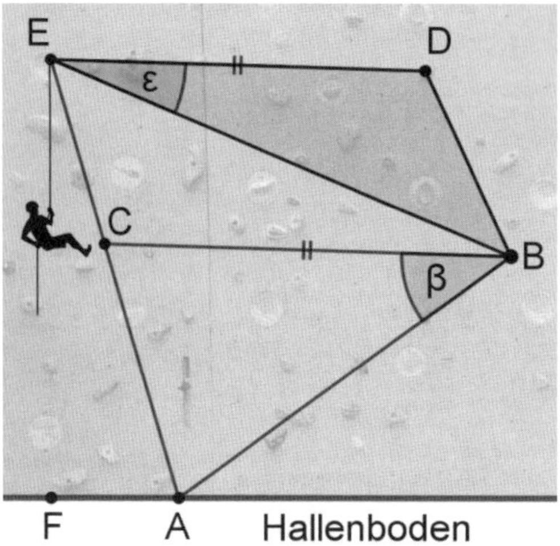

Details zur Kletterwand:
$|\overline{AB}| = 7{,}98\,\text{m}$
$|\overline{BC}| = 7{,}91\,\text{m}$
$|\overline{BD}| = 3{,}96\,\text{m}$
$|\overline{AE}| = 8{,}86\,\text{m}$
$|\overline{DE}| = 7{,}30\,\text{m}$
$\beta = 37{,}68°$
$\varepsilon = 21{,}34°$
$\overline{ED} \parallel \overline{CB}$

Quelle „Kletterwand“: (ISB)
Quelle „Kletterer“: (pixabay - 153613)

Teresa klettert die Anfängerstrecke, die vom Punkt A zum Punkt E führt. Sie seilt sich von dort senkrecht zum Punkt F ab. Der Punkt E befindet sich 8,50 m über dem Hallenboden.

3.1 Berechnen Sie, wie weit Teresa vom Punkt A entfernt den Boden berührt. (2 Pkt.)

Zum Aufwärmen klettert Simon die Übungsstrecke $\overline{AC}$.

3.2 Berechnen Sie die Länge dieser Strecke. (3 Pkt.)

Im Anschluss möchte Simon die Tour für Fortgeschrittene klettern, bei der man vom Punkt A aus über die Punkte B und D zum Endpunkt E gelangt.

3.3 Berechnen Sie die Größe des Winkels $\sphericalangle DBA$.

(Zwischenergebnis: $\sphericalangle DBE = 42{,}13°$)
(4 Pkt.)

Bereits im Punkt B merkt Simon, dass seine Kräfte nachlassen und er das schwierigste Stück der Tour nicht mehr schafft. Deshalb entscheidet er sich, sofort zum Punkt E zu klettern.

3.4 Berechnen Sie die Länge der Abkürzung $\overline{BE}$. (Ergebnis: $|\overline{BE}| = 9{,}74\,\text{m}$) (4 Pkt.)

Das Freizeitbad „elypso“ möchte an der großen Kletterwand $15\,\text{m}^2$ Werbung anbringen.

3.5 Überprüfen Sie rechnerisch, ob das Dreieck BDE dafür geeignet ist. (2 Pkt.)

4 Daten und Zufall

In der Abschlussklasse müssen sich die Wirtschaftsschülerinnen und -schüler entscheiden, ob sie im Fach Mathematik oder im Fach Übungsunternehmen die Abschlussprüfung ablegen wollen. An einer Wirtschaftsschule mit insgesamt 80 Abschlussschülern entschieden sich die Schüler/-innen 2019 wie in nebenstehender Tabelle dargestellt.

Abschluss 2019		
Klasse	Mathematik	Übungsunternehmen
10a	18	12
10b	19	6
10c	18	7
davon waren weiblich:		
10a	12	6
10b	13	3
10c	6	3

4.1 Berechnen Sie die absolute Häufigkeit der männlichen Abschlussschüler an dieser Wirtschaftsschule. (2 Pkt.)

4.2 Erstellen Sie ein Säulendiagramm, das den prozentualen Anteil der Abschlussschüler pro Klasse im Fach Übungsunternehmen zeigt. (3 Pkt.)

Im Fach Mathematik muss eine schriftliche Abschlussprüfung abgelegt werden, bei der maximal 75 Punkte erreicht werden können. Die 12 Abschlussschülerinnen der Klasse 10a erzielten dabei insgesamt folgende Punkte:

Schülerin	A	B	C	D	E	F	G	H	I	J	K	L
Punkte	46	72	41	62	35	70	68	49	75	22	64	56

4.3 Ermitteln Sie das arithmetische Mittel und den Median der erzielten Punkte. (4 Pkt.)

Nach der Abschlussprüfung in Deutsch wurde die Turnhalle aufgrund eines Wasserschadens gesperrt. Alle 80 Abschlussschüler mussten die Prüfungen in den Fächern BSK und Englisch in drei unterschiedlich großen Klassenzimmern schreiben.

Raum A: 24 Plätze	Raum B: 36 Plätze	Raum C: 20 Plätze

Es wurde per Los entschieden, welchen Raum der Prüfling zugewiesen bekam.

4.4 Fertigen Sie zu dem Zufallsexperiment „Zuweisung eines Klassenzimmers an den beiden Prüfungstagen“ ein passendes Baumdiagramm an und tragen Sie die einzelnen Übergangswahrscheinlichkeiten ein. (4 Pkt.)

4.5 Berechnen Sie die prozentuale Wahrscheinlichkeit für das Ereignis E: „Ein Schüler oder eine Schülerin legte beide Prüfungen im selben Raum ab“. (2 Pkt.)

5 Raum und Form

Die See-Meer-Fluss GmbH (kurz SMF GmbH) stellt verschiedene Arten von Bojen her.
Ein guter Kunde der SMF GmbH bestellt die Boje „Egypt“, welche die Form einer Doppelpyramide mit quadratischer Grundfläche ABCD und der Seitenlänge $a = 1\,\text{m}$ hat. Die Höhe der unteren Pyramide beträgt $h_u = 2{,}10\,\text{m}$.

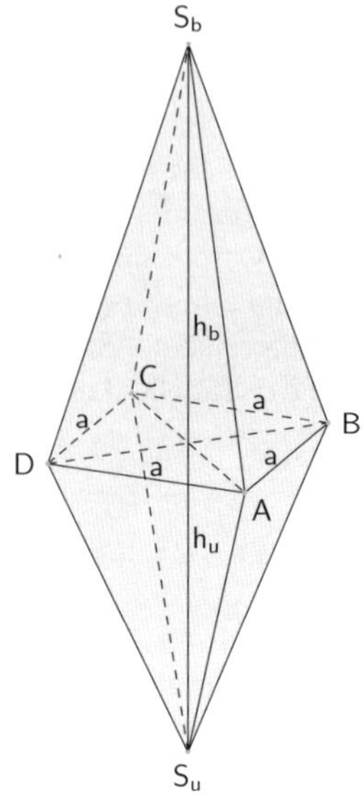

Die Skizze ist nicht maßstabsgetreu.

5.1 Berechnen Sie die Gesamthöhe $\overline{S_uS_b}$ der Boje, wenn das Volumen der oberen Pyramide um 20 % größer als das der unteren Pyramide ist. (4 Pkt.)

In der Forschungsabteilung der SMF GmbH wird die neue Hochsee-Boje „Atlantik“ entwickelt. Sie besteht aus einer Halbkugel mit Radius $r = 1{,}50\,\text{m}$, der eine kegelförmige Haube mit der Höhe $h_K = 4{,}13\,\text{m}$ aufgesetzt wurde. Der halbkugelförmige Teil der Boje soll aus Kork hergestellt werden. Im Lager der SMF GmbH sind noch $100\,\text{m}^3$ Kork vorhanden.

5.2 Berechnen Sie, wie viele halbkugelförmige Bauteile aus dem Lagerbestand hergestellt werden können, wenn 3 % Verschnitt berücksichtigt werden muss. (3 Pkt.)

Die Hochsee-Boje muss vollständig mit einem Speziallack versehen werden.

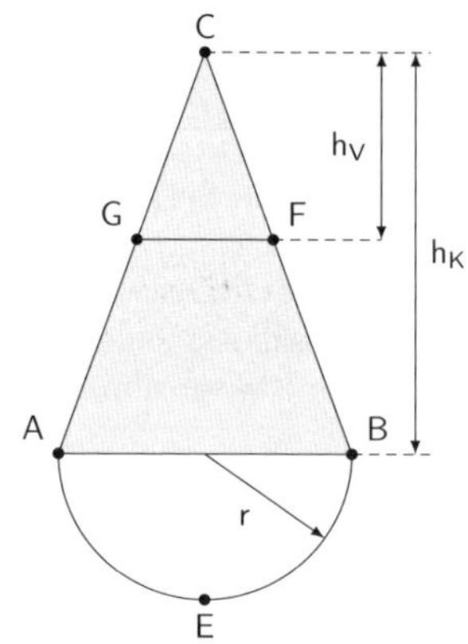

Die Skizze ist nicht maßstabsgetreu.

5.3 Berechnen Sie die insgesamt zu lackierende Fläche der neuen Boje „Atlantik“.

(Zwischenergebnis: $\overline{BC} = 4{,}39\,\text{m}$)

(5 Pkt.)

Stabilitätstests an der neuen Boje haben ergeben, dass im oberen, kegelförmigen Teil eine horizontale Verstrebung $\overline{GF}$ in Form einer Metallscheibe mit einem Durchmesser von 80 cm eingesetzt werden muss.

5.4 Berechnen Sie, welchen Abstand h_v diese zusätzliche Verstrebung $\overline{GF}$ von der Spitze C hat. (3 Pkt.)

1 Finanzmathematik

1.1 Auf welches Kapital Luisa nach insgesamt 10 Jahren (es handelt sich um eine nachschüssige Kapitalmehrung) zurückgreifen kann, wird folgendermaßen berechnet:

$$K_n = K_0 \cdot q^n + r \cdot \frac{q^n - 1}{q - 1}$$

$$K_{10} = 7.500{,}00 \cdot 1{,}021^{10} + 2.500{,}00 \cdot \frac{1{,}021^{10} - 1}{1{,}021 - 1}$$

$$\Longleftrightarrow K_{10} = 36.732{,}27\,€$$

Luisa kann am Ende des Jahres 2019 auf 36.732,27 € zurückgreifen. (2 Pkt.)

1.2 Der Zinssatz, den Luisa für ihr Sparbuch bekommen hat, wird folgendermaßen berechnet:

$$K_7 = K_0 \cdot q^7$$

$$2.763{,}51 = 2.490{,}00 \cdot q^7 \qquad | : 2.490{,}00$$

$$\Longleftrightarrow \quad q^7 = \frac{2.763{,}51}{2.490{,}00} \qquad | : \sqrt[7]{\ }$$

$$\Longleftrightarrow \quad q = \sqrt[7]{\frac{2.763{,}51}{2.490{,}00}}$$

$$\Longleftrightarrow \quad q = 1{,}015$$

$$\Rightarrow \quad p = 1{,}5\,\%$$

Luisa hat für ihr Sparbuch einen Zinssatz von 1,5 % bekommen. (3 Pkt.)

1.3 Luisa legt das geerbte Kapital von 40.000,00 € zum einem Zinssatz von 1,80 % an. Zu Beginn eines jeden Jahres (es handelt sich um eine vorschüssige Kapitalminderung) entnimmt Luisa 5.200,00 € .
Wie viele volle Jahre Luisa den Betrag entnehmen kann, wird folgendermaßen berechnet:

$$K_n = K_0 \cdot q^n - r \cdot q \cdot \frac{q^n - 1}{q - 1}$$

$$0 = 40.000{,}00 \cdot 1{,}018^n - 5.200{,}00 \cdot 1{,}018 \cdot \frac{1{,}018^n - 1}{1{,}018 - 1} \qquad | \cdot (1{,}018 - 1)$$

$$\Longleftrightarrow \quad 0 = 720{,}00 \cdot 1{,}018^n - 5.293{,}60 \cdot 1{,}018^n + 5.293{,}60 \qquad | - 5.293{,}60$$

$$\Longleftrightarrow \quad -5.293{,}60 = -4.573{,}60 \cdot 1{,}018^n \qquad | : (-4.573{,}60)$$

$$\Longleftrightarrow \quad \frac{-5.293{,}60}{-4.573{,}60} = 1{,}018^n \qquad | \lg(\ )$$

$$\Longleftrightarrow \quad n = \frac{\lg\left(\frac{-5.293{,}60}{-4.573{,}60}\right)}{\lg(1{,}018)}$$

$$\Longleftrightarrow \quad n = 8{,}20 \text{ Jahre}$$

Luisa kann insgesamt acht volle Jahre den Betrag von 5.200,00 € von ihrem Sparbuch entnehmen. (4 Pkt.)

1.4 Luisa benötigt zu Einrichtung ihres Ladens einen Bankkredit (siehe Anlage Darlehensvertrag) über 57.800,00 € mit einem Zinssatz von 3,20 % p. a., mit jährlich gleichbleibenden Tilgungsraten über 3.400,00 €. Laufzeit sind 17 Jahre.

Der Tilgungsplan für die ersten beiden Jahre sieht dann folgendermaßen aus:

Jahr	Restschuld	Zinsen	Tilgung	Annuität
1	57.800,00 €	1.849,60 €	3.400,00 €	5.249,60 €
2	54.400,00 €	1.740,80 €	3.400,00 €	5.140,80 €

(3 Pkt.)

1.5 Nach wie vielen Jahren Luisa erstmals weniger als 1.000,00 € Zinsen für das Darlehen bezahlen muss, wird folgendermaßen berechnet:

$$
\begin{aligned}
Z_v &= T \cdot (q-1) \cdot (n-v+1) \\
1.000{,}00 &= 3.400{,}00 \cdot (1{,}018-1) \cdot (17-v+1) \\
1.000{,}00 &= 61{,}20 \cdot (18-v) \\
1.000{,}00 &= 1.101{,}60 - 61{,}20v && |-1.101.60 \\
-1.101{,}60 &= -61{,}20v && |:-61{,}20 \\
v &= 18 \text{ Jahre}
\end{aligned}
$$

(2 Pkt.)

2 Funktionaler Zusammenhang

2.1 Die allgemeine Form einer Parabel lautet $y = ax^2 + bx + c$. Mit der Vorgabe von $a = -0{,}04$ ist demnach $y = -0{,}04x^2 + bx + c$. Durch Einsetzen der Koordinaten der Punkte A_1 und A_2 ergeben sich zwei Gleichungen, die entsprechend umgeformt werden können:

$$\begin{aligned}
&\text{(I)} & 7 &= -0{,}04 \cdot 10^2 + b \cdot 10 + c & \\
&\Longleftrightarrow & 7 &= -4 + 10b + c & |+4 \\
&\Longleftrightarrow & 11 &= 10b + c & \\
&\text{(II)} & 12 &= -0{,}04 \cdot 35^2 + b \cdot 35 + c & \\
&\Longleftrightarrow & 12 &= -49 + 35b + c & |+49 \\
&\Longleftrightarrow & 61 &= 35b + c & |-35b \\
&\Longleftrightarrow & c &= 61 - 35b &
\end{aligned}$$

Der aus Gleichung (II) bestimmte Term für c kann nun in Gleichung (I) eingesetzt werden:

$$\begin{aligned}
& & 11 &= 10b + c & \\
&\Rightarrow & 11 &= 10b + (61 - 35b) & \\
&\Longleftrightarrow & 11 &= -25b + 61 & |-11 \\
&\Longleftrightarrow & 0 &= -25b + 50 & |+25b \\
&\Longleftrightarrow & 25b &= 50 & |:25 \\
&\Longleftrightarrow & b &= 2 &
\end{aligned}$$

Dies kann nun wiederum in c eingesetzt werden:

$$c = 61 - 35b = 61 - 35 \cdot 2 = -9$$

Die allgemeine Form der Parabel lautet $\underline{\underline{y = -0{,}04x^2 + 2x - 9}}$. (4 Pkt.)

2.2 Die Punkte B und C liegen an den Nullstellen der Parabel, sodass für die Bestimmung derer Entfernung zunächst die Nullstellen der Parabel mithilfe der Lösungsformel bestimmt werden:

$$\begin{aligned}
& & 0 &= -0{,}04x^2 + 2x - 9 \\
&\Longleftrightarrow & x_{1;2} &= \frac{-2 \pm \sqrt{2^2 - 4 \cdot (-0{,}04) \cdot (-9)}}{2 \cdot (-0{,}04)} \\
&\Longleftrightarrow & x_{1;2} &= \frac{-2 \pm \sqrt{4 - 1{,}44}}{-0{,}08} \\
&\Longleftrightarrow & x_{1;2} &= \frac{-2 \pm 1{,}6}{-0{,}08} \\
&\Longleftrightarrow & x_1 &= 5 \quad \text{oder} \quad x_2 = 45
\end{aligned}$$

Demnach beträgt die Spannweite $|\overline{BC}| = 45 - 5 = \underline{40\,\text{m}}$. (4 Pkt.)

2.3 Der höchste Punkt des Brückenbogens entspricht dem Scheitelpunkt der Parabel. Um diesen zu bestimmen, kann die Parabel entweder in Scheitelpunktform gebracht werden (quadr. Ergänzung als Alternative) oder es wird die Formel verwendet:

2020

quadr. Ergänzung (als Alternative)

$$\begin{aligned} y &= -0{,}04x^2 + 2x - 9 \\ &= -0{,}04(x^2 - 50x + 225) \\ &= -0{,}04(x^2 - 2 \cdot 25x + 25^2 - 25^2 + 225) \\ &= -0{,}04(x^2 - 2 \cdot 25x + 25^2 - 400) \\ &= -0{,}04(x^2 - 2 \cdot 25x + 25^2) + 16 \\ &= -0{,}04(x - 25)^2 + 16 \end{aligned}$$

Formel

$a = -0{,}04;\ b = 2;\ c = -9$

$$\mathbf{S}\left(-\frac{\mathbf{b}}{\mathbf{2a}} \,\middle|\, \mathbf{c} - \frac{\mathbf{b^2}}{\mathbf{4a}}\right)$$

$$S\left(-\frac{2}{2 \cdot (-0{,}04)} \,\middle|\, -9 - \frac{2^2}{4 \cdot (-0{,}04)}\right)$$

$$S(25 \mid 16)$$

Die maximale Höhe ist demnach $y = 16$, sodass der Brückenbogen wie geplant gebaut werden darf. (2 Pkt.)

2.4 Die Gleichung der Gerade kann aus den Koordinaten der Punkte A_1 und A_2 bestimmt werden. Für den Anstieg der Gerade gilt:

$$\begin{aligned} m &= \frac{\mathbf{y_{A_2} - y_{A_1}}}{\mathbf{x_{A_2} - x_{A_1}}} \\ &= \frac{12 - 7}{35 - 10} \\ &= 0{,}2 \end{aligned}$$

Durch Einsetzen der Steigung und der Koordinaten des Punktes A_1 in die allgemeine Form $y = mx + t$ kann außerdem der Parameter t bestimmt werden:

$$\begin{aligned} & y = mx + t \\ \Longleftrightarrow\quad & 7 = 0{,}2 \cdot 10 + t \\ \Longleftrightarrow\quad & 7 = 2 + t \qquad \mid -2 \\ \Longleftrightarrow\quad & t = 5 \end{aligned}$$

Die Gleichung der Geraden lautet $\underline{\underline{g:\ y = 0{,}2x + 5}}$. (3 Pkt.)

2.5 Die Höhe $\overline{CE}$ kann aus den y-Koordinaten der Punkte C und E bestimmt werden. Da C auf der x-Achse liegt, ist $y_C = 0$. Die y-Koordinate von E kann mithilfe der Geradengleichung der letzten Teilaufgabe berechnet werden. Der Punkt E liegt bei $x = 5 + 40 = 45$ (5 m und Spannweite von 40 m). Damit gilt:

$$y_E = 0{,}2 \cdot 45 + 5 = 9 + 5 = 14$$

Die Höhe der senkrechten Lärmschutzwand ist demnach $|\overline{CE}| = 14 - 0 = \underline{\underline{14\,\text{m}}}$. (2 Pkt.)

3 Trigonometrie

3.1 Da sich Teresa senkrecht abseilt, entsteht am Punkt F ein rechter Winkel im Dreieck FAE. Der gesuchte Abstand zu Punkt A, der der Länge $\overline{AF}$ entspricht, ergibt sich dann mithilfe des Satzes des Pythagoras:

$$
\begin{aligned}
& |\overline{AF}|^2 + |\overline{EF}|^2 = |\overline{AE}|^2 && \mid -|\overline{EF}|^2 \\
\iff\ & |\overline{AF}|^2 = |\overline{AE}|^2 - |\overline{EF}|^2 && \mid \sqrt{\ } \\
\iff\ & |\overline{AF}| = \sqrt{8{,}86^2 - 8{,}5^2} \\
\iff\ & |\overline{AF}| \approx 2{,}5
\end{aligned}
$$

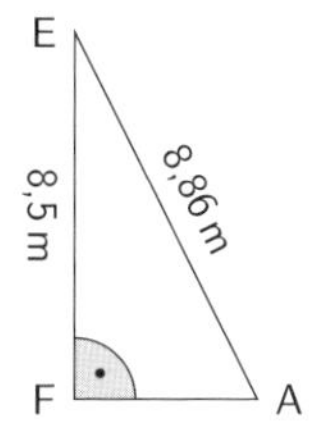

Teresa berührt den Boden in einer Entfernung von 2,5 m vom Punkt A. (2 Pkt.)

3.2 Da im Dreieck ABC die Längen $|\overline{AB}| = 7{,}98\,\text{m}$ und $|\overline{BC}| = 7{,}91\,\text{m}$, sowie der von beiden Strecken eingeschlossene Winkel $\beta = 37{,}68°$ vorgegeben sind, kann die gesuchte Länge mithilfe des Kosinussatzes bestimmt werden:

$$
\begin{aligned}
& |\overline{AC}|^2 = |\overline{AB}|^2 + |\overline{BC}|^2 - 2 \cdot |\overline{AB}| \cdot |\overline{BC}| \cdot \cos\beta && \mid \sqrt{\ } \\
\iff\ & |\overline{AC}| = \sqrt{7{,}98^2 + 7{,}91^2 - 2 \cdot 7{,}98 \cdot 7{,}91 \cdot \cos(37{,}68°)} \\
\iff\ & |\overline{AC}| \approx 5{,}13
\end{aligned}
$$

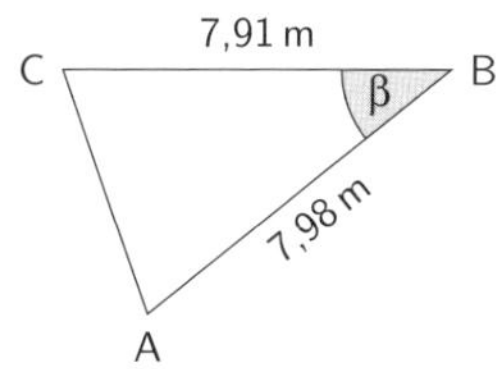

Die Länge der Strecke $\overline{AC}$ beträgt 5,13 m. (3 Pkt.)

3.3 Der Winkel $\sphericalangle DBA$ kann aus der Summe der Winkel β, $\sphericalangle EBC$ und $\sphericalangle DBE$ berechnet werden. Der Winkel $\beta = 37{,}68°$ ist dabei bereits vorgegeben.

Da $\overline{ED} \| \overline{CB}$ ist, sind der gegebene Winkel ε und $\sphericalangle EBC$ Wechselwinkel entlang der Strecke $\overline{BE}$. Damit ist $\sphericalangle EBC = \varepsilon = 21{,}34°$.

Der verbleibende Winkel $\sphericalangle DBE$ kann dann im Dreieck BDE mithilfe des Sinussatzes berechnet werden:

$$
\begin{aligned}
& \frac{|\overline{BD}|}{\sin\varepsilon} = \frac{|\overline{DE}|}{\sin\sphericalangle DBE} && \mid \cdot \sin\varepsilon \\
\iff\ & 3{,}96 = \frac{7{,}3}{\sin\sphericalangle DBE} \cdot \sin(21{,}34°) && \mid \cdot \sin\sphericalangle DBE \\
\iff\ & 3{,}96 \cdot \sin\sphericalangle DBE = 7{,}3 \cdot \sin(21{,}34°) && \mid : 3{,}96 \\
\iff\ & \sin\sphericalangle DBE = \frac{7{,}3}{3{,}96} \cdot \sin(21{,}34°) \\
\iff\ & \sin\sphericalangle DBE \approx 0{,}6708 \\
\iff\ & \sphericalangle DBE \approx 42{,}13°
\end{aligned}
$$

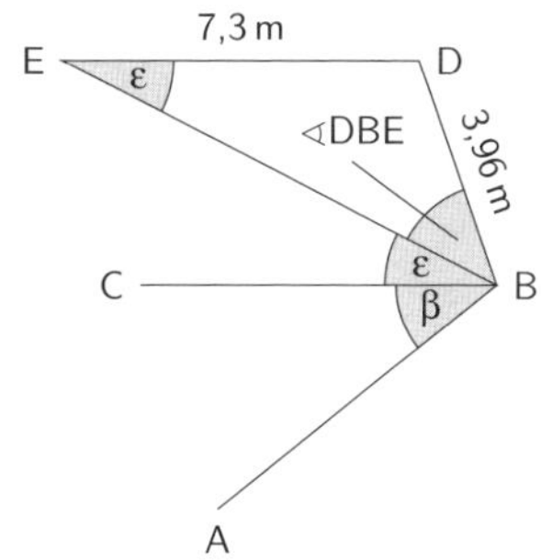

Damit gilt insgesamt:

$$\sphericalangle DBA = \sphericalangle DBE + \underbrace{\sphericalangle EBC}_{\varepsilon} + \beta = 42{,}13° + 21{,}34° + 37{,}68° = \underline{\underline{101{,}15°}}$$

(4 Pkt.)

3.4 Mit dem gegebenen Winkel $\varepsilon = 21{,}34°$ und dem in der letzten Teilaufgabe berechneten Winkel $\sphericalangle DBE = 42{,}13°$ kann aufgrund der Innenwinkelsumme im Dreieck der Winkel $\sphericalangle EDB$ berechnet werden:

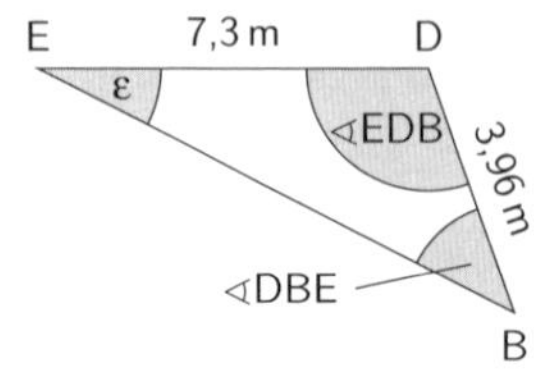

$$\begin{aligned} & \sphericalangle EDB + \sphericalangle DBE + \varepsilon = 180° \\ \Longleftrightarrow\quad & \sphericalangle EDB + 42{,}13° + 21{,}34° = 180° \quad \mid -(42{,}13° + 21{,}34°) \\ \Longleftrightarrow\quad & \sphericalangle EDB = 116{,}53° \end{aligned}$$

Mithilfe des Sinussatzes kann dann im Dreieck BDE die Länge von $\overline{BE}$ bestimmt werden:

$$\begin{aligned} & \frac{|\overline{BE}|}{\sin \sphericalangle EDB} = \frac{|\overline{BD}|}{\sin \varepsilon} \quad \mid \cdot \sin \sphericalangle EDB \\ \Longleftrightarrow\quad & |\overline{BE}| = \frac{3{,}96}{\sin(21{,}34°)} \cdot \sin(116{,}53°) \\ \Longleftrightarrow\quad & |\overline{BE}| = 9{,}74 \end{aligned}$$

Die Abkürzung $\overline{BE}$ hat eine Länge von 9,74 m. (4 Pkt.)

3.5 Es wird der Flächeninhalt des Dreiecks BDE bestimmt (siehe Skizze Teilaufgabe 3.4):

$$\begin{aligned} A &= \frac{1}{2} \cdot |\overline{DE}| \cdot |\overline{BE}| \cdot \sin \varepsilon \\ &= \frac{1}{2} \cdot 7{,}3 \cdot 9{,}74 \cdot \sin(21{,}34°) \\ &= 12{,}94 \end{aligned}$$

Die Fläche des Dreiecks BDE beträgt 12,94 m^2 und reicht demnach als Werbefläche nicht aus. (2 Pkt.)

4 Daten und Zufall

4.1 Insgesamt sind es 80 Abschlussschüler/innen. Laut Tabelle sind davon weiblich:

$$12 + 13 + 6 + 6 + 3 + 3 = 43$$

Somit gibt es insgesamt $80 - 43 = \underline{\underline{37}}$ männliche Abschlussschüler. (2 Pkt.)

4.2 Für jede Klasse wird zunächst der prozentuale Anteil der Abschlussprüfungen im Fach Übungsunternehmen bestimmt:

10a: insg: $18 + 12 = 30$ Schüler, davon 12 mit AP Übungsunternehmen $\hat{=} \frac{12}{30} = 0{,}4 = 40\,\%$

10b: insg: $19 + 6 = 25$ Schüler, davon 6 mit AP Übungsunternehmen $\hat{=} \frac{6}{25} = 0{,}24 = 24\,\%$

10c: insg: $18 + 7 = 25$ Schüler, davon 7 mit AP Übungsunternehmen $\hat{=} \frac{7}{25} = 0{,}28 = 28\,\%$

Darstellung in einem Säulendiagramm:

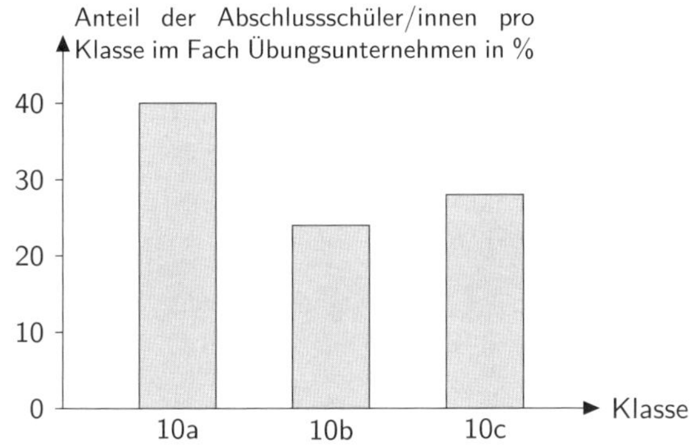

(3 Pkt.)

4.3 Das arithmetische Mittel der erzielten Punkte x ergibt sich aus der Summe der Werte geteilt durch deren Anzahl:

$$\overline{x} = \frac{46 + 72 + 41 + 62 + 35 + 70 + 68 + 49 + 75 + 22 + 64 + 56}{12} = \underline{\underline{55}}$$

Um den Median zu bestimmen, werden die Werte aufsteigend sortiert und dann der mittlere/die beiden mittleren Werte betrachtet:

22; 35; 41; 46; 49; **56**; **62**; 64; 68; 70; 72; 75

Der Median ergibt sich dann aus dem Mittel dieser beiden Werte:

$$x_{med} = \frac{56 + 62}{2} = \underline{\underline{59}}$$

(4 Pkt.)

4.4 Es gibt insgesamt 80 verfügbare Plätze. Anhand der Anzahl der Plätze pro Raum kann die Wahrscheinlichkeit für ein Los des jeweiligen Raumes bestimmt werden:

$$P(A) = \frac{24}{80} = 0{,}3 \qquad P(B) = \frac{36}{80} = 0{,}45 \qquad P(C) = \frac{20}{80} = 0{,}25$$

Mit diesen Werten kann ein Baumdiagramm erstellt werden.

2020

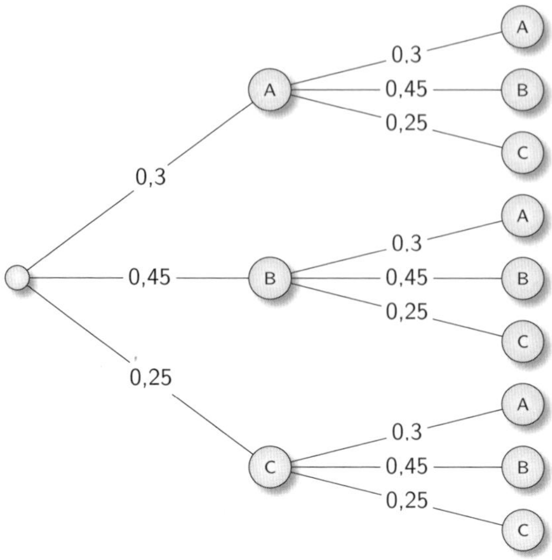

(4 Pkt.)

4.5 Beide Prüfungen im selben Raum entspricht im Baumdiagramm den Pfaden AA, BB und CC. Gemäß der Pfadregeln kann die Wahrscheinlichkeit für das Ereignis E bestimmt werden:

$$P(E) = 0{,}3 \cdot 0{,}3 + 0{,}45 \cdot 0{,}45 + 0{,}25 \cdot 0{,}25 = 0{,}355 = \underline{\underline{35{,}5\,\%}}$$

(2 Pkt.)

5 Raum und Form

5.1 Die obere Pyramide ist um 20 % größer als die untere. Es ist also $V_b = 1{,}2 \cdot V_u$. Da beide Pyramiden die gleiche Grundfläche G haben, kann darüber die Höhe h_b der oberen Pyramide bestimmt werden:

$$\begin{aligned} & & V_b &= 1{,}2 \cdot V_u & \\ \iff & & \frac{1}{3} \cdot G \cdot h_b &= 1{,}2 \cdot \frac{1}{3} \cdot G \cdot h_u & \mid \cdot 3 \\ \iff & & G \cdot h_b &= 1{,}2 \cdot G \cdot h_u & \mid : G \\ \iff & & h_b &= 1{,}2 \cdot h_u & \\ \iff & & h_b &= 1{,}2 \cdot 2{,}1 & \\ \iff & & h_b &= 2{,}52 & \end{aligned}$$

Damit gilt:

$$|\overline{S_u S_b}| = h_u + h_b = 2{,}1 + 2{,}52 = 4{,}62$$

Die Boje hat eine Gesamthöhe von $\underline{\underline{4{,}62\,\text{m}}}$. (4 Pkt.)

5.2 Das Volumen des halbkugelförmigen Bauteils entspricht der Hälfte des Volumens einer Kugel mit Radius r:

$$\begin{aligned} V_{\text{Halbkugel}} &= \frac{1}{2} \cdot V_{\text{Kugel}} \\ &= \frac{1}{2} \cdot \frac{4}{3} \cdot r^3 \cdot \pi \\ &= \frac{1}{2} \cdot \frac{4}{3} \cdot 1{,}5^3 \cdot \pi \\ &\approx 7{,}07 \end{aligned}$$

Eine Halbkugel hat ein Volumen von $7{,}07\,\text{m}^3$. Für das zur Verfügung stehende Material abzüglich des Verschnittes gilt:

$$V_{\text{verfügbar}} = 100 \cdot 0{,}97 = 97$$

Es stehen also $97\,\text{m}^3$ Material zur Verfügung.

$$\frac{V_{\text{verfügbar}}}{V_{\text{Halbkugel}}} = \frac{97}{7{,}07} \approx 13{,}72$$

Es können also $\underline{\underline{13}}$ Bauteile aus dem Lagerbestand gefertigt werden. (3 Pkt.)

5.3 Die Boje besteht aus einer Halbkugel und einem Kegel. Zur Oberfläche der Boje gehört dabei die Oberfläche der Halbkugel und die Mantelfläche des Kegels:

$$O_{\text{Boje}} = O_{\text{Halbkugel}} + M_{\text{Kegel}}$$

Die Oberfläche der Halbkugel entspricht dabei der Hälfte der Oberfläche einer Kugel mit Radius r:

$$O_{\text{Halbkugel}} = \frac{1}{2} \cdot O_{\text{Kugel}}$$

2020

$$\begin{aligned} &= \frac{1}{2} \cdot (4 \cdot r^2 \cdot \pi) \\ &= 2 \cdot 1{,}5^2 \cdot \pi \\ &\approx 14{,}14 \end{aligned}$$

Für die Mantelfläche der Boje wird die Länge der Schräge benötigt, die mithilfe des Satzes des Pythagoras bestimmt werden kann:

$$\begin{aligned} && s^2 &= r^2 + h_K^2 && |\sqrt{\ } \\ \Longleftrightarrow && s &= \sqrt{1{,}5^2 + 4{,}13^2} \\ \Longleftrightarrow && s &= 4{,}39 \end{aligned}$$

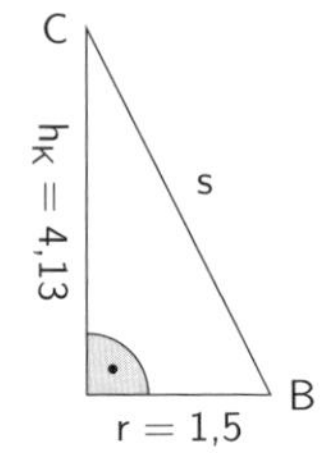

Damit gilt für die Mantelfläche des Kegels:

$$\begin{aligned} M_{Kegel} &= r \cdot s \cdot \pi &&= 1{,}5 \cdot 4{,}39 \cdot \pi \\ &\approx 20{,}69 \end{aligned}$$

Insgesamt ist damit:

$$\begin{aligned} O_{Boje} &= O_{Halbkugel} + M_{Kegel} \\ &= 14{,}14 + 20{,}69 \\ &= 34{,}83 \end{aligned}$$

Pro Boje müssen $\underline{\underline{34{,}83\,m^2}}$ Fläche lackiert werden. (5 Pkt.)

5.4 Der Kegel hat einen Radius von $r = 1{,}5\,m = 150\,cm$ und die Scheibe hat einen Radius von 40 cm. Gemäß dem 2. Strahlensatz gilt dann:

$$\begin{aligned} && \frac{40}{150} &= \frac{h_V}{h_K} && | \cdot h_K \\ \Longleftrightarrow && h_V &= \frac{40}{150} \cdot 4{,}13 \\ \Longleftrightarrow && h_V &\approx 1{,}10 \end{aligned}$$

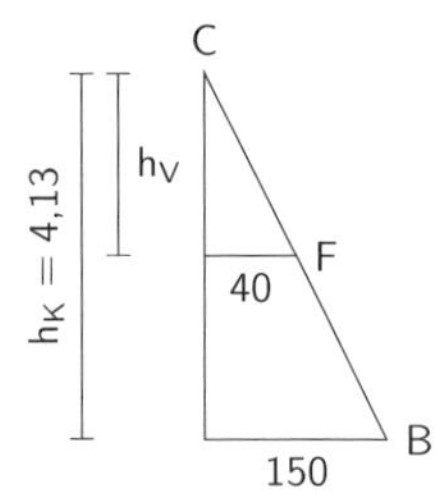

Die Verstrebung hat einen Abstand von $\underline{\underline{h_V = 1{,}10\,m}}$. (3 Pkt.)

Original-Prüfung Mathematik an zwei-, drei- und vierstufigen Wirtschaftsschulen 2021

Block ohne Wahlmöglichkeiten

1 Familie Böck will verreisen. Das Ferienhaus kostet pro Übernachtung 125,00 €. Die Familie bucht sofort und erhält 15 % Rabatt.
Berechnen Sie den Preisnachlass für acht Übernachtungen.

(1 Pkt.)

2 Sohn Tom will in den acht Urlaubstagen nur einen Teil seiner gesparten 300,00 € ausgeben. Er stellt für die Berechnung seiner täglichen Ausgaben den Term $y = -8x + 300$ auf, wobei x die Tagesausgaben sind.
Ermitteln Sie rechnerisch unter Anwendung des Terms, wie hoch Toms tägliche Ausgaben sein dürfen, damit er nach dem Urlaub noch 100,00 € zur Verfügung hat.

(2 Pkt.)

3 Damit die Autofahrt schneller vergeht, stellen sich die Geschwister gegenseitig Rätselaufgaben. Tom zeichnet die Skizze eines Dreiecks.
Begründen Sie, warum das oben dargestellte Dreieck mit den Winkel- und Seitenangaben nicht existieren kann.

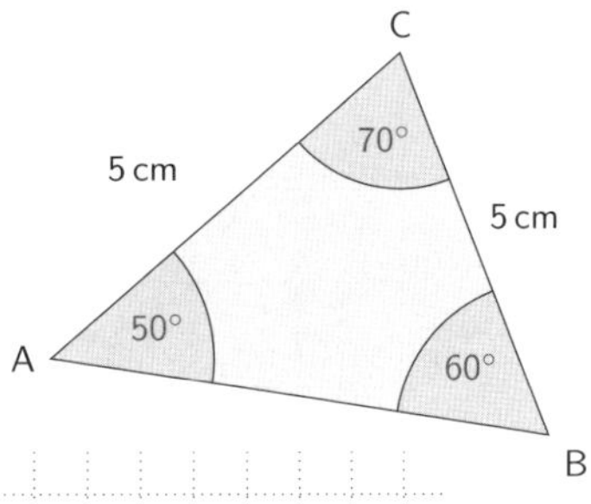

(1 Pkt.)

4 Auf dem Dach der Raststation wird eine neue Photovoltaikanlage installiert. Die Grundkonstruktion des Gebäudes ist als Skizze abgebildet. Für die Planung dieser Anlage benötigt der Betreiber die Dachlänge $\overline{AB}$. Berechnen Sie diese Länge, wenn das Dach auf jeder Seite 75 cm übersteht.

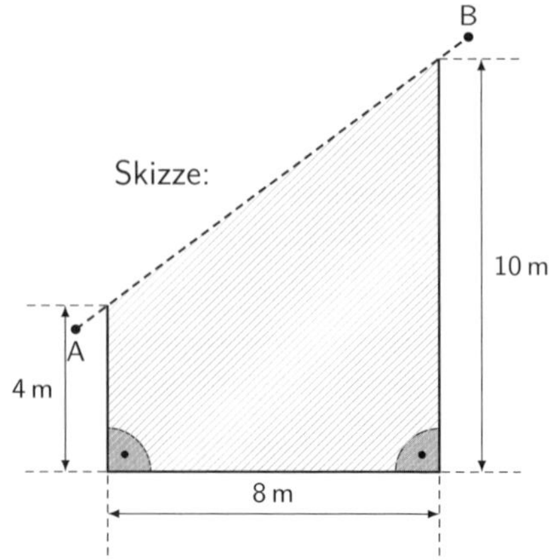

(1 Pkt.)

5 Herr Böck ist Gitarrenbauer und hat sich in den Urlaub etwas Arbeit mitgenommen. Mit einem Geometrie-Programm entwirft er eine neue E-Gitarre. Die obere Linie des Gitarrenkörpers wird an der Funktion f entlang gezeichnet.
Geben Sie an, welche der unten angegebenen Funktionen f entspricht.

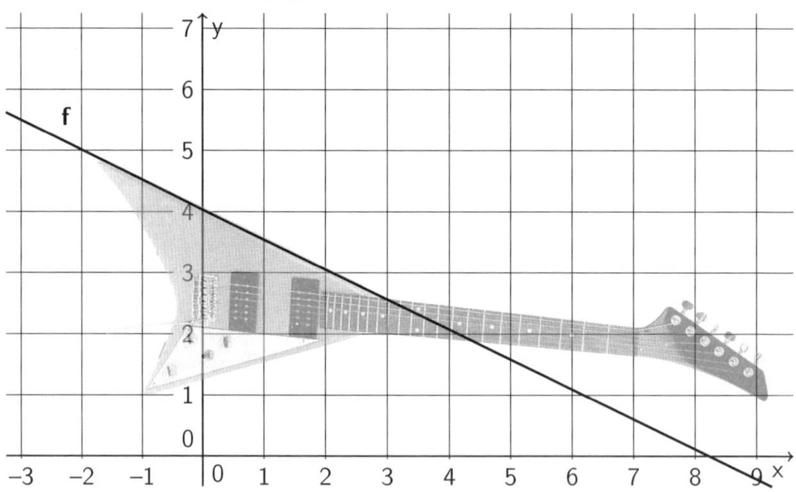

A	B	C	D	Lösung
$y = \frac{1}{2}x + 4$	$y = -0{,}5x - 4$	$y = -0{,}5x + 4$	$y = 0{,}5x - 4$	

(1 Pkt.)

Wahlblock 1

1.1 Herr Böck sorgt sich um die Einbruchssicherheit seines Hauses während der Urlaubszeit. Er installiert eine Alarmanlage mit einem dreistelligen Code. Für jede Ziffer kann Herr Böck eine Zahl von 0 bis 9 auswählen.
Folgendes Baumdiagramm zeigt die Codeeingabemöglichkeiten.

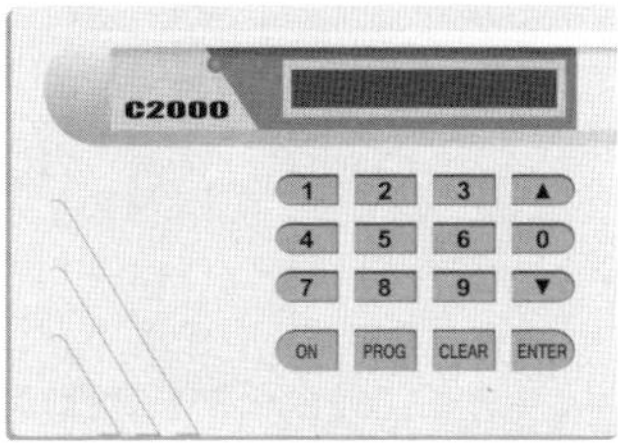

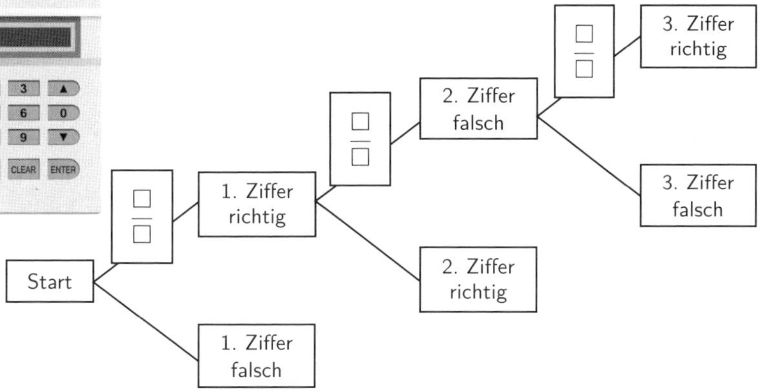

Ergänzen Sie das Baumdiagramm, und bestimmen Sie die Wahrscheinlichkeit, dass ein Einbrecher den Code beim 1. Versuch knackt.

A	B	C	D	Lösung
$\frac{1}{10.000}$	$\frac{3}{1.000}$	$\frac{1}{10^3}$	$1\,\%$	

(2 Pkt.)

1.2 Auf dem Weg in den Urlaub macht die Familie an einer Autobahnraststätte Pause. Dort kauft sich die Tochter Manuela einen Döner. Der Imbiss hat von Dienstag bis Samstag geöffnet. Die Dönerverkaufszahlen sind im nebenstehenden Diagramm pro Tag darstellt.

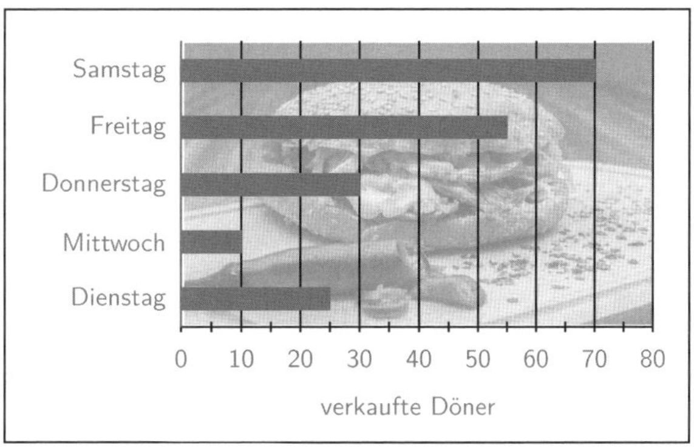

Ermitteln Sie nachvollziehbar,wie viele Döner durchschnittlich pro Tag verkauft werden.

(2 Pkt.)

2021

Wahlblock 2

2.1 Frau Böck lässt sich an der Raststätte in ihren mitgebrachten Becher bis auf 2 cm unter den Rand Kaffee einfüllen. Sie bezahlt dafür 4,10 €.

Kaffee - Preisliste

Kaffee klein	Kaffee groß
300 ml	500 ml
3,10 €	4,10 €

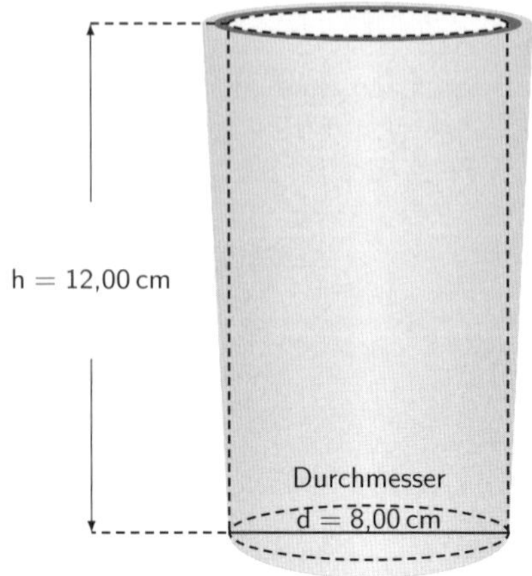

Prüfen Sie durch Rechnung, ob Frau Böck wegen ihres innen zylindrischen Bechers zu viel für den Kaffee bezahlt hat. Rechnen Sie mit $\pi = 3$.

(2 Pkt.)

2.2 Im Urlaub macht die Familie einen Ausflug zu einem Aussichtsturm. Manuela möchte die Höhe des Turms bestimmen. Sie nutzt ihr Wissen über die Strahlensätze und berechnet die Höhe. Manuela ist 160 cm groß.

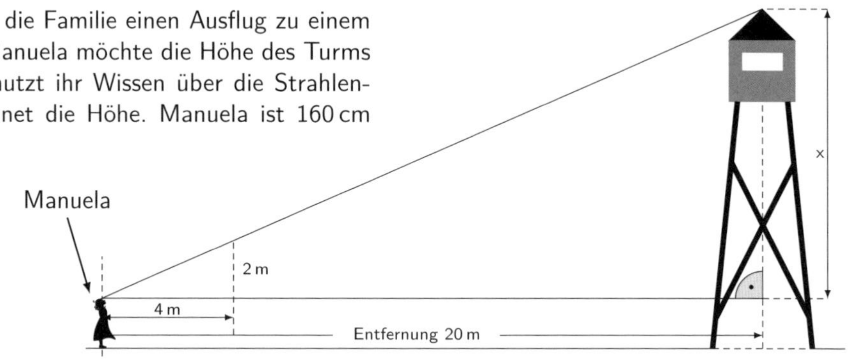

Berechnen Sie die Höhe des Aussichtsturms.

(2 Pkt.)

Wahlblock 3

3.1 Herr Böck lässt sich am Urlaubsort einen Kontoauszug ausdrucken und muss feststellen, dass er sein Girokonto für 60 Tage überzogen hat. Sein Beleg zeigt, dass ihm die Bank 10,00 € Zinsen berechnet.
Der Überziehungszinssatz beträgt 10 %.
Berechnen Sie, mit wie viel Euro sein Konto überzogen ist.

(2 Pkt.)

3.2 Frau Böck stöbert im Urlaub auf ihrer Lieblingsmodeseite im Internet. Dort erhält sie einen Preisnachlass in Höhe von 30 %. Sie kauft sich drei Oberteile und spart somit 36,60 €.
Berechnen Sie, wie viel die drei Bekleidungsteile insgesamt ohne Nachlass gekostet haben.

(2 Pkt.)

Block ohne Wahlmöglichkeiten

1 Für 8 Nächte ergeben sich ohne Rabatt Gesamtkosten von

$$8 \cdot 125\,€ = 1000\,€.$$

Daraus ergibt sich der Gesamtrabatt von 15 %:

Gegeben: Grundwert (G) = 1000 €, Prozentsatz (p) = 15 %=0,15
Gesucht: Prozentwert (P)

Lösung mit Dreisatz:

	Prozent	**Euro**	
	100	$\hat{=}$ 1000	$\mid :100$
$\Longleftrightarrow$	1	$\hat{=}$ 10	$\mid \cdot 15$
$\Longleftrightarrow$	15	$\hat{=}$ 150	

Lösung mit Formel:

$$P = G \cdot p$$
$$= 1000 \cdot 0{,}15 = 150$$

Der Preisnachlass bei acht Übernachtungen beträgt 150 €. (1 Pkt.)

2 Damit am Ende noch 100 € übrig sind, wird der gegebene Term $y = -8x + 300$ gleich 100 gesetzt und umgeformt:

$$100 = -8x + 300 \quad | + 8x$$
$$\Longleftrightarrow \quad 100 + 8x = 300 \quad | - 100$$
$$\Longleftrightarrow \quad 8x = 200 \quad | : 8$$
$$\Longleftrightarrow \quad x = 25$$

Tom sollte jeden Tag maximal 25 € ausgeben. (2 Pkt.)

3 Es sind zwei Seitenlängen zu 5 cm gegeben. Daher handelt es sich bei dem Dreieck ABC um ein gleichschenkliges Dreieck. Bei einem gleichschenkligen Dreieck müssen die Basiswinkel allerdings gleich sein. Diese jedoch sind zu 50° und 60° gegeben, also nicht gleich groß. Daher kann das gegebene Dreieck nicht existieren. (1 Pkt.)

4 Die Schräge (ohne die überstehenden Stücke) kann mithilfe des Satz des Pythagoras aus den gegebenen Größen ermittelt werden (siehe Skizze; Maße in cm):

$$c^2 = (10-4)^2 + 8^2 \quad |\sqrt{}$$
$$\Longleftrightarrow \quad c = \sqrt{6^2 + 8^2}$$
$$\Longleftrightarrow \quad c = \sqrt{100}$$
$$\Longleftrightarrow \quad c = 10$$

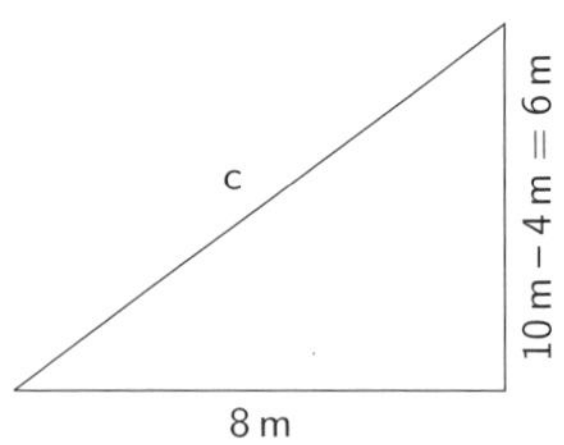

Zu der Länge c kommen noch die zwei überstehenden Stücke mit jeweils 75 cm = 0,75 m Länge, sodass für die Gesamtlänge gilt:

$$10\,m + 2 \cdot 0{,}75\,m = 11{,}50\,m$$

Die Dachlänge beträgt 11,50 m. (1 Pkt.)

5 Die Gerade schneidet die y-Achse bei $y = 4$. Demnach ist der y-Achsenabschnitt gleich 4, sodass nur A und C möglich sind. Da die Gerade zudem fallend ist, muss die Steigung negativ sein. Dies ist bei C der Fall. Demnach ist Lösung C die richtige. (1 Pkt.)

Wahlblock 1

1.1 Da es 10 verschiedene Zahlen sind und jeweils pro Ziffer eine richtig ist, müsste im Baumdiagramm jeweils $\frac{1}{10}$ an den „richtigen“ Zweigen stehen. Die Gesamtwahrscheinlichkeit ergibt sich dann aus dem Produkt der drei Einzelwahrscheinlichkeiten:

$$\frac{1}{10} \cdot \frac{1}{10} \cdot \frac{1}{10} = \frac{1}{10^3}$$

Die richtige Lösung ist C. (2 Pkt.)

1.2 Der durchschnittliche tägliche Verkauf ergibt sich aus dem Verhältnis der insgesamt verkauften Döner geteilt durch die Anzahl der Tage. Die täglichen Anzahlen können dabei aus dem Diagramm abgelesen werden:

$$\frac{\overbrace{25}^{\text{Di}} + \overbrace{10}^{\text{Mi}} + \overbrace{30}^{\text{Do}} + \overbrace{55}^{\text{Fr}} + \overbrace{70}^{\text{Sa}}}{5} = \frac{190}{5} = 38$$

Am Tag werden durchschnittlich 38 Döner verkauft. (2 Pkt.)

Wahlblock 2

2.1 Wenn der Becher bis auf 2 cm unter den Rand gefüllt wird, entspricht dies einer Füllhöhe von $h = 12\,\text{cm} - 2\,\text{cm} = 10\,\text{cm}$. Aus dem gegebenen Durchmesser ergibt sich ein Radius $r = 4\,\text{cm}$. Daher gilt für das Volumen des Bechers:

$$V = r^2 \cdot \pi \cdot h = (4\,\text{cm})^2 \cdot 3 \cdot 10\,\text{cm} = 480\,\text{cm}^3 \mathrel{\hat{=}} 480\,\text{ml}$$

Demnach hat Frau Böck zu viel bezahlt, da sie statt 500 ml nur 480 ml bekommen hat. (2 Pkt.)

2.2 Die Länge x kann mit dem Vierstreckensatz ermittelt werden:

$$\begin{aligned} \frac{x}{2\,\text{m}} &= \frac{20\,\text{m}}{4\,\text{m}} && | \cdot 2\,\text{m} \\ \Longleftrightarrow \quad x &= 20\,4 \cdot 2\,\text{m} \\ \Longleftrightarrow \quad x &= 10\,\text{m} \end{aligned}$$

Zur Länge x wird die Größe von Manuela ($160\,\text{cm} = 1{,}6\,\text{m}$) addiert und es ergibt sich die Höhe des Turmes: $10\,\text{m} + 1{,}6\,\text{m} = 11{,}6\,\text{m}$. Der Turm ist 11,6 m hoch. (2 Pkt.)

Wahlblock 3

3.1 Bei 10 € Zinsen und 10 % Überziehungssatz kann die Summe der Überziehung des Kontos K aus dem Anteil der Tage (60) zum Gesamtjahr (360 Tage) bestimmt werden:

$$\begin{aligned} 10 &= \frac{K \cdot 10 \cdot 60}{100 \cdot 360} && | \cdot (100 \cdot 360) \\ \Longleftrightarrow \quad 10 \cdot 100 \cdot 360 &= K \cdot 10 \cdot 60 && | : (10 \cdot 60) \\ \Longleftrightarrow \quad K &= \frac{10 \cdot 100 \cdot 360}{10 \cdot 60} \\ \Longleftrightarrow \quad K &= 600 \end{aligned}$$

Das Konto ist mit 600 € überzogen. (2 Pkt.)

3.2 Die 30 % entsprechen einem Nachlass von 36,60 €. Der Grundwert kann daraus mithilfe des Dreisatzes oder der Formel ermittelt werden:

Gegeben: Prozentwert (P) = 36,30 €, Prozentsatz (p) = 30 %=0,3
Gesucht: Grundwert (G)

Lösung mit Dreisatz:

	Prozent	**Euro**	
	30 ≙	36,60	| : 3
⟺	10 ≙	12,20	| · 10
⟺	100 ≙	122,00	

Lösung mit Formel:

$$G = \frac{P}{p} = \frac{36{,}60}{0{,}3} = 122$$

Die drei Kleidungsstücke haben ohne Nachlass 122,00 € gekostet. (2 Pkt.)

1 **Finanzmathematik**

Die MM5 GmbH benötigt für die Lagerung ihrer Produkte ein neues Gebäude. Die Kaufsumme dafür beträgt 2.700.000,00 €. Aktuell verfügt die MM5 GmbH über ein Eigenkapital von lediglich 2.400.000,00 €.

1.1 Berechnen Sie, wie viele volle Jahre die MM5 GmbH ihr derzeitiges Eigenkapital bei einem Zinssatz von 1,80 % p. a. anlegen muss, um das neue Gebäude finanzieren zu können. (3 Pkt.)

Herr Marx arbeitet im Außendienst der MM5 GmbH. Von seinem Gehalt überweist er monatlich einen gleichbleibenden Betrag auf sein Sparkonto bei der DIGIBANK (siehe Anlage Seite 10).

1.2 Berechnen Sie den Zinssatz, den die Bank Herrn Marx gewährt. (2 Pkt.)

Die Firma stellt Herrn Marx einen elektrisch angetriebenen Firmenwagen zur Verfügung. Die Kosten des PKW´s betragen abzüglich der E-Auto Prämie 35.000,00 €, die zu einem Zinssatz von 2,00 % finanziert werden. Dazu unterbreitet die DIGIBANK der MM5 GmbH zwei Darlehensvarianten. (siehe Anlage Seite 10)

1.3 Vervollständigen Sie die beiden dazugehörigen Tilgungspläne für die ersten zwei Jahre und benennen Sie das jeweilige Tilgungsverfahren der Bank. (4 Pkt.)

Die Geschäftsführung der MM5 GmbH bevorzugt Angebot 2 mit einer jährlichen Annuität in Höhe von 5.407,92 €. Vertraglich wird ein Sondertilgungsrecht zur vollständigen Rückzahlung des Kredites vereinbart.

1.4 Berechnen Sie die Höhe der Sondertilgung, mit der die MM5 GmbH den Kredit nach fünf Jahren zurückzahlen kann. (2 Pkt.)

In naher Zukunft plant die MM5 GmbH den Umstieg zu rein elektrisch betriebenen Dienstfahrzeugen mit entsprechender Ladeinfrastruktur vor Ort. Dazu baut sie ab dem kommenden Jahr Kapital zur Finanzierung auf.
Zu einem bestehenden Kontoguthaben von 50.000,00 € wird zum 01.01. eines jeden Jahres eine Rate von 16.000,00 € einbezahlt. Die Bank gewährt einen festen Zinssatz von 2,50 %.

1.5 Berechnen Sie nach wie vielen Jahren die Firma frühestens mit dem Umstieg zur E-Mobilität beginnen kann, wenn sie dafür 120.000,00 € benötigt. (4 Pkt.)

Anlage zu 1. Finanzmathematik **Name:** ....

Zu Teilaufgabe 1.2

Kontoauszug vom 01.05.2021 Auszug - Nr. 12 IBAN: DE24 6210 0145 762 5415 81 BIC: DIBADEFF Herrn Matthias Marx Schmausenbuckstr. 30 90480 Nürnberg		**DIGIBANK** USt-IdNr.: DE 115 104 514 Filiale Nürnberg Treibberg 7 90403 Nürnberg
	Kontowährung in €	
Angaben zu den Umsätzen	zu Ihren Lasten	zu Ihren Gunsten
Buchungsdatum 01.04.2021 Matthias Marx Spareinlage Kundenreferenz: 2341 J4JI		**750,00**
Buchungsdatum 30.04.2021 Abrechnungszeitraum vom 01.04.2021 bis 30.04.2021 Zinsentgelt		**1,25**

Zu Teilaufgabe 1.3

Angebot 1	Tilgungsverfahren: ______________________

Jahr	**Restschuld**	**Zinsen**	**Tilgung**	**Annuität**
1	35.000,00 €		5.000,00 €	
2		600,00 €		5.600,00 €

Angebot 2	Tilgungsverfahren: ______________________

Jahr	**Restschuld**	**Zinsen**	**Tilgung**	**Annuität**
1	35.000,00 €	700,00 €		
2	30.292,08 €		4.802,08 €	

2 Funktionaler Zusammenhang

Michael ist ein talentierter Skateboarder. Er möchte mithilfe einer Rampe über die Stufen des Jugendzentrums bis auf die Straße springen.

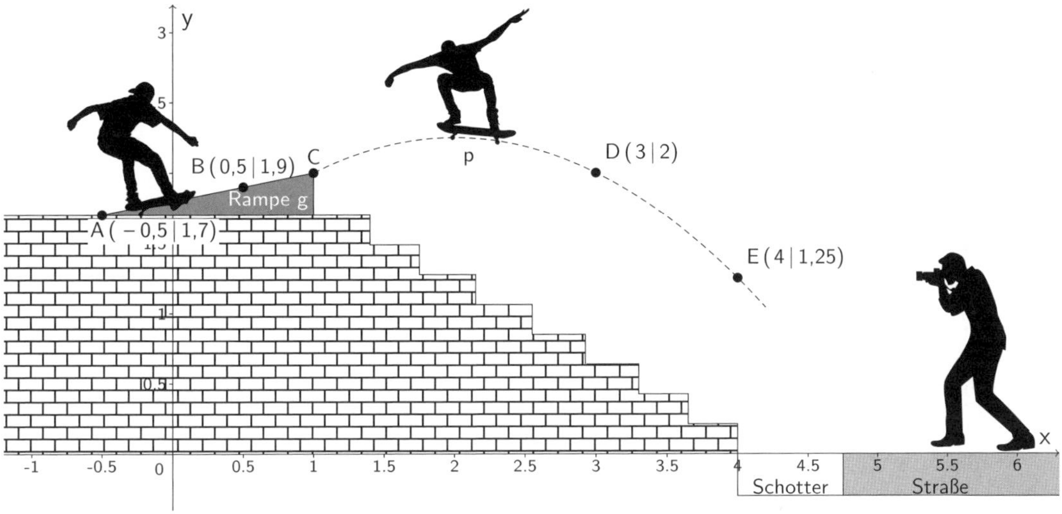

2.1 Bestimmen Sie die Steigung m der geradlinig verlaufenden Rampe g durch die Punkte A (− 0,5 | 1,7) und B (0,5 | 1,9). (2 Pkt.)

Seine Flugbahn kann als parabelförmige Flugkurve p durch die Punkte D (3 | 2) und E (4 | 1,25) mit dem Formfaktor $a = -0{,}25$ dargestellt werden.

2.2 Bestimmen Sie die Funktionsgleichung der Flugparabel p. (4 Pkt.)

Freund Moritz soll Michael bei seinem Sprung fotografieren. Für das optimale Foto müssen vorab noch einige Werte berechnet werden.

2.3 Berechnen Sie die Koordinaten des Absprungpunktes C, wenn die Rampe durch die lineare Funktion $g: y = 0{,}2x + 1{,}8$ dargestellt wird. (4 Pkt.)

2.4 Berechnen Sie die maximale Höhe, die Michael auf seiner Flugbahn gegenüber der Straße erreichen wird. (2 Pkt.)

Damit Michael den Sprung stehen kann, darf er nicht auf dem Schotter am Ende der Stufen aufkommen.

2.5 Zeigen Sie rechnerisch, dass Michael auf der Straße landet, die bei $x = 4{,}75\,\text{m}$ beginnt. (3 Pkt.)

3 Trigonometrie

Im Münchner Olympiapark soll eine neue Touristenattraktion installiert werden. Der Olympiaberg B, das Olympiastadion S und die Schwimmhalle H werden mit Hängebrücken verbunden.

Außerdem sollen zwei Flying-Fox Anlagen gebaut werden. Die Anfängerstrecke verläuft vom Olympiaberg B zum Ufer des Sees Z. Für Fortgeschrittene ist eine Anlage vom Dach des Olympiastadions S ebenfalls zum Ufer Z geplant.

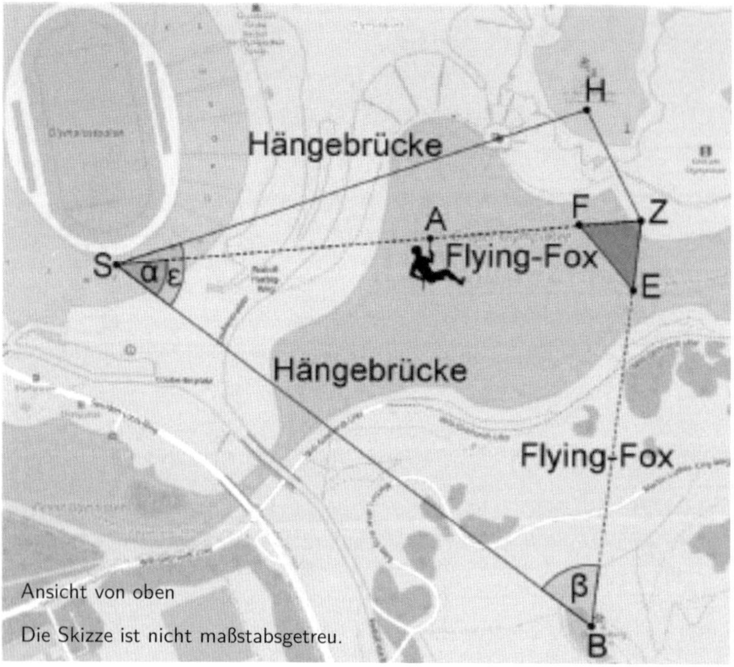

Details zur Anlage:
$|\overline{HZ}| = 140\,\text{m}$
$|\overline{SZ}| = 600\,\text{m}$
$|\overline{HS}| = 565\,\text{m}$
$\alpha = 42{,}03°$
$\beta = 59{,}75°$

Quelle „Karte": (OpenStreetMap)
Quelle „Kletterer": (pixabay - 153613)
Quelle „Skizze": (ISB)

3.1 Berechnen Sie die nötige Gesamtlänge der Seile für beide Flying-Fox Anlagen. (3 Pkt.)

Aus statischen Gründen darf der Öffnungswinkel $\varepsilon \sphericalangle BSH$ zwischen den beiden Hängebrücken nicht größer als 60 ° sein.

3.2 Prüfen Sie rechnerisch, ob diese Bedingung eingehalten wird. (4 Pkt.)

Um Unfällen im Landebereich vorzubeugen, muss das dreieckige Gebiet FEZ abgesperrt werden. Die Anlagenbetreiber messen die Strecken mit $|\overline{FZ}| = 80\,\text{m}$ und $|\overline{EZ}| = 70\,\text{m}$ ab.

3.3 Berechnen Sie den Flächeninhalt dieses Gebietes. (3 Pkt.)

Zur Eröffnung der Anlage möchte der Weltmeister im Klippenspringen seinen eigenen Rekord im freien Fall von 58,80 m überbieten.
Er stoppt im Punkt A, klinkt sich aus und landet sicher im Punkt W.

Sprungdetails:
$|\overline{AS}| = 195{,}50\,\text{m}$
$|\overline{SZ}| = 600\,\text{m}$
$|\overline{WZ}| = 400\,\text{m}$

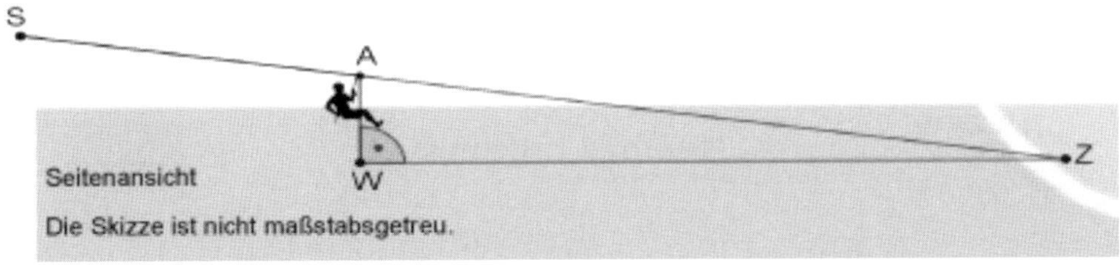

Quelle „Skizze“: (ISB)

3.4 Überprüfen Sie rechnerisch, ob der Weltrekord gebrochen wurde.
(Ergebnis: $|\overline{AW}| = 60{,}17\,\text{m}$ (3 Pkt.)

Damit die Geschwindigkeit für die Benutzer der Anlage nicht zu groß wird, darf das Gefälle des Flying-Fox nicht größer als 16 % sein.

3.5 Zeigen Sie rechnerisch, dass die Vorgabe eingehalten wird. (2 Pkt.)

4 Daten und Zufall

Das vor allem bei Teenagern beliebte Smartphone - Spiel „Taschenmonster GO“ lässt die Nutzer mit den kleinen Monstern anspruchsvolle Duelle austragen. Die SMV einer Wirtschaftsschule veranstaltet ein klassenübergreifendes „Taschenmonster GO“ Turnier und hat hier für alle Schülerinnen und Schüler der 10. und 11. Klassen ihrer Schule befragt, ob sie an diesem Turnier teilnehmen wollen.

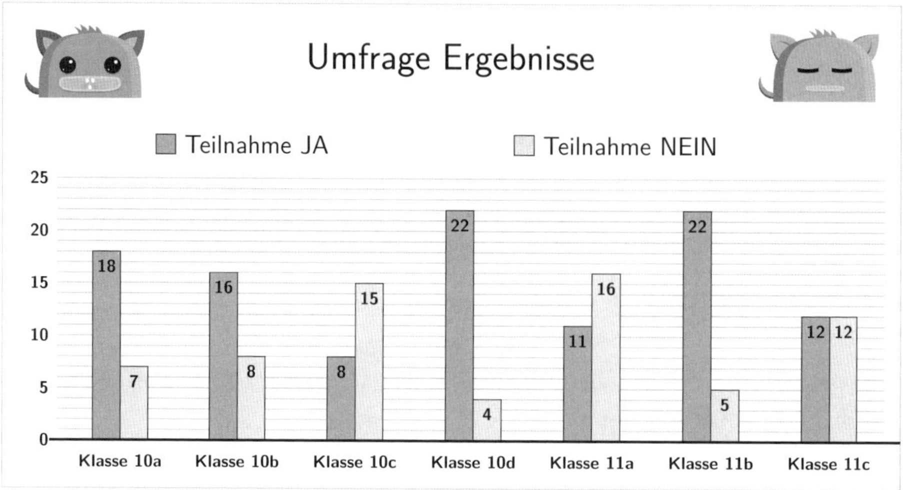

4.1 Bestimmen Sie die absolute Häufigkeit für das Ereignis E_1 :„Eine Schülerin oder ein Schüler der 10. Klasse nimmt nicht am Turnier teil“. (1 Pkt.)

4.2 Bestimmen Sie die relative Häufigkeit für das Ereignis E_2 : „Eine Schülerin oder ein Schüler der 11. Klasse nimmt am Turnier teil“. (2 Pkt.)

Um bei dem Handyspiel erfolgreich zu sein, ist es notwendig, sich im Freien zu bewegen. Je größer die zurückgelegte Strecke, desto wahrscheinlicher ist es, außergewöhnlichen Monstern zu begegnen. Alle 8 Teilnehmer der Klasse 10c haben ihre Tageskilometer in einer Tabelle zusammengefasst.

Max	Anna	Kathrin	Laura	Sevgi	Sami	Luca	Lea
0,80	1,20	2,30	1,40	0,30	21,80	2,70	1,90

4.3 Bestimmen Sie den Median, die Spannweite und das arithmetische Mittel der zurückgelegten Strecken. (Teilergebnis: $\overline{x} = 4{,}05$ km) (4 Pkt.)

4.4 Begründen Sie, weshalb das arithmetische Mittel in diesem Fall keine geeignete Kennzahl für einen Vergleich mit einer anderen Klasse darstellt. (1 Pkt.)

Name:....................................

Das Spiel ist so programmiert, dass das Erscheinen der verschiedenen Taschenmonster während des Aufenthalts im Freien absolut zufällig geschieht. Die Monster werden in drei Arten eingeteilt: Die Basismonster (B), die weiterentwickelten Monster (E) und die legendären Monster (L). Es taucht nur immer jeweils ein Monster auf, wobei sich die Wahrscheinlichkeiten des Erscheinens zwischen den verschiedenen Monsterarten unterscheiden.
Die Klasse 10a hat ein Zufallsexperiment durchgeführt, bei dem sich die Schülerinnen und Schüler die ersten beiden Monster notiert haben.
Folgendes Baumdiagramm zum obigen Sachverhalt wurde erstellt.

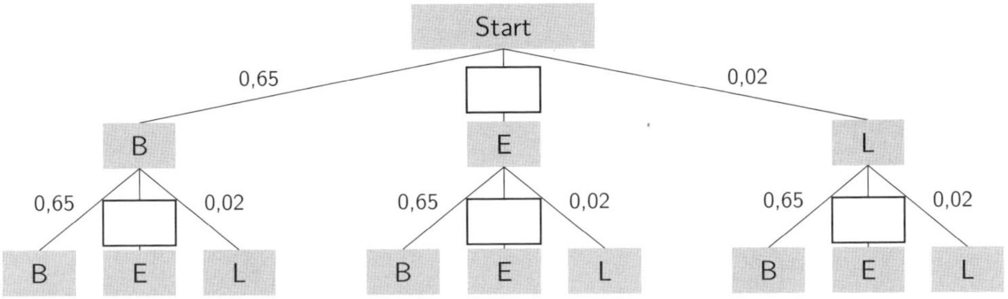

4.5 Vervollständigen Sie die fehlenden Werte des Baumdiagramms. (1 Pkt.)

4.6 Berechnen Sie die prozentuale Wahrscheinlichkeit für das Ereignis E_3: „Die ersten beiden Monster sind Basismonster (B)“. (2 Pkt.)

4.7 Berechnen Sie die prozentuale Wahrscheinlichkeit für das Ereignis E_4: „Bei den ersten beiden Monstern ist mindestens ein legendäres Taschenmonster (L) dabei“. (3 Pkt.)

Der Klassensprecher Georg meint: „Es ist unmöglich, vier Mal hintereinander ein legendäres Taschenmonster zu treffen“.

4.8 Nehmen Sie Stellung zu Georgs Aussage. (1 Pkt.)

5 Raum und Form

Die Firma Windenergy renoviert alte Windmühlen. Das nächste Projekt ist eine zylinderförmige Windmühle mit kegelförmigem Dach (siehe Bild).

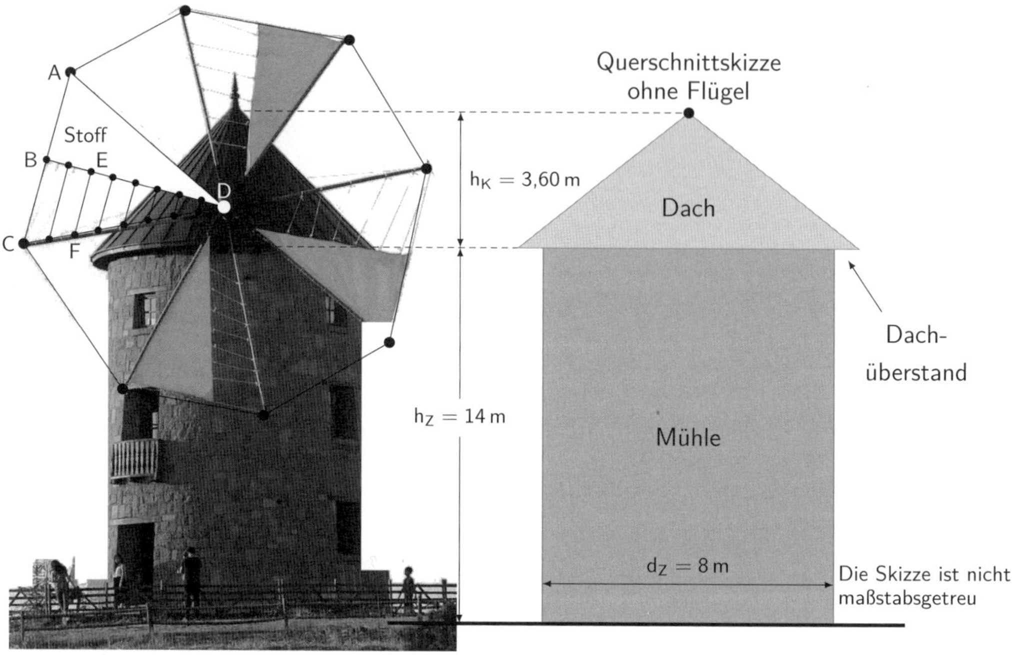

Die Mühle hat einen Durchmesser $d_Z = 8$ m und eine Höhe $h_Z = 14$ m.

5.1 Berechnen Sie, welche Fläche an der Außenfassade der Mühle neu verputzt werden muss, wenn 15 % davon Fenster und Türen sind. (3 Pkt.)

Laut altem Bauplan beträgt das Volumen des kegelförmigen Dachraums 66,50 m^3.

5.2 Berechnen Sie, wie weit das Dach an jeder Seite der Mühle übersteht (Dachüberstand). (Zwischenergebnis $r_K = 4{,}20$ m) (3 Pkt.)

5.3 Berechnen Sie die gesamte Fläche des zu sanierenden Daches. (3 Pkt.)

Zur Trockenlegung der Mauern muss rund um den Hauptbau ein 0,5 m breiter und 1 m tiefer kreisrunder Graben ausgehoben und mit Kies befüllt werden (siehe Skizze).

5.4 Berechnen Sie, wie viel m^3 Kies zur vollständigen Befüllung des Grabens notwendig ist. (3 Pkt.)

Die Skizze ist nicht maßstabsgetreu.

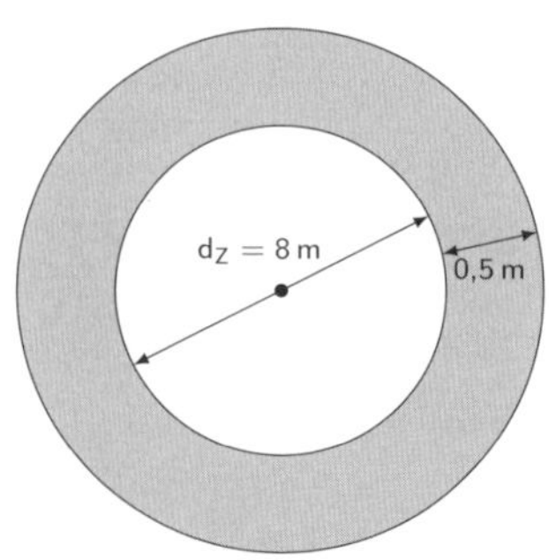

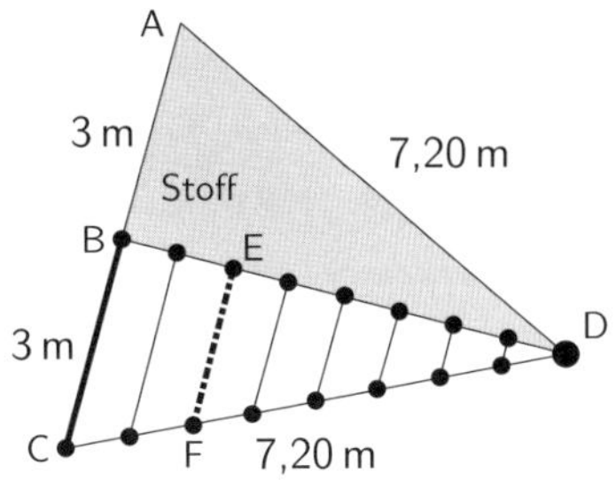

Die Skizze ist nicht maßstabsgetreu.

Die Flügel der Windmühle bestehen aus gleichschenkligen Dreiecken ACD. Einige davon sind zur Hälfte mit Stoff bespannt. Durch die andere Hälfte sind parallel zur Grundlinie Schnüre gezogen. Diese sind in acht gleichmäßigen Abständen an der Strecke $\overline{CD}$ bzw. $\overline{BD}$ befestigt (siehe Bild). Die Schnur zwischen den Punkten E und F ist abgerissen und muss ersetzt werden.

5.5 Berechnen Sie die Länge der Schnur $\overline{EF}$. (3 Pkt.)

1 Finanzmathematik

1.1 Wie viele volle Jahre die MM5 GmbH ihr derzeitiges Eigenkapital anlegen muss, wird folgendermaßen berechnet:

$$
\begin{aligned}
K_n &= K_0 \cdot q^n \\
2.700.000{,}00 &= 2.400.000{,}00 \cdot 1{,}018^n \quad &| : 2.400.000{,}00 \\
\frac{2.700.000{,}00}{2.400.000{,}00} &= 1{,}018^n \quad &| : \log \\
\Longleftrightarrow \quad n &= \log_{1{,}018}\left(\frac{27}{24}\right) \\
\Longleftrightarrow \quad n &= 6{,}60
\end{aligned}
$$

Das Eigenkapital muss 7 volle Jahre angelegt werden. (3 Pkt.)

1.2 Den Zinssatz, den Herr Marx von seiner Bank gewährt bekommt, berechnen.

$$
\begin{aligned}
Z &= \frac{K \cdot p \cdot t}{100 \cdot 360} \quad &| \cdot (100 \cdot 360) \\
Z \cdot 100 \cdot 360 &= K \cdot p \cdot t \quad &| : (p \cdot t) \\
p &= \frac{Z \cdot 100 \cdot 360}{K \cdot t} \quad &\text{(einsetzen der Werte)} \\
\Longleftrightarrow \quad p &= \frac{1{,}25 \cdot 100 \cdot 360}{750{,}00 \cdot 30} \\
\Rightarrow \quad p &= 2{,}00\,\%
\end{aligned}
$$

Den Zinssatz, den die Bank Herrn Marx gewährt, beträgt 2,00 % p. a.. (2 Pkt.)

1.3 Die vorhandenen Tilgungspläne in der Anlage sollen vervollständigt werden.

Angebot 1	Tilgungsverfahren: Ratentilgung

Die Werte in den grau hinterlegten Zellen sind gegebene Werte:

Alle Werte in Euro

Jahr	Restschuld	Zinsen	Tilgung	Annuität
1	35.000,00	$= \frac{\overset{K}{35.000{,}00} \cdot \overset{p}{2{,}00} \cdot \overset{t}{360}}{100 \cdot 360}$ =700,00	5.000,00	$(\overset{\text{Tilgung}}{5.000{,}00} + \overset{\text{Zinsen}}{700{,}00})$ =5.700,00
2	$= \frac{\overset{Z}{600{,}00} \cdot 100 \cdot 360}{\overset{p}{2{,}00} \cdot \overset{t}{360}}$ =30.000,00	600,00	$(\overset{\text{Annuität}}{5.600{,}00} - \overset{\text{Zinsen}}{600{,}00})$ =5.000,00	5.600,00

Angebot 2	Tilgungsverfahren: Annuitätentilgung

Alle Werte in Euro

Jahr	Restschuld	Zinsen	Tilgung	Annuität
1	35.000,00	700,00	$\overset{\text{Restschule1}}{(35.000{,}00}-\overset{\text{Restschuld2}}{30.292{,}08)}$ =4.707.,92	$\overset{\text{Tilgung}}{(4.707{,}92}+\overset{\text{Zinsen}}{700{,}00)}$ =5.407,92
2	30.292,08	$=\frac{\overset{K}{30.292{,}08}\cdot\overset{p}{2{,}00}\cdot\overset{t}{360}}{100\cdot 360}$ =605,84	4.802,08	$\overset{\text{Zinsen}}{(605{,}84}+\overset{\text{Tilgung}}{4.802{,}08)}$ =5.407,92

(4 Pkt.)

1.4 Die Geschäftsführung der MM5 GmbH bevorzugt das Angebot 2 mit einer jährlichen Annuität in Höhe von 5.407,92 € und nicht ein vertraglich vereinbartes Sondertildungsrecht in Anspruch, damit der Kredit nach 5 Jahren vollständig zurückbezahlt ist.
Es wird eine Annuitätentilgung mit Restschuld am Ende des v-ten Jahren angewandt.

$$K_v = K_0 \cdot q^v - \frac{A \cdot (q^v - 1)}{q - 1}$$

$$K_5 = 35.000{,}00 \cdot 1{,}02^5 - \frac{5.407{,}92 \cdot (1{,}02^5 - 1)}{1{,}02 - 1}$$

$$\Longleftrightarrow K_5 = 10.499{,}80\,€$$

Die Höhe der Sondertilgung nach 5 Jahren beträgt 10.499,80 €. (2 Pkt.)

1.5 Die Geschäftsführung der MM5 GmbH baut in den kommenden Jahren, beginnend mit 50.000,00 € und einer jährlichen Rate am 01.01. von 16.000,00 € Kapital auf, bis 120.000,00 € erreicht sind. Die Frage ist, wann der Zeitpunkt erreicht wird.
Es handelt sich um eine vorschüssige Kapitalmehrung.

$$K_n = K_0 \cdot q^n + r \cdot q \cdot \frac{q^n - 1}{q - 1}$$

$$120.000{,}00 = 50.000{,}00 \cdot 1{,}025^n + 16.000{,}00 \cdot 1{,}025 \cdot \frac{1{,}025^n - 1}{1{,}025 - 1}$$

$$120.000{,}00 = 50.000{,}00 \cdot 1{,}025^n + 656.000{,}00 \cdot (1{,}025^n - 1)$$

$$120.000{,}00 = 50.000{,}00 \cdot 1{,}025^n + 656.000{,}00 \cdot 1{,}025^n - 656.000{,}00 \qquad | + 656.000{,}00$$

$$776.000{,}00 = 1{,}025^n \cdot (50.000{,}00 + 656.000{,}00) \qquad | : (50.000{,}00 + 656.000{,}00)$$

$$\frac{776.000{,}00}{706.000{,}00} = 1{,}025^n \qquad |\log()$$

$$\Longleftrightarrow \quad n = \log_{1{,}025}\left(\frac{776}{706}\right)$$

$$\Longleftrightarrow \quad n = 3{,}83 \text{ Jahre}$$

Die MM5 GmbH kann frühestens nach vier Jahren mit der Umsetzung ihrer Pläne zur E-Mobiltät beginnen. (2 Pkt.)

2 Funktionaler Zusammenhang

2.1 Die Steigung der Gerade wird aus den Koordinaten der Punkte A(– 0,5 | 1,7) und B(0,5 | 1,9) bestimmt. Für den Anstieg der Gerade gilt:

$$\begin{aligned} m &= \frac{y_B - y_A}{x_B - x_A} \\ &= \frac{1{,}9 - 1{,}7}{0{,}5 - (-0{,}5)} \\ &= 0{,}2 \end{aligned}$$

Die Steigung lautet: $\underline{\underline{m = 0{,}2}}$. (2 Pkt.)

2.2 Die allgemeine Form einer Parabel lautet $y = ax^2 + bx + c$. Mit der Vorgabe von $a = -0{,}25$ ist demnach $y = -0{,}25x^2 + bx + c$. Durch Einsetzen der Koordinaten der Punkte D(3 | 2) und E(4 | 1,25) ergeben sich zwei Gleichungen, die entsprechend umgeformt werden können:

$$\begin{aligned} &(\text{I}) & 2 &= -0{,}25 \cdot 3^2 + b \cdot 3 + c & \\ &\Longleftrightarrow & 2 &= -2{,}25 + 3b + c & &| + 2{,}25 \\ &\Longleftrightarrow & 4{,}25 &= 3b + c & \\ &(\text{II}) & 1{,}25 &= -0{,}25 \cdot 4^2 + b \cdot 4 + c & \\ &\Longleftrightarrow & 1{,}25 &= -4 + 4b + c & &| + 4 \\ &\Longleftrightarrow & 5{,}25 &= 4b + c & &| - 4b \\ &\Longleftrightarrow & c &= 5{,}25 - 4b & \end{aligned}$$

Der aus Gleichung (II) bestimmte Term für c kann nun in Gleichung (I) eingesetzt werden:

$$\begin{aligned} & & 4{,}25 &= 3b + 5{,}25 - 4b & \\ &\Rightarrow & 4{,}25 &= -b + 5{,}25 & &- 5{,}25 \\ &\Longleftrightarrow & -1 &= -b & &| \cdot (-1) \\ &\Longleftrightarrow & b &= 1 & \end{aligned}$$

Dies kann nun wiederum in c eingesetzt werden:

$$c = 5{,}25 - 4 \cdot 1 = 1{,}25$$

Die allgemeine Form der Parabel lautet $\underline{\underline{y = -0{,}25x^2 + x + 1{,}25}}$. (4 Pkt.)

2.3 Die Koordinate des Absprungpunktes C ist auch der Schnittpunkt mit der Parabel p. Durch Gleichsetzen beider Funktionen und mithilfe der Lösungsformel werden die Koordinaten des Absprungpunktes ermittelt.

$$\begin{aligned} p(x) &= g(x) & \\ -0{,}25x^2 + x + 1{,}25 &= 0{,}2x + 1{,}8 & &| - 0{,}2x - 1{,}8 \\ -0{,}25x^2 + 0{,}8x - 0{,}55 &= 0 & \\ \Longleftrightarrow \quad x_{1;2} &= \frac{-0{,}8 \pm \sqrt{0{,}8^2 - 4 \cdot (-0{,}25) \cdot (-0{,}55)}}{2 \cdot (-0{,}25)} & \end{aligned}$$

$$\iff \quad x_{1;2} = \frac{-0{,}8 \pm \sqrt{0{,}64 - 0{,}55}}{-0{,}5}$$
$$\iff \quad x_{1;2} = \frac{-0{,}8 \pm 0{,}3}{-0{,}5}$$
$$\iff x_1 = 1 \quad \text{oder} \quad (x_2 = 2{,}2)$$

Dabei kommt (z.B. im Vergleich mit der Abbildung) nur $x_1 = 1$ als Lösung in Frage. $x_1 = 1$ in die Geradengleichung $g : y = 0{,}2x + 1{,}8$ einsetzen, ergibt die y-Koordinate vom Punkt C.

$$y = 0{,}2 \cdot 1 + 1{,}8 = 2 \quad \Rightarrow \quad C(1\,|\,2)$$

Der Absprungpunkt befindet sich bei $\underline{\underline{C(1\,|\,2)}}$. (4 Pkt.)

2.4 Die maximale Höhe, die Michael auf seiner Flugbahn gegenüber der Straße erreichen wird, ist die y-Koordinate des Scheitelpunktes. Um diese zu bestimmen, kann die quadratische Funktion entweder in Scheitelpunktform gebracht werden (quadr. Ergänzung als Alternative) oder es wird die Formel verwendet:

quadr. Ergänzung (als Alternative)

$$\begin{aligned} y &= -0{,}25x^2 + x + 1{,}25 \\ &= -0{,}25(x^2 - 4x - 5) \\ &= -0{,}25(x^2 - 2 \cdot 2x + 2^2 - 2^2 - 5) \\ &= -0{,}25(x^2 - 2 \cdot 2x + 2^2 - 9) \\ &= -0{,}25(x^2 - 2 \cdot 2x + 2^2) + 2{,}25 \\ &= -0{,}25(x - 2)^2 + 2{,}25 \end{aligned}$$

Formel

$a = -0{,}25;\ b = 1;\ c = 1{,}25$

$$\mathbf{S}\left(-\frac{\mathbf{b}}{\mathbf{2a}}\,\middle|\,\mathbf{c} - \frac{\mathbf{b}^2}{\mathbf{4a}}\right)$$
$$S\left(-\frac{2}{2 \cdot (-0{,}25)}\,\middle|\,1{,}25 - \frac{1^2}{4 \cdot (-0{,}25)}\right)$$
$$S(2\,|\,2{,}25)$$

Die maximale Flughöhe ist demnach $\underline{\underline{2{,}25\,\text{m}}}$. (2 Pkt.)

2.5 Es soll gezeigt werden, dass Michael auf der Straße landet, die bei $x = 4{,}75$ beginnt. Um diese zu bestimmen, werden die Nullstellen der quadratische Funktion gesucht.

$$-0{,}25x^2 + x + 1{,}25 = 0$$
$$\iff \quad x_{1;2} = \frac{-1 \pm \sqrt{1^2 - 4 \cdot (-0{,}25) \cdot 1{,}25}}{2 \cdot (-0{,}25)}$$
$$\iff \quad x_{1;2} = \frac{-1 \pm \sqrt{1 + 1{,}25}}{-0{,}5}$$
$$\iff \quad x_{1;2} = \frac{-1 \pm 1{,}5}{-0{,}5}$$
$$\iff (x_1 = -1) \quad \text{oder} \quad x_2 = 5$$

Die relevante Lösung ist hier $x = 5$, aus welcher sich ergibt, dass Michael auf der Straße landet, da diese bereits bei $x = 4{,}75$ beginnt. (3 Pkt.)

3 Trigonometrie

3.1 Die Gesamtlänge entspricht der Länge der beiden Flying-Fox-Anlagen, also $\overline{SZ}$ und $\overline{BZ}$. Dabei ist $|\overline{SZ}| = 600\,\text{m}$ gegeben. Die Länge $|\overline{BZ}|$ kann mit dem Sinussatz im Dreieck SBZ bestimmt werden:

$$\frac{|\overline{BZ}|}{\sin\alpha} = \frac{|\overline{SZ}|}{\sin\beta} \quad | \cdot \sin\alpha$$

$$\Longleftrightarrow \quad |\overline{BZ}| = \frac{600\,\text{m} \cdot \sin(42{,}03^\circ)}{\sin(59{,}75^\circ)}$$

$$\Longleftrightarrow \quad |\overline{BZ}| = 456{,}03\,\text{m}$$

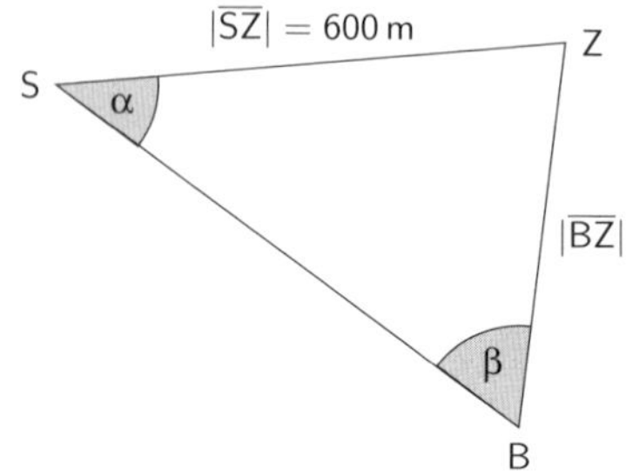

Damit kann die Gesamtlänge der Seile ermittelt werden:

$$|\overline{SZ}| + |\overline{BZ}| = 600\,\text{m} + 456{,}03\,\text{m} = 1056{,}03\,\text{m}$$

Die Gesamtlänge der Seile beträgt $\underline{\underline{1056{,}03\,\text{m}}}$. (3 Pkt.)

3.2 Der Winkel ε soll überprüft werden. Dieser setzt sich zusammen aus $\alpha = 42{,}03^\circ$ und dem Winkel $\sphericalangle ZSH$. Um diesen zu ermitteln wird im Dreieck SZH der Kosinussatz verwendet (Maße in cm):

$$|\overline{HZ}|^2 = |\overline{HS}|^2 + |\overline{SZ}|^2 - 2 \cdot |\overline{HS}| \cdot |\overline{SZ}| \cdot \cos\sphericalangle ZSH \quad | -(|\overline{HS}|^2 + |\overline{SZ}|^2)$$

$$\Longleftrightarrow \quad -2 \cdot |\overline{HS}| \cdot |\overline{SZ}| \cdot \cos\sphericalangle ZSH = |\overline{HZ}|^2 - \overline{HS}|^2 - |\overline{SZ}|^2$$

$$\Longleftrightarrow \quad -2 \cdot 565 \cdot 600 \cdot \cos\sphericalangle ZSH = 140^2 - 565^2 - 600^2 \quad | \cdot (-1)$$

$$\Longleftrightarrow \quad 2 \cdot 565 \cdot 600 \cdot \cos\sphericalangle ZSH = -140^2 + 565^2 + 600^2 \quad | : (2 \cdot 565 \cdot 600)$$

$$\Longleftrightarrow \quad \cos\sphericalangle ZSH = \frac{600^2 + 565^2 - 140^2}{2 \cdot 565 \cdot 600}$$

$$\Rightarrow \quad \sphericalangle ZSH = 13{,}37^\circ$$

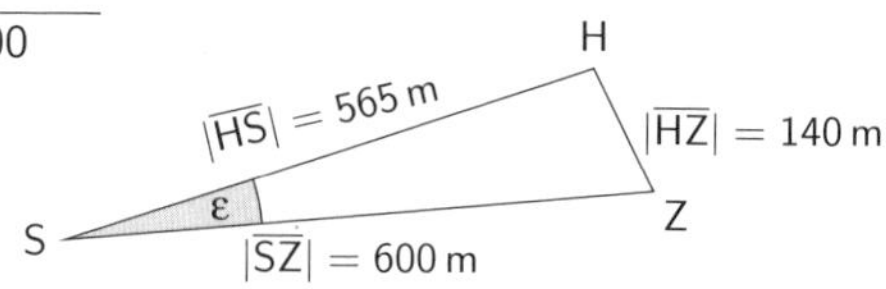

Daraus folgt für den gesuchten Winkel:

$$\varepsilon = \alpha + \sphericalangle ZSH = 42{,}03^\circ + 13{,}37^\circ = 55{,}40^\circ$$

Die geforderte Bedingung wird demnach eingehalten. (4 Pkt.)

3.3 Der gesuchte Flächeninhalt ergibt sich aus den Längen der gegebenen Seiten und dem eingeschlossenen Winkel $\sphericalangle FZE$:

$$A_{FEZ} = \frac{1}{2} \cdot |\overline{EZ}| \cdot |\overline{FZ}| \cdot \sin\sphericalangle FZW$$

Für den unbekannten Winkel gilt $\sphericalangle FZW = \sphericalangle SZB$. Die Größe dieses Winkels ergibt sich aus der Innenwinkelsumme im Dreieck SBZ:

$$\alpha + \beta + \sphericalangle SZB = 180^\circ \quad -(\alpha + \beta)$$

$$\Longleftrightarrow \quad \sphericalangle SZB = 180^\circ - 42{,}03^\circ - 59{,}75^\circ$$

$$\Longleftrightarrow \quad \sphericalangle SZB = 78{,}22^\circ$$

Damit können alle Größen in die Formel des Flächeninhaltes eingesetzt werden:

$$\begin{aligned} A_{FEZ} &= \frac{1}{2} \cdot |\overline{EZ}| \cdot |\overline{FZ}| \cdot \sin \sphericalangle FZW \\ &= \frac{1}{2} \cdot 70\,\text{m} \cdot 80\,\text{m} \cdot \sin(78{,}22°) \\ &= 2741{,}03\,\text{m}^2 \end{aligned}$$

Der Flächeninhalt des abgesperrten Gebietes beträgt $\underline{\underline{2741{,}03\,\text{m}^2}}$. (3 Pkt.)

3.4 Aus den gegebenen Längen folgt:

$$|\overline{AS}| + |\overline{AZ}| = |\overline{SZ}| \quad \Longleftrightarrow \quad |\overline{AZ}| = |\overline{SZ}| - |\overline{AS}| = 600\,\text{m} - 195{,}50\,\text{m} = 404{,}50\,\text{m}$$

Im Dreieck WZA kann dann der Satz des Pythagoras verwendet werden (Maße in cm):

$$\begin{aligned} & |\overline{AW}|^2 + |\overline{WZ}|^2 = |\overline{AZ}|^2 && | - |\overline{WZ}|^2 \\ \Longleftrightarrow\ & |\overline{AW}|^2 = 404{,}5^2 - 400^2 && |\sqrt{\ } \\ \Longleftrightarrow\ & |\overline{AW}| = \sqrt{404{,}5^2 - 400^2} \\ \Longleftrightarrow\ & |\overline{AW}| = 60{,}17 \end{aligned}$$

Mit einer Fallstrecke von $\underline{\underline{60{,}17\,\text{m}}}$ wurde der bisherige Rekord gebrochen. (3 Pkt.)

3.5 Das Gefälle ergibt sich aus dem Verhältnis von Änderung in y- und in x-Richtung:

$$\frac{|\overline{AW}|}{|\overline{WZ}|} \cdot 100\,\% = \frac{60{,}17}{400} \cdot 100\,\% = 15{,}04\,\%$$

Das Gefälle ist mit $\underline{\underline{15{,}04\,\%}}$ nicht größer als 16 %. Demnach wird die Vorgabe eingehalten. (2 Pkt.)

4 Daten und Zufall

4.1 Die absolute Häufigkeit, dass eine Schülerin oder ein Schüler der 10. Klasse nicht am Turnier teilnimmt, soll berechnet werden.
Hierzu werden die Schülerinnen und Schüler, die bei Teilnahme NEIN angegeben haben und in einer der 10. Klassen sind, zusammenaddiert.

$$7 + 8 + 15 + 4 = 34$$

Es nehmen an dem Turnier insgesamt $\underline{\underline{H(E_1) = 34}}$ Schülerinnen und Schüler der 10. Klasse nicht teil. (1 Pkt.)

4.2 Die relative Häufigkeit, dass eine Schülerin oder ein Schüler der 11. Klasse am Turnier teilnimmt, soll berechnet werden.
Hierzu werden die Schülerinnen und Schüler, die bei Teilnahme JA angegeben sind, zusammenaddiert und durch die Anzahl aller Schüler der 11. Klasse dividiert:

$$h(E_2) = \frac{11 + 22 + 12}{11 + 16 + 22 + 5 + 12 + 12} = \frac{45}{78} = 0{,}58$$

Die relative Häufigkeit der Schülerinnen und Schüler der 11. Klasse, die am Turnier teilnehmen, ist $\underline{\underline{h(E_2) = 0{,}58}}$. (2 Pkt.)

4.3 Um den Median zu bestimmen werden die Werte in km aufsteigend sortiert und dann der mittlere/die beiden mittleren Werte betrachtet:

0,30; 0,80; 1,20; **1,40**; **1,90**; 2,30; 2,70; 21,80

Der Median ergibt sich dann aus dem Mittel dieser beiden Werte:

$$x_{med} = \frac{1{,}40 + 1{,}90}{2} = \underline{\underline{1{,}65\,\text{km}}}$$

Die Spannweite R ist die Differenz zwischen dem höchsten und dem niedrigsten Wert.

$$R = 21{,}80 - 0{,}30 = \underline{\underline{21{,}50\,\text{km}}}$$

Das arithmetische Mittel der zurückgelegten Strecken x ergibt sich aus der Summe der Werte geteilt durch deren Anzahl:

$$\overline{x} = \frac{0{,}30 + 0{,}80 + 1{,}20 + 1{,}40 + 1{,}90 + 2{,}30 + 2{,}70 + 21{,}80}{8} = \underline{\underline{4{,}05\,\text{km}}}$$

(4 Pkt.)

4.4 Das arithmetische Mittel ist in diesem Fall für einen Vergleich nicht geeignet, da die 21,80 km das Ergebnis aufgrund der hohen Differenz verfälschen. (1 Pkt.)

4.5 Die Pfadwahrscheinlichkeiten von B und L sind bereits gegeben. Da sich alle Pfadwahrscheinlichkeiten zu 1 ergänzen müssen, kann daraus die fehlende Wahrscheinlichkeit P(E) bestimmt werden:

$$0{,}65 + P(E) + 0{,}02 = 1 \quad \Longleftrightarrow \quad P(E) = 1 - 0{,}65 - 0{,}02 = 0{,}33$$

Mit diesen Werten kann das Baumdiagramm ergänzt werden.

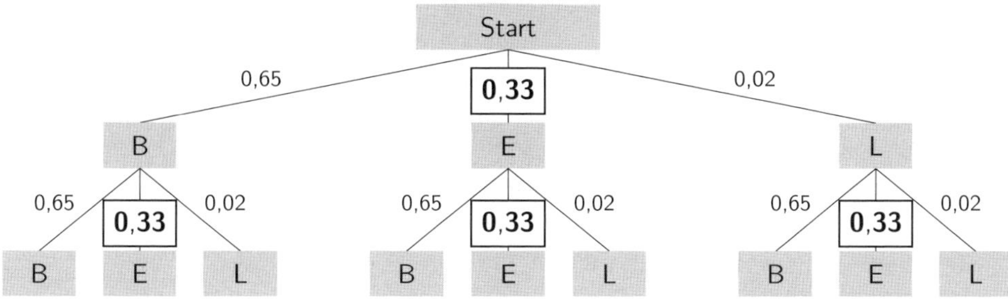

(1 Pkt.)

4.6 Das die ersten beiden Monster Basismonster sind, entspricht dem Pfad BB. Gemäß der Pfadregeln kann die Wahrscheinlichkeit für das Ereignis E_3 bestimmt werden:

$$P(E_3) = 0{,}65 \cdot 0{,}65 = 0{,}4225 = \underline{\underline{42{,}45\,\%}}$$

(2 Pkt.)

4.7 Dieses Ereignis entspricht allen Pfaden, bei denen mindestens ein L enthalten ist, also BL, EL, LB, LE und LL. Für die Wahrscheinlichkeit gilt:

$$\begin{aligned} P(E_4) &= P(BL) + P(EL) + P(LB) + P(LE) + P(LL) \\ &= 0{,}65 \cdot 0{,}02 + 0{,}33 \cdot 0{,}02 + 0{,}02 \cdot 0{,}65 + 0{,}02 \cdot 0{,}33 + 0{,}02 \cdot 0{,}02 \\ &= 0{,}0396 \mathrel{\hat{=}} \underline{\underline{3{,}96\,\%}} \end{aligned}$$

(3 Pkt.)

4.8 Die Wahrscheinlichkeit, dass die eintritt ist zwar sehr klein, aber nicht null. Daher ist es nicht unmöglich, aber sehr unwahrscheinlich viermal hintereinander ein legendäres Taschenmonster zu treffen. (1 Pkt.)

5 Raum und Form

5.1 Zunächst wird die Mantelfläche M_Z des Zylinders der Mühle bestimmt:

$$M_Z = d_Z \cdot \pi \cdot h_Z = 8\,\text{m} \cdot \pi \cdot 14\,\text{m} = 351{,}86\,\text{m}^2$$

Diese Fläche entspricht 100 % der Außenfassade. Da von dieser nun aber 15 % auf Türen und Fenster entfallen, müssen nur 85 % verputzt werden:

Gegeben: Grundwert (G) = 351,86 m², Prozentsatz (p) = 85 %=0,85
Gesucht: Prozentwert (P)

Lösung mit Dreisatz:

	Prozent	**m²**	
	100	$\hat{=}$ 351,86	$\mid : 100$
$\Longleftrightarrow$	1	$\hat{=}$ 3,5186	$\mid \cdot 85$
$\Longleftrightarrow$	85	$\hat{=}$ 299,08	

Lösung mit Formel:

$$\begin{aligned} P &= G \cdot p \\ &= 351{,}86 \cdot 0{,}85 = 299{,}08 \end{aligned}$$

Es müssen <u>299,08 m²</u> neu verputzt werden. (3 Pkt.)

5.2 Aus dem gegebenen Volumen kann zunächst der Radius der Grundfläche des Kegels bestimmt werden (Maße in m):

$$\begin{aligned} & V_K = \frac{1}{3} \cdot r_K^2 \cdot \pi \cdot h_K \\ \Longleftrightarrow\quad & 66{,}50 = \frac{1}{3} \cdot r_K^2 \cdot \pi \cdot 3{,}60 && \mid : (\pi \cdot 3{,}60) \\ \Longleftrightarrow\quad & \frac{66{,}50}{\pi \cdot 3{,}60} = \frac{1}{3} \cdot r_K^2 && \mid \cdot 3 \\ \Longleftrightarrow\quad & \frac{3 \cdot 66{,}50}{\pi \cdot 3{,}60} = r_K^2 && \mid \sqrt{} \\ \Longleftrightarrow\quad & r_K = \sqrt{\frac{3 \cdot 66{,}50}{\pi \cdot 3{,}60}} \\ \Longleftrightarrow\quad & r_K = 4{,}20 \end{aligned}$$

Der Radius des Kegels beträgt demnach 4,20 m. Der Zylinder darunter hat einen Durchmesser von 8 m und demnach einen Radius von 4 m. Der Dachüberstand beträgt also

$$r_K - r_Z = 4{,}20\,\text{m} - 4\,\text{m} = \underline{\underline{0{,}20\,\text{m}}}$$

(3 Pkt.)

5.3 Die zu sanierende Fläche des Daches entspricht der Mantelfläche des Kegels. Um diese zu bestimmen wird mithilfe des Satz des Pythagoras die Mantellinie s des Kegels bestimmt (Maße in cm):

$$\begin{aligned} & s^2 = h_K^2 + r_K^2 && \mid \sqrt{} \\ \Longleftrightarrow\quad & s = \sqrt{3{,}60^2 + 4{,}20^2} \\ \Longleftrightarrow\quad & s = 5{,}53 \end{aligned}$$

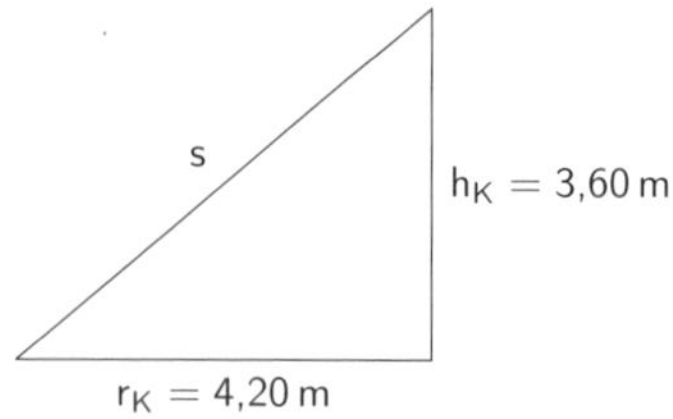

Damit kann die gesuchte Mantelfläche des Daches bestimmt werden:

$$M_K = r_K \cdot s \cdot \pi = 4{,}20\,\text{m} \cdot 5{,}53\,\text{m} \cdot \pi = 72{,}97\,\text{m}^2$$

Es müssen $\underline{\underline{72{,}97\,\text{m}^2}}$ des Daches saniert werden. (3 Pkt.)

5.4 Das Volumen des Grabens ergibt sich aus dem Produkt von Fläche des Kreisringes $A_{\text{Kreisring}}$ und der Höhe des Grabens $h_G = 1\,\text{m}$. Die Fläche des Kreisringes ergibt sich dabei als Differenz von äußerem und innerem Kreis. Der äußere Kreis hat einen Radius von $4\,\text{m} + 0{,}5\,\text{m} = 4{,}5\,\text{m}$, daher folgt:

$$A_{\text{kreis,gro„}} = (4{,}50\,\text{m})^2 \cdot \pi = 63{,}62\,\text{m}^2$$

Davon abgezogen werden muss die Fläche des inneren kleinen Kreises mit Radius 4 m:

$$A_{\text{kreis,klein}} = (4\,\text{m})^2 \cdot \pi = 50{,}27\,\text{m}^2$$

Daraus ergibt sich die Fläche des Kreisrings:

$$A_{\text{Kreisring}} = A_{\text{kreis,gro„}} - A_{\text{kreis,klein}} = 63{,}62\,\text{m}^2 - 50{,}27\,\text{m}^2 = 13{,}35\,\text{m}^2$$

Schließlich ergibt sich das Volumen des Grabens:

$$V_{\text{Graben}} = A_{\text{Kreisring}} \cdot h_G = 13{,}35\,\text{m}^2 \cdot 1\,\text{m} = 13{,}35\,\text{m}^3$$

Zur Befüllung des Grabens werden demnach $\underline{\underline{13{,}35\,\text{m}^3}}$ Kies benötigt. (3 Pkt.)

5.5 Die gesuchte Länge kann mit dem Vierstreckensatz ermittelt werden:

$$\frac{|\overline{EF}|}{|\overline{BC}|} = \frac{|\overline{FD}|}{|\overline{CD}|} \qquad | \cdot |\overline{BC}|$$

$$\Longleftrightarrow \qquad |\overline{EF}| = \frac{|\overline{FD}|}{|\overline{CD}|} \cdot |\overline{BC}|$$

Um die Länge berechnen zu können, muss also zunächst $|\overline{FD}|$ bestimmt werden. Laut Angabe wird die Strecke $\overline{CD}$ mit $|\overline{CD}| = 7{,}20\,\text{m}$ durch die Parallelen in acht gleiche Stücke geteilt. Da $\overline{FD}$ sechs dieser acht Stücke entspricht, gilt:

$$|\overline{FD}| = \frac{6}{8} \cdot |\overline{CD}| = \frac{6}{8} \cdot 7{,}20\,\text{m} = 5{,}40\,\text{m}$$

Daher folgt:

$$|\overline{EF}| = \frac{|\overline{FD}|}{|\overline{CD}|} \cdot |\overline{BC}| = \frac{5{,}40\,\text{m}}{7{,}20\,\text{m}} \cdot 3\,\text{m} = 2{,}25\,\text{m}$$

Die Schnur hat eine Länge von $\underline{\underline{2{,}25\,\text{m}}}$. (3 Pkt.)

Original-Prüfung Mathematik an zwei-, drei- und vierstufigen Wirtschaftsschulen 2022

Block ohne Wahlmöglichkeiten

1 Die Klasse 10b einer Wirtschaftsschule plant die Abschlussfahrt ins 150 km entfernte Salzburg. Die untenstehende Grafik veranschaulicht die Fahrtkosten von zwei ortsansässigen Busunternehmen in Abhängigkeit von den gefahrenen Kilometern.

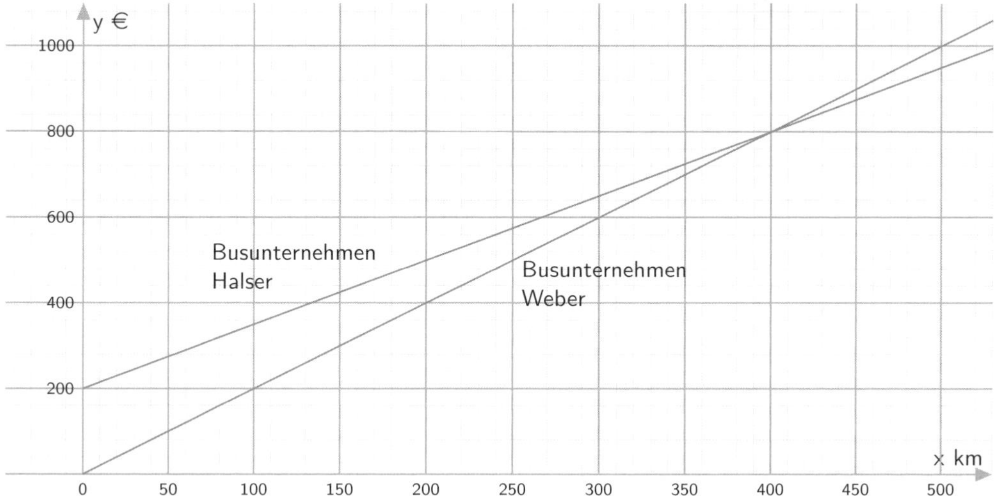

1.1 Entnehmen Sie aus der Grafik die Kosten für die Hin- und Rückfahrt des günstigeren Unternehmens und geben Sie dieses an.

(1 Pkt.)

1.2 Vor Ort werden durch einige Ausflüge nochmals 170 km Fahrstrecke hinzukommen.

Begründen Sie, ob diese Tatsache einen Einfluss auf die unter Aufgabe 1.1 getroffene Entscheidung hat.

(1 Pkt.)

2 Gegeben sind die Normalparabeln $p_1: y = -(x+2)^2 + 3$ und p_2.

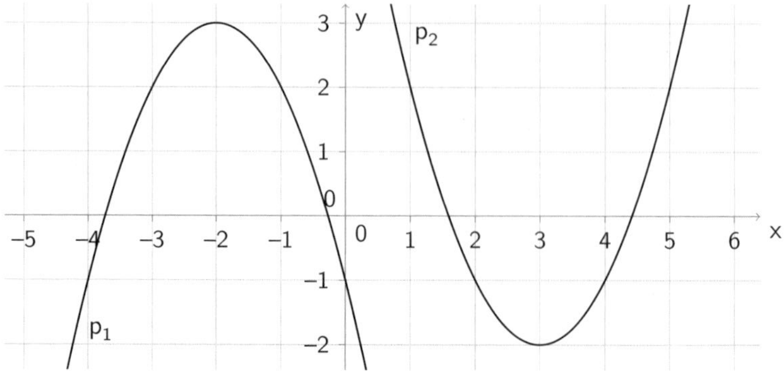

2.1 Geben Sie die Gleichung der Parabel p_2 in der Scheitelform an.

$p_2: y =$ ____________________ (1 Pkt.)

2.2 Wandeln Sie die Gleichung der Parabel p_1 in die allgemeine Form um.

(2 Pkt.)

3 Im Fußballtraining spielen sich die Kinder Anton, Baris und Chris die Bälle zu (siehe Skizze).
Berechnen Sie die Entfernung x zwischen Anton und Baris.

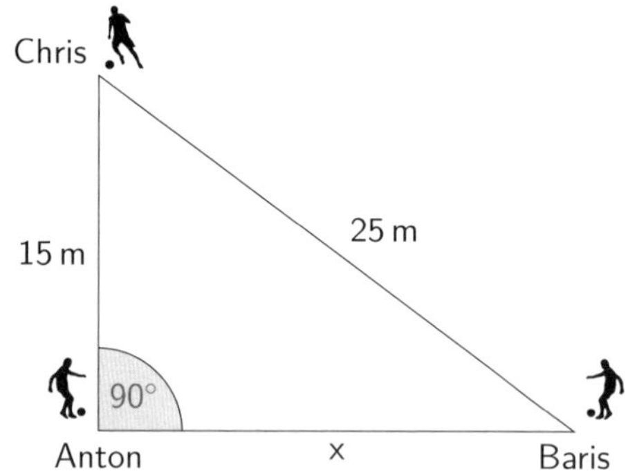

(2 Pkt.)

Wahlblock 1

1.1 Ein Glücksrad hat 15 gleich große Felder mit verschiedenen Musterungen. Die Wahrscheinlichkeit, dass das Glücksrad bei einmaligem Drehen auf einer bestimmten Musterung stehen bleibt, liegt bei 40 %.
Bestimmen Sie rechnerisch die Anzahl der Felder mit dieser Musterung.

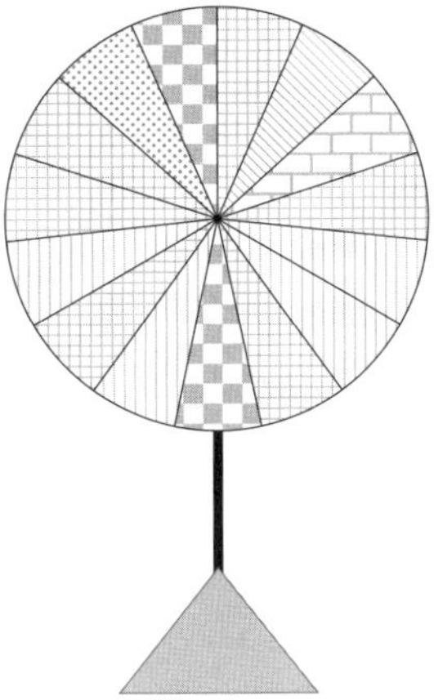

(1 Pkt.)

1.2 In einem Behälter liegen zwölf Farbstifte. Bei vier Stiften ist die Mine eingetrocknet. Franz zieht nacheinander zwei Farbstifte und legt diese nicht mehr zurück. Tragen Sie im Baumdiagramm die fehlenden Übergangswahrscheinlichkeiten ein.

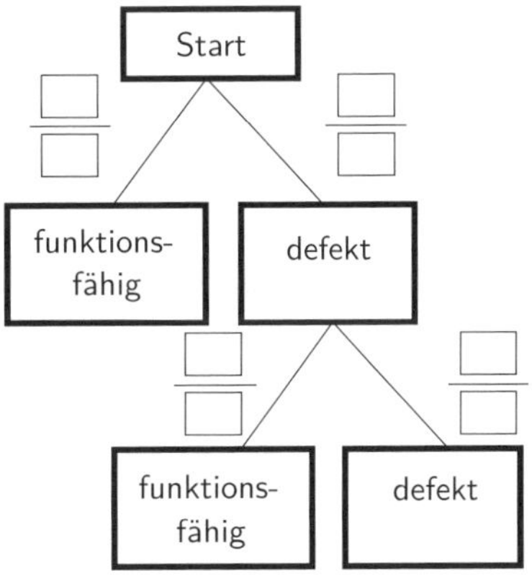

(2 Pkt.)

1.3 Zehn Schülerinnen und Schüler einer Projektgruppe benutzen je nach Entfernung ihres Wohnortes zur Schule verschiedene Verkehrsmittel auf ihrem Schulweg (siehe Tabelle).

	<1 km	**1 km – 3 km**	**>3 km**
U-Bahn / Bus	-	2	3
Fahrrad	1	1	-
zu Fuß	2	1	-

Bestimmen Sie die relative Häufigkeit des Ereignisses E: „Eine Schülerin oder ein Schüler kommt ohne Fahrrad zur Schule und der Schulweg ist höchstens 3 km lang."

(1 Pkt.)

2022

Wahlblock 2

2.1 Formuliere zu folgendem Ansatz eine passende Aufgabenstellung.

$$K_{12} = 30.000{,}00 \cdot 1{,}009^{12} - 1.500{,}00 \cdot \frac{1{,}009^{12} - 1}{1{,}009 - 1}$$

(2 Pkt.)

2.2 Frau Korb möchte sich im Sommer ein E-Bike kaufen. Ihr gewünschtes Rad wird von zwei Online-Händlern zu unterschiedlichen Bedingungen angeboten. Zeigen Sie rechnerisch, welches Angebot günstiger ist.

	Anbieter 1	**Anbieter 2**
E-Bike Grundpreis	3.020,00 €	3.600,00 €
Rabatt	–	15 %
Lieferung	80,00 €	–

(2 Pkt.)

Wahlblock 3

3.1 Der nebenstehende Leuchtturm hat am Boden einen Durchmesser von 8 m. Die rechteckige Fläche, auf der dieser Leuchtturm steht, soll mit neuen Pflastersteinen versehen werden. Berechnen Sie die zu pflasternde Fläche, wenn das Rechteck 15 m lang und 10 m breit ist.
Rechnen Sie mit $\pi = 3$.

(3 Pkt.)

3.2

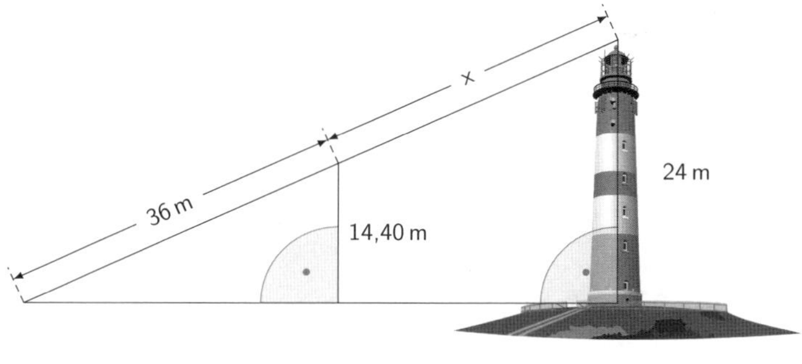

Bestimme, welcher Strahlensatz zur Berechnung der Strecke x hier richtig zur Anwendung kommt.

A	B	C	ANTWORT
$\frac{36}{x+36} = \frac{24}{14{,}40}$	$\frac{x+36}{36} = \frac{24}{14{,}40}$	$\frac{x}{36} = \frac{24}{14{,}40}$	

(1 Pkt.)

Block ohne Wahlmöglichkeiten

1.1 Da das Ziel Salzburg 150 km entfernt ist, werden für Hin- und Rückfahrt also insgesamt $2 \cdot 150\,\text{km} = 300\,\text{km}$ gefahren. Aus der Grafik können dann auf der x-Achse bei 300 km die beiden Kurven verglichen werden. Die Kurve des Busunternehmens Weber liegt weiter unten, ist also günstiger. An der y-Achse kann der Preis für 300 km zu 600 € abgelesen werden.

1.2 Wenn zu den 300 km noch 170 km hinzukommen, werden insgesamt 470 km gefahren. An dieser Stelle liegt die Kurve von Busunternehmen Halser niedriger, ist also günstiger. In diesem Fall müsste die Entscheidung also für das andere Busunternehmen getroffen werden.

2.1 Der Scheitelpunkt der Parabel kann zu $(3\,|-2)$ abgelesen werden. Diese Koordinaten können in die allgemeine Scheitelpunktform $y = (x - x_S)^2 + y_S$ eingesetzt, und es ergibt sich die Gleichung der Parabel zu $p_2\colon y = (x-3)^2 - 2$.

2.2 Um in die allgemeine Form umzuwandeln, wird die binomische Formel verwendet, damit die Klammer aufgelöst und dann zusammengefasst:

$$\begin{aligned} p_2\colon y &= (x-3)^2 - 2 \\ &= (x^2 - 2 \cdot x \cdot 3 + 3^2) - 2 \\ &= (x^2 - 6x + 9) - 2 \\ &= x^2 - 6x + 9 - 2 \\ &= x^2 - 6x + 7 \end{aligned}$$

Die allgemeine Form der Parabel lautet $p_2\colon y = x^2 - 6x + 7$.

3 Da es sich um ein rechtwinkliges Dreieck handelt, wird der Satz des Pythagoras verwendet (Maße in m):

$$\begin{aligned} 15^2 + x^2 &= 25^2 && |-15^2 \\ \Longleftrightarrow \quad x^2 &= 25^2 - 15^2 \\ \Longleftrightarrow \quad x^2 &= 625 - 225 \\ \Longleftrightarrow \quad x^2 &= 400 && |\sqrt{\ } \\ \Longleftrightarrow \quad x &= 20 \end{aligned}$$

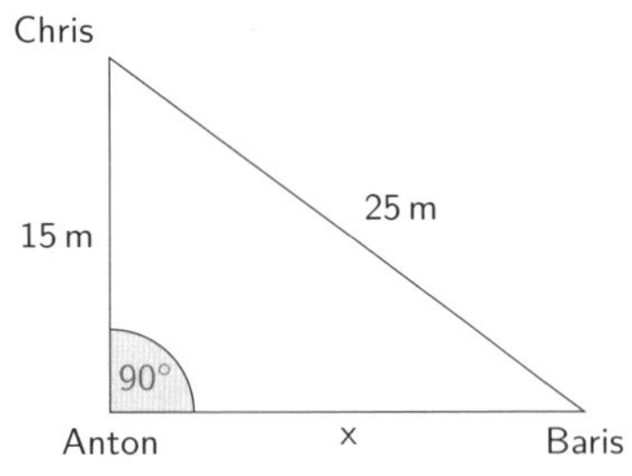

Die Entfernung zwischen Anton und Baris beträgt 20 m.

Wahlblock 1

1.1 Wenn die Wahrscheinlichkeit, die entsprechende Musterung zu drehen bei 40 % liegt, muss auch der Anteil der Felder an der Scheibe 40 % betragen. Die Anzahl kann entweder mit dem Dreisatz oder mithilfe der Formel berechnet werden.

Gegeben: Grundwert (G) = 15 (Felder), Prozentsatz (p) = 40 %=0,4
Gesucht: Prozentwert (P)

Lösung mit Dreisatz:

	Prozent		Felder	
	100	$\hat{=}$	15	$\mid : 100$
$\Longleftrightarrow$	1	$\hat{=}$	0,15	$\mid \cdot 40$
$\Longleftrightarrow$	40	$\hat{=}$	6	

Lösung mit Formel:

$$P = G \cdot p$$
$$= 15 \cdot 0{,}4 = 6$$

Eine Wahrscheinlichkeit von 40 % entspricht 6 Feldern mit der gleichen Musterung.

1.2 Beim ersten Ziehen sind zwölf Stifte vorhanden. Da bei vier Stiften die Mine eingetrocknet ist, sind acht Stifte (Anteil $\frac{8}{12}$) funktionsfähig und vier (Anteil $\frac{4}{12}$) defekt. Wenn bereits ein defekter Stift gezogen, aber nicht zurückgelegt wurde, sind noch elf Stifte vorhanden, davon acht (Anteil $\frac{8}{11}$) funktionsfähig und drei (Anteil $\frac{3}{11}$) defekt. Das vollständige Baumdiagramm ist nebenstehend zu sehen.

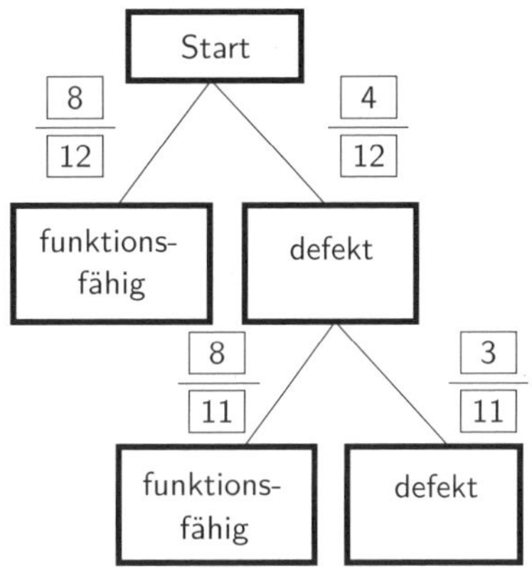

1.3 Aus der Tabelle kann die absolute Häufigkeit der Gesamtzahl und der Personen für Ereignis E durch Zählen bestimmt werden. Insgesamt haben sich zehn Schüler eingetragen (diese Zahl ist auch im Text zu finden). Für das Ereignis E werden nun die Zahlen in den Feldern addiert, die dem Ereignis entsprechen, also die in „< 1 km" und „1 km – 3 km" und außerdem nicht in der Reihe Fahrrad, sondern „U-Bahn/Bus" oder „zu Fuß". Dies entspricht $2 + 2 + 1 = 5$ Schülern. Die relative Häufigkeit entspricht demnach $\underline{\underline{\frac{5}{10} = \frac{1}{2} = 0{,}5 = 50\,\%}}$.

Wahlblock 2

2.1 Bei der gegebenen Formel handelt es sich um die Formel für kombinierte Zinseszins-/Rentenrechnung mit nachschüssiger Kapitalminderung. Der erste Teil der Formel beschreibt dabei die Zinsen der Bank auf den Anlegebetrag. Daraus kann $K_0 = 30000$ €, sowie $n = 12$ und die Höhe der Zinsen von $1{,}009 - 1 = 0{,}009 = 0{,}9\,\%$ entnommen werden. Der zweite Teil beschreibt die jährliche Minderung um 1500 €. Daraus ergibt sich eine mögliche Aufgabenstellung:

„Bei einer Bank werden 30000 € angelegt. Es werden 12 Jahre lang am Ende des Jahres 1500 € abgehoben. Die Bank gewährt 0,9 % Zinsen. Auf welchen Betrag ist die Anlage nach 12 Jahren gesunken?"

2.2 Anbieter 1 berechnet einen Grundpreis von 3020 € und 80 € Lieferkosten. Insgesamt müssen hier also

$$3020\,€ + 80\,€ = 3100\,€$$

bezahlt werden.

Anbieter 2 gewährt einen Rabatt von 15 %, sodass nur noch $100\,\% - 15\,\% = 85\,\%$ des originalen Preises bezahlt werden müssen. Dieser Betrag kann mithilfe des Dreisatzes oder der Formel bestimmt werden:

2022

Gegeben: Grundwert (G) = 3600 €, Prozentsatz (p) = 85 %=0,15
Gesucht: Prozentwert (P)

Lösung mit Dreisatz:

	Prozent	**Euro**	
	100	$\hat{=}$ 3600	$\mid : 100$
$\Longleftrightarrow$	1	$\hat{=}$ 36	$\mid \cdot 85$
$\Longleftrightarrow$	85	$\hat{=}$ 3060	

Lösung mit Formel:

$$\begin{aligned} P &= G \cdot p \\ &= 3600 \cdot 0{,}85 = 3060 \end{aligned}$$

Demnach ist Angebot 2 das günstigere.

Wahlblock 3

3.1 Die Fläche die gepflastert werden muss entspricht der Fläche des Rechtecks abzüglich der Grundfläche des Leuchtturms. Die Grundfläche des Leuchtturms ist ein Kreis mit 8 m Durchmesser, woraus sich ein Radius von r = 4 m ergibt (alle Maße in m):

$$\begin{aligned} A &= A_{\text{Rechteck}} - A_{\text{Leuchtturm}} = 15 \cdot 10 - 2 \cdot \pi \cdot r \\ &\approx 15 \cdot 10 - 2 \cdot 3 \cdot 4 = 150 - 24 = 126 \end{aligned}$$

Die zu pflasternde Fläche ist $\underline{\underline{126\,\text{m}^2}}$.

3.2 Wenn die beiden Höhen 14,4 m und 24 m im Strahlensatz betrachtet werden sollen, dann müssen jeweils die vollen Längen ab dem Schnittpunkt bis zu diesen Höhen mit ins Verhältnis gesetzt werden, also die Längen 36 m und (x + 36) m. Antwort C ist demnach also falsch, weil hier nur x betrachtet wird.

A ist ebenfalls falsch, da hier auf der linken Seite der Gleichung das Verhältnis aus der kürzeren zur längeren Seite und auf der rechten Seite der Gleichung das Verhältnis aus der langen zur kurzen Seite gebildet wird.

Der richtige Ansatz ist daher **Gleichung B**.

1 Finanzmathematik

Frau Anna Blum ist Rentnerin und möchte bereits zu Lebzeiten einen Teil ihrer Erbschaft regeln. Sie verkauft ein Grundstück und zahlt ihrem Sohn Stefan 100.000,00 € und ihren beiden Enkelkinder Jan und Emily jeweils 30.000,00 € vorab aus.
Bis zu Emilys Volljährigkeit in sechs Jahren verbleibt ihr Anteil auf einem Festgeldkonto mit 1,75 % jährlicher Verzinsung.

1.1 Berechnen Sie, über welchen Betrag Emily an ihrem 18. Geburtstag verfügen kann. (2 Pkt.)

Jan hat nach seiner Ausbildung ein Start-up Unternehmen gegründet und möchte mit dem Geld in den kommenden vier Jahren den Markteintritt seines Produktes finanziell begleiten.
Er plant die 30.000,00 € bei der Bank zu 2,25 % p. a. anzulegen und sich jeweils zu Beginn des Jahres einen festen Betrag auszahlen zu lassen.

1.2 Berechnen Sie den Betrag, den Jan verwenden kann, wenn er nach vier Jahren noch 10.000,00 € übrig haben möchte. (3 Pkt.)

Nach erfolgreicher Produkteinführung kann es sich Jan mittlerweile leisten, Rücklagen zu bilden. Zu den verbliebenen 10.000,00 € zahlt er fortan am Jahresende 6.000,00 € ein. Die jährliche Verzinsung bleibt bei 2,25 %. (siehe Anlage Seite 10)

1.3 Berechnen Sie, nach wie vielen Jahren Jan 50.000,00 € an Rücklagen erreicht hat. (4 Pkt.)

Stefan Blum ist Schreinermeister und möchte die Schenkung seiner Mutter zur Erweiterung seiner Werkstatt verwenden. Er rechnet mit Investitionskosten in Höhe von 160.000,00 €. Um die Finanzierungslücke zu schließen, muss er ein Darlehen in Anspruch nehmen (siehe Anlage auf der nächsten Seite).

1.4 Erstellen Sie einen Tilgungsplan für die ersten zwei Jahre. (3 Pkt.)

Da sich die Auftragslage sehr positiv entwickelt, kann Herr Blum mit Beginn des vierten Jahres die jährliche Tilgungsrate für seinen laufenden Kredit um 2.000,00 € erhöhen.

1.5 Berechnen Sie die neue Gesamtlaufzeit des Darlehens.
(Zwischenergebnis: $K_3 = 45.000,00$ €) (3 Pkt.)

Anlage zu 1. Finanzmathematik **Name: ....**

Zu Teilaufgabe 1.4

Darlehensvetrag

I B

Ingolstädter Bank

Zwischen	und
Ingolstädter Bank **Mariannenplatz 4** **85049 Ingolstadt**	**Stefan Blum** **Hornweg 15** **85139 Wettstetten**
(nachfolgend Darlehensgeber genannt)	(nachfolgend Darlehensnehmer genannt)

wird folgender Vertrag geschlossen.

§ 1 Darlehensgewährung
Der Darlehensgeber gewährt dem Darlehensnehmer ein Darlehen in Höhe von 60.000,00 € (in Worten: sechzigtausend).

§ 2 Laufzeit
Das Darlehen hat eine Laufzeit von 12 Jahren ab dem Auszahlungsdatum.

§ 3 Verzinsung
Das Darlehen ist mit 2,70 % p. a. zu verzinsen.

§ 4 Tilgung
Das Darlehen ist in jährlich gleichbleibenden Tilgungsraten in Höhe von je 5.000,00 € jeweils zum 31.12. eines jeden Jahres zu tilgen.
Während der Laufzeit kann die Tilgungsrate einmalig angepasst werden.

Ingolstadt, den 16.05.2022

i. A. *K. Bogner*	*Stefan Blum*
Darlehensgeber Ingolstädter Bank	Darlehensnehmer

2 Funktionaler Zusammenhang

Für die Präsentation einer modernen Magnetschwebebahn wird ein Glastunnel inklusive Besucherplattform aufgebaut. Die Form des Glastunnels ist parabelförmig und wird durch den Scheitel $S(5\,|\,5{,}25)$ und den Punkt $A(2\,|\,3)$ beschrieben.

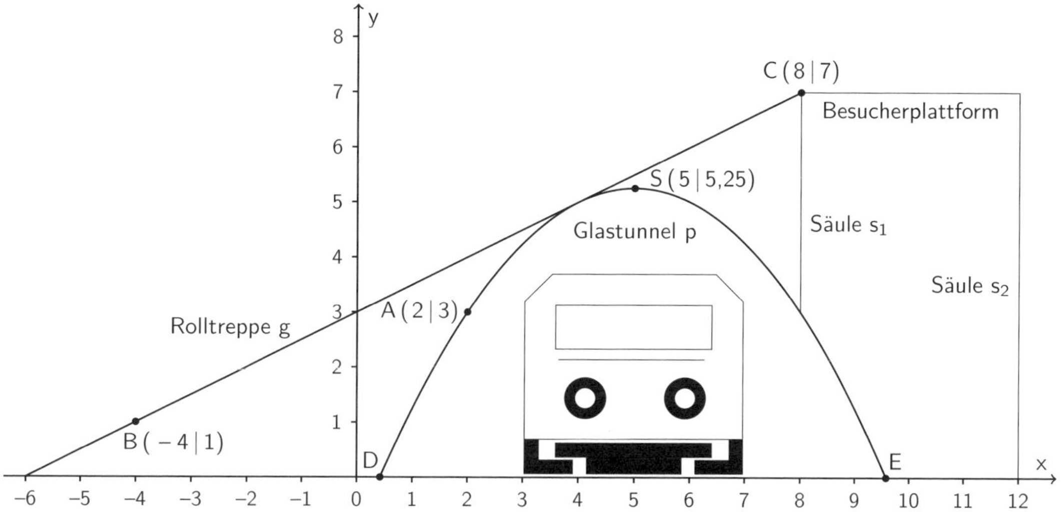

Alle Angaben in Meter.
Die Skizze ist nicht maßstabsgetreu.

2.1 Ermitteln Sie die Funktionsgleichung p des parabelförmigen Tunnels in allgemeiner Form.

(Ergebnis: $p\colon y = -0{,}25x^2 + 2{,}5x - 1$)

(3 Pkt.)

Der Hersteller des Glastunnels gibt dessen Spannweite $\overline{DE}$ mit 9,16 m an.

2.2 Überprüfen Sie rechnerisch diesen Wert. (4 Pkt.)

Eine geradlinig verlaufende Rolltreppe g durch die Punkte $B(-4\,|\,1)$ und $C(8\,|\,7)$ führt zu einer Besucherplattform.

2.3 Berechnen Sie die Funktionsgleichung der Rolltreppe g.

(Ergebnis: $g\colon y = 0{,}5x + 3$)

(3 Pkt.)

2.4 Zeigen Sie rechnerisch, dass die Rolltreppe auf dem Glastunnel aufliegt. (3 Pkt.)

Die Besucherplattform wird auf beiden Seiten durch senkrechte Säulen gestützt.

2.5 Bestimmen Sie rechnerisch die Länge der Säule s_1. (2 Pkt.)

3 Trigonometrie

Herbert möchte in der nächsten Wintersaison wieder zum Skifahren auf die Piste. Dazu informiert er sich in einem Lehrbuch über die optimale Körperhaltung.
Für seine Körpergröße (1,92 m) findet er jedoch keine aussagekräftigen Ergebnisse. Deshalb beschließt er seine Körpermaße in eine Abbildung aus dem Buch zu übertragen.

$|\overline{EH}| = 55{,}60\,\text{cm}$

$|\overline{EF}| = 36{,}90\,\text{cm}$

$|\overline{GH}| = 66{,}40\,\text{cm}$

$|\overline{HK}| = 69{,}80\,\text{cm}$

$\overline{EF} \parallel \overline{GH}$

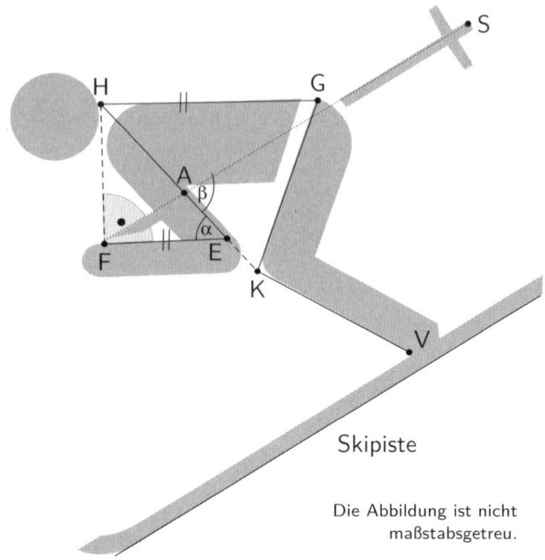

Die Abbildung ist nicht maßstabsgetreu.

Zuerst betrachtet Herbert seine Armhaltung.

3.1 Berechnen Sie den Abstand seiner Finger F vom Hals H. (2 Pkt.)

3.2 Berechnen Sie die Größe des Beugungswinkels α. (Ergebnis: $\alpha = 48{,}42°$) (2 Pkt.)

Anschließend analysiert er seine Beinstellung. Dazu benötigt er die Länge seines Oberschenkels $\overline{GK}$.

3.3 Berechnen Sie die Länge des Oberschenkels $\overline{GK}$. (3 Pkt.)

Das Dreieck GHK ist entscheidend für die Luftangriffsfläche. Bei Seitenwind soll dieser Bereich möglichst gering sein.

3.4 Berechnen Sie die Fläche $A_{\Delta GHK}$. (2 Pkt.)

Zudem ist das Verhältnis der Körpergröße zur Länge der Skistöcke entscheidend. Die Länge des gesamten Skistockes $\overline{FS}$ ist das 4,6-Fache von $|\overline{AF}|$.
Es gilt: $\beta = 77{,}84°$.

Körpergröße	***Empfohlene Skistocklänge***
183 – 189 cm	130 cm
190 – 196 cm	135 cm
über 197 cm	140 cm

3.5 Überprüfen Sie rechnerisch, ob die Länge des Skistockes $\overline{FS}$ für den 1,92 m großen Herbert geeignet ist. (4 Pkt.)

2022

Maßgeblich für die Lawinengefahr ist die Hangsteilheit. Ab etwa 30 Grad Neigung können trockene Schneebretter abgleiten. Der Hang, den Herbert fahren möchte, hat ein Gefälle von 61 %.

3.6 Überprüfen Sie rechnerisch, ob theoretisch eine Lawinengefahr bestehen würde. (2 Pkt.)

4 Daten und Zufall

Laut einem Zeitungsartikel können immer weniger Kinder gut schwimmen. Deshalb plant man an einer Wirtschaftsschule Schwimmkurse anzubieten. Um sich einen Überblick über die Schwimmfähigkeiten zu verschaffen, wurden 200 Schülerinnen und Schüler der Jahrgangsstufen 6 bis 9 befragt.
Die Ergebnisse sind in der folgenden Tabelle aufgelistet.

Schwimmfähigkeit	6a	6b	7a	7b	8a	8b	9a	9b	SUMME
Nichtschwimmer	5	4	2	4	–	1	2	–	18
Anfänger	6	7	7	2	4	7	3	6	42
Fortgeschrittene	15	14	15	19	20	19	20	18	140

4.1 Berechnen Sie die prozentuale relative Häufigkeit des Ereignisses E_1:
„Eine Schülerin oder ein Schüler hat keine fortgeschrittene Schwimmfähigkeit.“ (2 Pkt.)

Um dem Schulleiter die Schwimmfähigkeiten der Kinder an der Wirtschaftsschule zu veranschaulichen, werden die Zahlen graphisch aufbereitet.

4.2 Erstellen Sie ein Kreisdiagramm (siehe Zusatzblatt zu 4. Daten und Zufall) der jeweiligen Schwimmfähigkeit der befragten 200 Schülerinnen und Schüler. (4 Pkt.)

Die acht besten Schwimmerinnen und Schwimmer nehmen an einem Schwimmwettbewerb über 50 m Freistil teil.
Die Zeiten in Sekunden sind in untenstehender Tabelle aufgelistet.

Name	Karin	Tom	Lena	Luca	Elif	Ralf	Ylenia	Anton
Zeit in Sekunden	52,6	57,8	51,4	53,7	55,1	57,6	55,3	58,9

4.3 Ermitteln Sie das arithmetische Mittel und den Median der Schwimmzeiten aller acht Teilnehmerinnen und Teilnehmer. (3 Pkt.)

Für den Schwimmkurs der 18 Nichtschwimmer werden drei gleich große Gruppen gebildet und den Lehrkräften Frau Sommer (S), Herrn Herbst (H) und Herrn Winter (W) jeden Tag neu zugelost.
Der Schwimmkurs findet an zwei Tagen statt.
Aufgrund einer Erkrankung von Herrn Herbst müssen am zweiten Tag die 18 Nichtschwimmer auf zwei gleich große Gruppen den Lehrkräften Frau Sommer und Herrn Winter zugeteilt werden.

4.4 Fertigen Sie zu dem Zufallsexperiment „Schülerverteilung auf die jeweiligen Lehrkräfte beim Schwimmkurs" ein passendes Baumdiagramm an und tragen Sie die entsprechenden Übergangswahrscheinlichkeiten ein. (3 Pkt.)

4.5 Berechnen Sie die Wahrscheinlichkeit für das Ereignis E_2: „Eine Schülerin oder ein Schüler hat an allen Projekttagen Schwimmunterricht bei Frau Sommer". (1 Pkt.)

4.6 Berechnen Sie die Wahrscheinlichkeit für das Ereignis E_3: „Eine Schülerin oder ein Schüler wird in den Projekttagen höchstens einmal von Herrn Winter unterrichtet." (2 Pkt.)

Zusatzblatt zu 4. Daten und Zufall **Name:....................................**

Zu Teilaufgabe 4.2

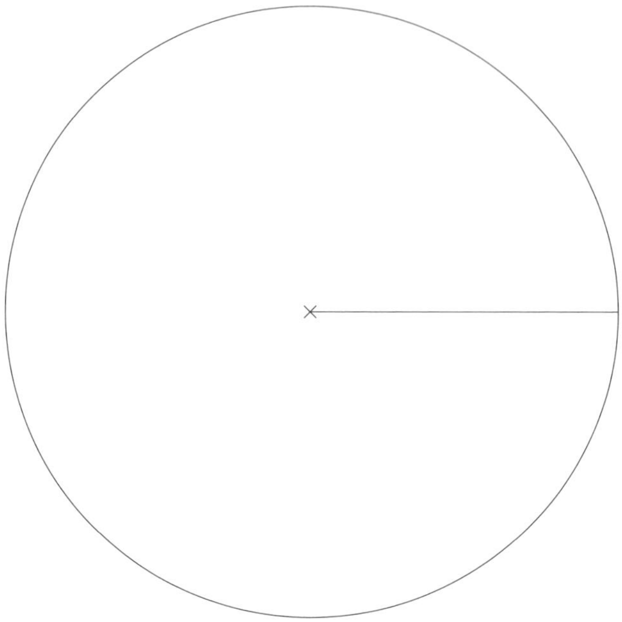

5 Raum und Form

Der Zirkus kommt nach Bad Aibling.
Zur Genehmigung schickt der Zirkusdirektor den nebenstehenden Lageplan an die Stadtverwaltung, um den nötigen Platzbedarf zu übermitteln.

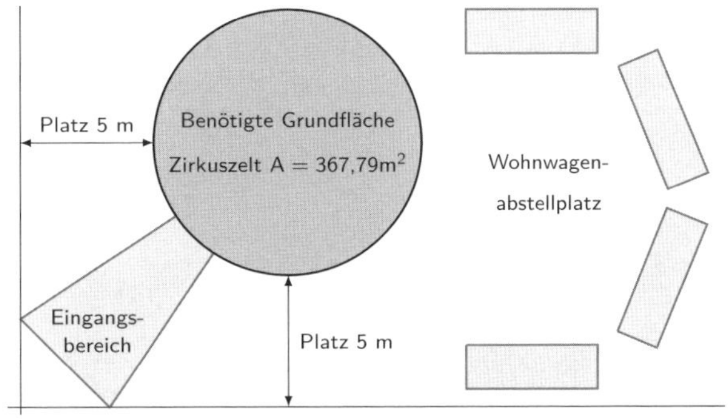

Die Skizze ist nicht maßstabsgetreu.

5.1 Bestimmen Sie den Radius des Zirkuszeltes. (Ergebnis: $r = 10{,}82\,\text{m}$) (2 Pkt.)

Das Zirkuszelt besteht aus einem 4,50 m hohen und annähernd zylinderförmigen Grundkörper mit einem kegelförmigen Dach. Die Gesamthöhe des Zeltes beträgt 8 m.
Am Zelt sind umlaufend Abspannseile im Abstand von 80 cm angebracht, die im Boden verankert sind (siehe Skizze).

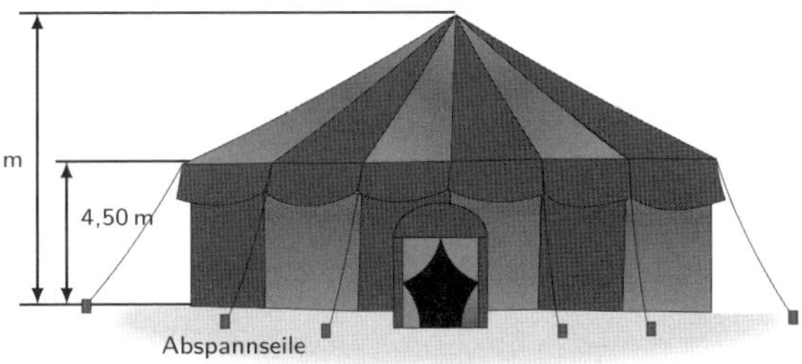

Die Skizze ist nicht maßstabsgetreu.

5.2 Berechnen Sie, wie viele Abspannseile für das Zelt nötig sind. (2 Pkt.)

Laut aktuellen Hygienebestimmungen muss für jeden Besucher in geschlossenen Zelten ein Luftvolumen von mindestens $10\,\text{m}^3$ zur Verfügung stehen.

5.3 Berechnen Sie, wie viele Besucher unter diesen Bedingungen maximal pro Veranstaltung eingelassen werden dürfen. (4 Pkt.)

Durch unachtsame Lagerung der Plane für das Zirkusdach sind Schäden an dieser entstanden.

5.4 Berechnen Sie die Fläche der neu zu bestellenden Plane. (4 Pkt.)

Für eine Hochseilnummer werden zwei parallele Seile in den Höhen $h_1 = 6{,}50\,\text{m}$ und $h_2 = 4{,}50\,\text{m}$ gespannt.
Das Zelt ist insgesamt 8 m hoch und hat einen Radius von 10,82 m.

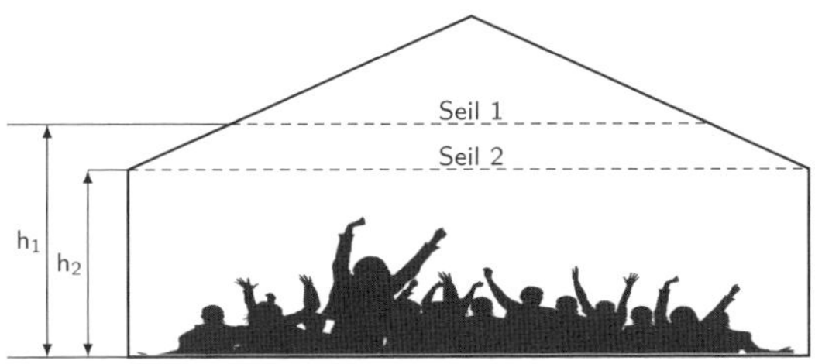

5.5 Berechnen Sie die Länge von Seil 1. (3 Pkt.)

1 Finanzmathematik

1.1 Über welchen Betrag Emily an ihrem 18. Geburtstag verfügen kann, wird folgendermaßen berechnet:

$$K_n = K_0 \cdot q^n$$
$$K_6 = 30.000{,}00 \cdot 1{,}0175^6$$
$$K_6 = 33.291{,}07$$

Emily kann zu ihrem 18. Geburtstag über insgesamt <u>33.291,07 €</u> verfügen.

1.2 Jan legt 30.000,00 € zum einem Zinssatz von 2,25 % an und möchte nach vier Jahren noch 10.000,00 € übrig haben. Zu Beginn eines Jahres lässt er sich einen festen Betrag auszahlen. Es handelt sich um eine vorschüssige Kapitalminderung.

Wie hoch der jährliche Betrag ist, wird folgendermaßen berechnet:

$$K_n = K_0 \cdot q^n - r \cdot q \cdot \frac{q^n - 1}{q - 1}$$

$$10.000{,}00 = 30.000{,}00 \cdot 1{,}0225^4 - r \cdot 1{,}0225 \cdot \frac{1{,}0225^4 - 1}{1{,}0225 - 1} \quad | - 30.000{,}00 \cdot 1{,}0225^4$$

$$\iff -22.792{,}49956 = -r \cdot 1{,}0225 \cdot \frac{1{,}0225^4 - 1}{1{,}0225 - 1} \quad | : \left(1{,}0225 \cdot \frac{1{,}0225^4 - 1}{1{,}0225 - 1}\right)$$

$$\iff \frac{-22.792{,}49956}{\left(\cdot 1{,}0225 \cdot \frac{1{,}0225^4 - 1}{1{,}0225 - 1}\right)} = -r \quad | \cdot (-1)$$

$$\iff r = 5.388{,}15$$

Jan kann zu Beginn eines jeden Jahres 5.388,15 € entnehmen und somit insgesamt <u>21.552,20 €</u> verwenden.

1.3 Jan zahlt zu den verbliebenen 10.000,00 € immer am Jahresende (nachschüssige Kapitalmehrung) 6.000,00 € ein. Wie lange er braucht, bis er die 50.000,00 € an Rücklagen erreicht hat, wird folgendermaßen berechnet:

$$K_n = K_0 \cdot q^n + r \cdot \frac{q^n - 1}{q - 1}$$

$$50.000{,}00 = 10.000{,}00 \cdot 1{,}0225^n + 6.000{,}00 \cdot \frac{1{,}0225^n - 1}{1{,}0225 - 1}$$

$$50.000{,}00 = 10.000{,}00 \cdot 1{,}0225^n + 6.000{,}00 \cdot \frac{1{,}0225^n - 1}{0{,}0225} \quad | \cdot 0{,}0225$$

$$\iff 1.125{,}00 = 225{,}00 \cdot 1{,}0225^n + 6.000{,}00 \cdot (1{,}0225^n - 1)$$

$$\iff 1.125{,}00 = 225{,}00 \cdot 1{,}0225^n + 6.000{,}00 \cdot 1{,}0225^n - 6.000{,}00 \quad | + 6.000{,}00$$

$$\iff 7.125{,}00 = 1{,}0225^n (225{,}00 + 6.000{,}00) \quad | : 6.225{,}00$$

$$\iff \frac{95}{83} = 1{,}0225^n \quad | \log_{1{,}0225}(\,)$$

$$\iff \quad n = \log_{1,0225}\left(\frac{95}{83}\right)$$
$$\iff \quad n = 6{,}07 \text{ Jahre}$$

Jan muss mindestens sechs Jahre lang je 6.000,00 € einzahlen, damit er die gewünschten Rücklagen von 50.000,00 € erreicht.

1.4 Das benötigte Darlehen ist aus dem Darlehensvertrag zu entnehmen.

Jahr	$\text{Schuld}_{01.01.}$	Zinsen	Tilgungsrate	Annuität	$\text{Restschuld}_{31.12.}$
01	60,00 Tsd. €	1,62 Tsd. €	5,00 Tsd. €	6,62 Tsd. €	55,00 Tsd. €
02	55,00 Tsd. €	1,485 Tsd. €	5,00 Tsd. €	6,485 Tsd. €	50,00 Tsd. €

1.5 Herr Blum beginnt am Anfang des vierten Jahres mit folgender Schuld, die als Zwischenergebnis angegeben ist. Das Zwischenergebnis sollte allerdings durch fortführen der Tabelle ausgerechnet werden.

Jahr	$\text{Schuld}_{01.01.}$	Zinsen	Tilgungsrate	Annuität	$\text{Restschuld}_{31.12.}$
01	60,00 Tsd. €	1,62 Tsd. €	5,00 Tsd. €	6,62 Tsd. €	55,00 Tsd. €
02	55,00 Tsd. €	1,485 Tsd. €	5,00 Tsd. €	6,485 Tsd. €	50,00 Tsd. €
03	50,00 Tsd. €	1,35 Tsd. €	5,00 Tsd. €	6,35 Tsd. €	45,00 Tsd. €
04	45,00 Tsd. €				

Die neue Gesamtlaufzeit wird dann folgendermaßen berechnet:

$$T = \frac{K_0}{n}$$
$$7.000{,}00 = \frac{45.000{,}00}{n} \qquad | \cdot n$$
$$\iff \quad 7.000{,}00 \cdot n = 45.000{,}00 \qquad | : 7.000{,}00$$
$$\iff \quad n = 6{,}43 \text{ Jahre} \rightarrow 7 \text{ Jahre}$$

Das Darlehen wurde zuvor bereits drei Jahre lang mit einer Tilgungsrate von 5.000,00 € abbezahlt. Jetzt werden noch 7 Jahre benötigt, um das Darlehen abzulösen, somit ist die Gesamtlaufzeit 10 Jahre.

2022

2 Funktionaler Zusammenhang

2.1 Aus den Koordinaten des Scheitelpunktes S (5 | 5,25) kann zunächst die Scheitelpunktform angesetzt werden:

$$\begin{aligned} p\colon y &= a \cdot (x - x_S)^2 + y_S \\ y &= a \cdot (x-5)^2 + 5{,}25 \end{aligned}$$

Einsetzen der Koordinaten von A (2 | 3) muss die Funktionsgleichung erfüllen und kann daher verwendet werden um einen Wert von a zu bestimmen:

$$\begin{aligned} & & y &= a \cdot (x-5)^2 + 5{,}25 & \\ &\Rightarrow & 3 &= a \cdot (2-5)^2 + 5{,}25 & \\ &\Longleftrightarrow & 3 &= a \cdot (-3)^2 + 5{,}25 & \mid -5{,}25 \\ &\Longleftrightarrow & -2{,}25 &= 9a & \mid :9 \\ &\Longleftrightarrow & -0{,}25 &= a & \end{aligned}$$

Setzt man diesen Wert ein, kann die Scheitelpunktform mithilfe der binomischen Formel schließlich in die allgemeine Form umgeformt werden:

$$\begin{aligned} p\colon y &= -0{,}25 \cdot (x-5)^2 + 5{,}25 \\ &= -0{,}25 \cdot (x^2 - 2 \cdot x \cdot 5 + 5^2) + 5{,}25 \\ &= -0{,}25 \cdot (x^2 - 10x + 25) + 5{,}25 \\ &= -0{,}25x^2 + 2{,}5x - 6{,}25 + 5{,}25 \\ &= -0{,}25x^2 + 2{,}5x - 1 \end{aligned}$$

Die allgemeine Form der Gleichung lautet $\underline{\underline{p\colon y = -0{,}25x^2 + 2{,}5x - 1}}$.

2.2 Die Spannweite $\overline{DE}$ entspricht der Differenz der x-Koordinate der beiden Nullstellen, welche zunächst ermittelt werden: Es soll gezeigt werden, dass Michael auf der Straße landet, die bei $x = 4{,}75$ beginnt. Um diese zu bestimmen, werden die Nullstellen der quadratische Funktion gesucht.

$$\begin{aligned} & -0{,}25x^2 + 2{,}5x - 1 = 0 \\ \Longleftrightarrow \quad & x_{1;2} = \frac{-2{,}5 \pm \sqrt{(2{,}5)^2 - 4 \cdot (-0{,}25) \cdot (-1)}}{2 \cdot (-0{,}25)} \\ \Longleftrightarrow \quad & x_{1;2} = \frac{-2{,}5 \pm \sqrt{6{,}25 - 1}}{-0{,}5} \\ \Longleftrightarrow \quad & x_1 \approx 9{,}58 \quad \text{oder} \quad x_2 \approx 0{,}42 \end{aligned}$$

Die Differenz der x-Koordinaten der Nullstellen ist $9{,}58 - 0{,}42 = 9{,}16$, das heißt die Spannweite ist $\overline{DE} = 9{,}16\,\text{m}$, der Hersteller hat also recht.

2.3 Die Steigung der Gerade wird aus den Koordinaten der Punkte B (− 4 | 1) und C (8 | 7) bestimmt. Für den Anstieg der Gerade gilt:

$$m = \frac{y_C - y_B}{x_C - x_B}$$

$$= \frac{7-1}{8-(-4)}$$
$$= 0{,}5$$

Setzt man die Steigung und die Koordinaten eines Punktes (es wird B gewählt) in die allgemeine Form $y = mx + t$ ein, kann ein Wert für t ermittelt werden:

$$\begin{aligned} & 1 = 0{,}5 \cdot (-4) + t & \\ \Longleftrightarrow\quad & 1 = -2 + t & \quad | +2 \\ \Longleftrightarrow\quad & t = 3 & \end{aligned}$$

Die Gleichung von g lautet $\underline{\underline{g: y = 0{,}5x + 3}}$.

2.4 Der Auflagepunkt der Rolltreppe auf dem Tunnel wird durch den Schnittpunkt von g und p beschrieben. Dabei gilt: Gibt es keinen Schnittpunkt berühren sich die beiden nicht. Gibt es zwei Schnittpunkte, würde die Rolltreppe „durch" den Tunnel verlaufen. Gibt es genau einen Schnittpunkt, liegt die Rolltreppe auf dem Tunnel auf. Der Schnittpunkt wird durch Gleichsetzen der beiden Gleichungen und Anwendung der Lösungsformel bestimmt:

$$\begin{aligned} p(x) &= g(x) & \\ -0{,}25x^2 + 2{,}5x - 1 &= 0{,}5x + 3 & \quad | -0{,}5x - 3 \\ -0{,}25x^2 + 2x - 4 &= 0 & \\ \Longleftrightarrow\quad x_{1;2} &= \frac{-2 \pm \sqrt{2^2 - 4 \cdot (-0{,}25) \cdot (-4)}}{2 \cdot (-0{,}25)} & \\ \Longleftrightarrow\quad x_{1;2} &= \frac{-2 \pm \sqrt{4-4}}{-0{,}5} & \\ \Longleftrightarrow\quad x_{1;2} &= \frac{-2 \pm 0}{-0{,}5} & \\ \Longleftrightarrow\quad x_{1;2} &= 4 & \end{aligned}$$

Es ergibt sich genau eine Lösung, daher liegt die Rolltreppe auf dem Tunnel auf.

2.5 Die Länge der Säule entspricht der Differenz der Funktionswerte von g(x) und p(x) bei $x = 8$:

$$g(8) - p(8) = (0{,}5 \cdot 8 + 3) - (-0{,}25 \cdot 8^2 + 2{,}5 \cdot 8 - 1) = (4 + 3) - (-16 + 20 - 1) = 7 - 3 = 4$$

Die Säule s_1 ist $\underline{\underline{4\,\text{m}}}$ lang.

3 Trigonometrie

3.1 Im rechtwinkligen Dreieck FEH sind die Längen $|\overline{EH}| = 55{,}60\,\text{cm}$ und $|\overline{EF}| = 36{,}90\,\text{cm}$ bereits gegeben. Die gesuchte Länge $|\overline{FH}|$ kann dann mithilfe des Satz des Pythagoras bestimmt werden (Maße in cm):

$$
\begin{aligned}
& |\overline{EF}|^2 + |\overline{FH}|^2 = |\overline{EH}|^2 && \mid -|\overline{EF}|^2 \\
\Longleftrightarrow\quad & |\overline{FH}|^2 = (55{,}60)^2 - (36{,}90)^2 && \mid \sqrt{\ } \\
\Longleftrightarrow\quad & |\overline{FH}| = \sqrt{(55{,}60)^2 - (36{,}90)^2} \\
\Longleftrightarrow\quad & |\overline{FH}| \approx 41{,}59
\end{aligned}
$$

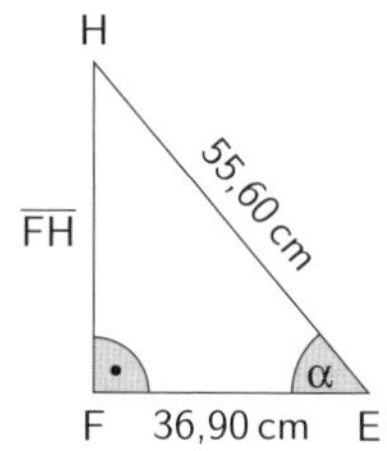

Der Abstand der Finger vom Hals beträgt etwa 41,59 cm.

3.2 Die Größe des Beugungswinkels α (siehe auch Skizze bei Teilaufgabe 3.1) kann im Dreieck FEH mithilfe des Tangens berechnet werden:

$$\tan(\alpha) = \frac{|\overline{FH}|}{|\overline{EF}|} = \frac{41{,}59}{36{,}90} \quad \Rightarrow \quad \alpha \approx 48{,}42^\circ$$

3.3 Da $\overline{EF} \| \overline{GH}$, sind die Winkel α und ∢KHG Wechselwinkel, also gleich groß. Da damit also die Längen $|\overline{HK}| = 69{,}80\,\text{cm}$ und $|\overline{GH}| = 66{,}40\,\text{cm}$, sowie der eingeschlossene Winkel $\sphericalangle KHG = 48{,}42^\circ$ bekannt sind, kann die gesuchte Länge $|\overline{GK}|$ mittels Kosinussatz bestimmt werden (Maße in cm):

$$
\begin{aligned}
& |\overline{GK}|^2 = |\overline{HK}|^2 + |\overline{GH}|^2 - 2 \cdot |\overline{HK}| \cdot |\overline{GH}| \cdot \cos(\sphericalangle KHG) && \mid \sqrt{\ } \\
\Longleftrightarrow\quad & |\overline{GK}| = \sqrt{(69{,}80)^2 + (66{,}40)^2 - 2 \cdot 69{,}80 \cdot 66{,}40 \cdot \cos(48{,}42^\circ)} \\
\Longleftrightarrow\quad & |\overline{GK}| \approx 55{,}94
\end{aligned}
$$

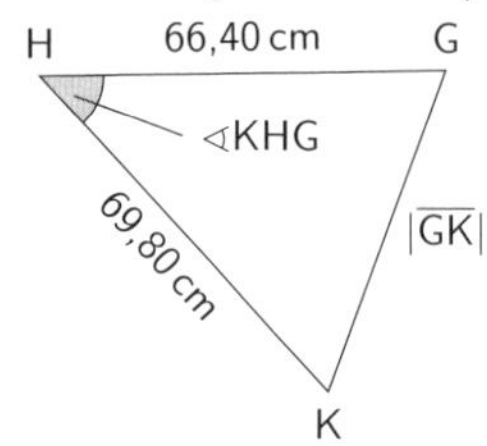

Der Oberschenkel hat eine Länge von etwa 55,94 cm.

3.4 Für die Berechnung der Fläche werden analog zu Aufgabe 3.3 wieder die Längen der Seiten $|\overline{HK}|$ und $|\overline{GH}|$, sowie der eingeschlossene Winkel $\sphericalangle KHG = 48{,}42^\circ$ (Vergleich auch Skizze in Teilaufgabe 3.3) zur Berechnung der Fläche des Dreiecks verwendet:

$$
\begin{aligned}
A_{GHK} &= \frac{1}{2} \cdot |\overline{HK}| \cdot |\overline{GH}| \cdot \sin(\sphericalangle KHG) \\
&= \frac{1}{2} \cdot (69{,}80\,\text{cm}) \cdot (66{,}40\,\text{cm}) \cdot \sin(48{,}42^\circ) \\
&\approx 1733{,}45\,\text{cm}^2
\end{aligned}
$$

Die Fläche des Dreiecks beträgt etwa $1733{,}45\,\text{cm}^2$.

3.5 Es wird das Dreieck FEA betrachtet um die Länge $|\overline{AF}|$ zu ermitteln. Der Winkel ∢FAE und β sind Nebenwinkel, das heißt es gilt:

$$\sphericalangle FAE + \beta = 180^\circ \qquad \mid -\beta$$

$$\Longleftrightarrow \qquad \sphericalangle FAE = 180° - 77{,}84° = 102{,}16°$$

In dem Dreieck kann dann der Sinussatz angewandt werden (siehe Skizze):

$$\frac{|\overline{AF}|}{\sin(\alpha)} = \frac{|\overline{EF}|}{\sin(\sphericalangle FAE)} \qquad | \cdot \sin(\alpha)$$

$$\Longleftrightarrow \qquad |\overline{AF}| = \frac{36{,}90\,\text{cm}}{\sin(102{,}16°)} \cdot \sin(48{,}42°)$$

$$\Longleftrightarrow \qquad |\overline{AF}| \approx 28{,}24\,\text{cm}$$

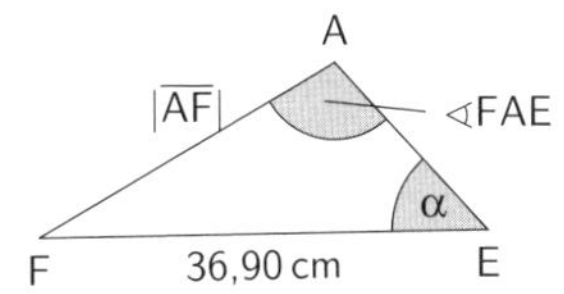

Die Länge $|\overline{FS}|$ ist das 4,6-fache von $|\overline{AF}|$, das heißt der Skistock hat eine Länge von $4{,}6 \cdot 28{,}24\,\text{cm} \approx 129{,}90\,\text{cm}$. Da Herbert 1,92 m groß ist, fällt er in die Kategorie 190–196 cm, wozu eine empfohlene Skistocklänge von 135 cm gehört. Der vorhandene Skistock ist also ungeeignet.

3.6 Für den Zusammenhang zwischen Neigungswinkel φ in Grad und Gefälle in Prozent gilt:

$$\text{Gefälle } [\%] = \tan(\varphi) \cdot 100 \qquad | : 100$$

$$\Longleftrightarrow \qquad \tan(\varphi) = \frac{61}{100}$$

$$\Rightarrow \qquad \varphi \approx 31{,}38°$$

Die Neigung ist also größer als 30°, das heißt es besteht Lawinengefahr.

2022

4 Daten und Zufall

4.1 Schülerinnen und Schüler, die keine fortgeschrittene Schwimmfähigkeit haben, sind in der Tabelle unter Nichtschwimmer oder Anfänger gelistet, sodass dies einer Gesamtpersonenzahl von $18 + 42 = 60$ Personen entspricht. Die prozentuale relative Häufigkeit erhält man dann, indem man diese Anzahl durch die Gesamtzahl von 200 Schülern teilt:

$$h(E_1) = \frac{60}{200} \cdot 100\,\% = \underline{\underline{30\,\%}}$$

4.2 Um das Kreisdiagramm zu zeichnen, müssen die Winkel der einzelnen Segmente ermittelt werden. Dafür wird der Dreisatz verwendet. Der volle Kreis, also 200 Personen, entspricht dabei dem vollen Winkel von 360°:

Anzahl Winkel

$$\begin{aligned} & 200 \mathrel{\hat{=}} 360 && |:200 \\ \Longleftrightarrow\quad & 1 \mathrel{\hat{=}} 1{,}8 && |\cdot 18 \\ \Longleftrightarrow\quad & 18 \mathrel{\hat{=}} 32{,}4 && \end{aligned}$$

Anzahl Winkel

$$\begin{aligned} & 200 \mathrel{\hat{=}} 360 && |:200 \\ \Longleftrightarrow\quad & 1 \mathrel{\hat{=}} 1{,}8 && |\cdot 42 \\ \Longleftrightarrow\quad & 42 \mathrel{\hat{=}} 75{,}6 && \end{aligned}$$

Anzahl Winkel

$$\begin{aligned} & 200 \mathrel{\hat{=}} 360 && |:200 \\ \Longleftrightarrow\quad & 1 \mathrel{\hat{=}} 1{,}8 && |\cdot 140 \\ \Longleftrightarrow\quad & 140 \mathrel{\hat{=}} 252 && \end{aligned}$$

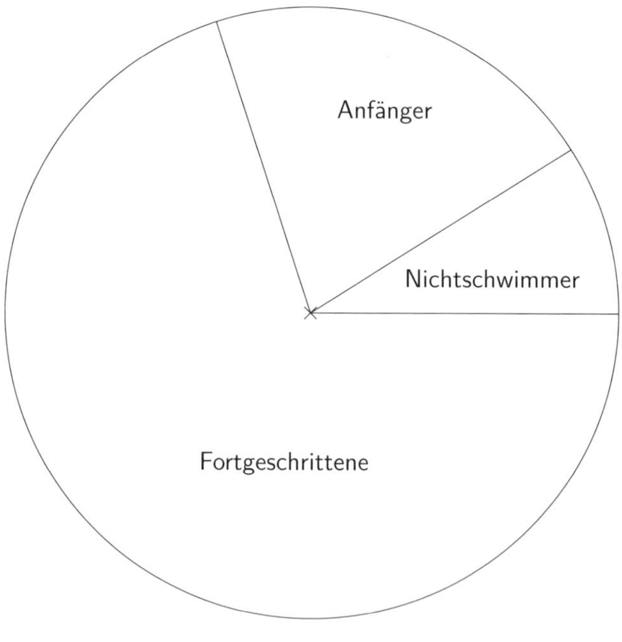

4.3 Das arithmetische Mittel der Schwimmzeiten ergibt sich aus dem Summe der einzelnen Werte geteilt durch die Anzahl der Werte:

$$\bar{t} = \frac{52{,}6 + 57{,}8 + 51{,}4 + 53{,}7 + 55{,}1 + 57{,}6 + 55{,}3 + 58{,}9}{8} = \underline{\underline{55{,}3\,\text{s}}}$$

Um den Median zu bestimmen werden die Werte aufsteigend sortiert und dann der mittlere/die beiden mittleren Werte betrachtet:

51,4; 52,6; 53,7; **55,1**; **55,3**; 57,6; 57,8; 58,9

Der Median ergibt sich aus dem Mittel dieser beiden Werte:

$$t_{med} = \frac{55{,}1 + 55{,}3}{2} = \underline{\underline{55{,}2\,s}}$$

4.4 Die erste Ebene des Baumdiagramms entspricht Tag 1, an welchem drei gleich große Gruppen auf drei Lehrkräfte verteilt werden, sodass die Wahrscheinlichkeit für jeden Lehrer $\frac{1}{3}$ beträgt. An Tag 2 sind nur noch 2 Lehrer verfügbar, sodass die Wahrscheinlichkeit für jeden der beiden Pfade $\frac{1}{2}$ beträgt:

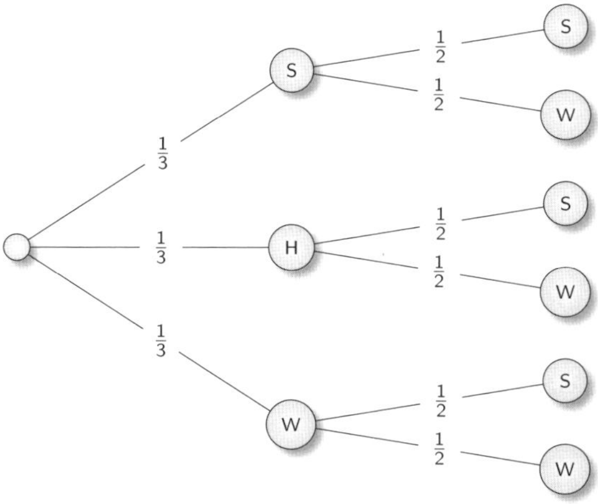

4.5 Für die Berechnung kann das Baumdiagramm verwendet werden. Dafür werden die Pfadwahrscheinlichkeiten der Pfade zu S und von dort erneut zu S multipliziert:

$$p(E_2) = \frac{1}{3} \cdot \frac{1}{2} = \underline{\underline{\frac{1}{6}}}$$

4.6 Es wird die Wahrscheinlichkeit des Gegenereignis bestimmt, welches lautet $\overline{E_3}$: „Eine Schülerin oder ein Schüler wird an beiden Tagen von Herrn Winter unterrichtet.“. Diese Wahrscheinlichkeit wird analog zu der in Aufgabe 4.5 bestimmt:

$$P(\overline{E_3}) = \frac{1}{3} \cdot \frac{1}{2} = \frac{1}{6}$$

Daraus ergibt sich die gesuchte Wahrscheinlichkeit:

$$P(E_3) = 1 - P(\overline{E_3}) = 1 - \frac{1}{6} = \underline{\underline{\frac{5}{6}}}$$

5 Raum und Form

5.1 Aus der gegebenen Grundfläche des Zeltes kann der Radius bestimmt werden:

$$\begin{aligned} && \pi \cdot r^2 &= A \\ \Longleftrightarrow && \pi \cdot r^2 &= 367{,}79\,\text{m}^2 && \mid : \pi \\ \Longleftrightarrow && r^2 &= \frac{367{,}79\,\text{m}^2}{\pi} && \mid\sqrt{} \\ \Longleftrightarrow && r &= \sqrt{\frac{367{,}79\,\text{m}^2}{\pi}} \\ \Longleftrightarrow && r &\approx 10{,}82\,\text{m} \end{aligned}$$

Der Radius des Zeltes beträgt etwa $\underline{\underline{10{,}82\,\text{m}}}$.

5.2 Die Seile werden aller 80 cm $\hat{=}$ 0,8 m angebracht. Zunächst wird der Umfang des Zeltes aus dem Radius bestimmt:

$$u = 2 \cdot \pi \cdot r = 2 \cdot \pi \cdot 10{,}82\,\text{m} \approx 67{,}98\,\text{m}$$

Teilt man diese Gesamtlänge durch die 0,8 m, die pro Abspannseil eingerechnet werden, so ergibt sich:

$$\frac{67{,}98\,\text{m}}{0{,}8\,\text{m}} \approx 84{,}98 \approx 85$$

Es werden $\underline{\underline{85}}$ Abspannseile für das Zelt benötigt.

5.3 Die maximale Besucherzahl ergibt sich aus dem Gesamtvolumen des Zeltes. Das Volumen des Zeltes ergibt sich aus der Summe des Volumens des unteren zylinderförmigen Grundkörpers und des Volumens des kegelförmigen Daches. Die Grundfläche für beide Körper ist die Grundfläche des Zeltes $A = 367{,}79\,\text{m}^2$. Der Grundkörper hat laut Abbildung eine Höhe von $h_{\text{Grund}} = 4{,}50\,\text{m}$. Da das Zelt eine Gesamthöhe von 8 m hat, gilt für die Höhe des Daches:

$$h_{\text{Dach}} = 8\,\text{m} - h_{\text{Grund}} = 8\,\text{m} - 4{,}50\,\text{m} = 3{,}50\,\text{m}$$

Für das gesuchte Volumen gilt damit:

$$\begin{aligned} V &= V_{\text{Grund}} + V_{\text{Dach}} \\ &= A \cdot h_{\text{Grund}} + \frac{1}{3} \cdot A \cdot h_{\text{Dach}} \\ &= 367{,}79\,\text{m}^2 \cdot 4{,}50\,\text{m} + \frac{1}{3} \cdot 367{,}79\,\text{m}^2 \cdot 3{,}50\,\text{m} \\ &\approx 2084{,}13\,\text{m}^3 \end{aligned}$$

Dieses Gesamtvolumen kann nun durch das benötigte Luftvolumen pro Besucher geteilt werden:

$$\frac{2084{,}13\,\text{m}^3}{10\,\text{m}^3} \approx 208{,}41$$

Es dürfen demnach also maximal $\underline{\underline{208}}$ Besucher pro Veranstaltung eingelassen werden.

5.4 Die Mantelfläche des Daches ergibt sich aus dem Radius r und der Länge der Mantellinie s. Diese Länge ergibt sich gemäß Formelsammlung aus Radius und Höhe:

$$s = \sqrt{r^2 + h^2} = \sqrt{(10{,}82\,\text{m})^2 + (3{,}50\,\text{m})^2} \approx 12{,}65\,\text{m}$$

Daraus folgt für die Mantelfläche des Kegels:

$$M = r \cdot s \cdot \pi = 10{,}82\,\text{m} \cdot 12{,}65\,\text{m} \cdot \pi \approx 430{,}00\,\text{m}^2$$

Es müssen $\underline{\underline{430{,}00\,\text{m}^2}}$ neue Plane bestellt werden.

5.5 Ausgehend von der Spitze des Zeltes wird eine senkrechte Linien eingezeichnet (Vergleich Skizze). Diese teilt die Länge der Seile in zwei gleiche Teile, welche dann dem Radius des Kreises an dieser Stelle entsprechen. Da die Seile parallel sind, kann dann der Strahlensatz verwendet werden. Aus den gegebenen Höhen h_1 und h_2 und der Gesamthöhe des Zeltes kann die Länge der entsprechenden Stücke von der Spitze bis zu den Seilen bestimmt werden.

Für die rechtsstehende Skizze gilt nach Strahlensatz:

$$\frac{r_1}{r_2} = \frac{y_1}{y_2}$$

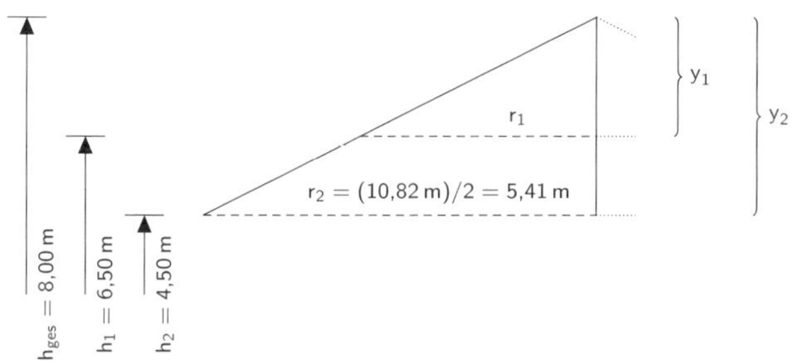

Die Längen y_1 und y_2 ergeben sich aus den Höhen:

$$y_1 = h_{ges} - h_1 = 8{,}00\,\text{m} - 6{,}50\,\text{m} = 1{,}50\,\text{m}$$

$$y_2 = h_{ges} - h_2 = 8{,}00\,\text{m} - 4{,}50\,\text{m} = 3{,}50\,\text{m}$$

Damit gilt:

$$\frac{r_1}{r_2} = \frac{y_1}{y_2} \quad | \cdot r_2$$

$$\Longleftrightarrow \quad r_1 = \frac{1{,}50\,\text{m}}{3{,}50\,\text{m}} \cdot 5{,}41\,\text{m}$$

$$\Longleftrightarrow \quad r_1 \approx 2{,}32\,\text{m}$$

Die Länge des Seils 1 entspricht dem zweifachen Wert von r_1 und beträgt $2 \cdot 2{,}32\,\text{m} = \underline{\underline{4{,}64\,\text{m}}}$.

2022

Merkhilfe

ALGEBRA

1 Prozent- und Zinsrechnung

$PW = \frac{GW \cdot p}{100}$

$Z = \frac{K \cdot p \cdot t}{100 \cdot 360}$

2 Binomische Formeln

$(a + b)^2 = a^2 + 2ab + b^2$

$(a - b)^2 = a^2 - 2ab + b^2$

$(a + b) \cdot (a - b) = a^2 - b^2$

3 Potenzen (mit $a, b \neq 0$)

$a^0 = 1$

$a^{-n} = \frac{1}{a^n}$

$a^m \cdot a^n = a^{m+n}$

$a^m \cdot b^m = (a \cdot b)^m$

$a^m : a^n = a^{m-n}$

$(a^m)^n = a^{m \cdot n}$

$a^m : b^m = (a : b)^m$

4 Wurzeln (mit $a, b > 0$)

$\sqrt{a} \cdot \sqrt{b} = \sqrt{a \cdot b}$

$\sqrt[n]{a} = a^{\frac{1}{n}}$

$\sqrt[n]{a^m} = a^{\frac{m}{n}}$

$\sqrt{a} : \sqrt{b} = \sqrt{a : b}$

5 Logarithmus (mit $a, b > 0$ und $a \neq 1$)

$a^x = b \leftrightarrow x = \log_a b$

$\log_a u^n = n \cdot \log_a u$

$\lg u^n = n \cdot \lg u$

FUNKTIONEN

6 Lineare Funktionen

Normalform

$g : y = m \cdot x + t$

Zweipunkteform

$\frac{y - y_1}{x - x_1} = \frac{y_2 - y_1}{x_2 - x_1}$

Steigung

$m = \frac{y_2 - y_1}{x_2 - x_1}$

$m = \tan \alpha$

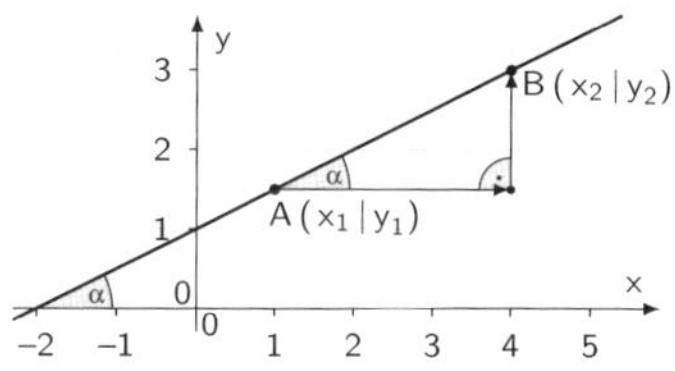

7 Quadratische Gleichungen und Funktionen (mit $a \neq 0$)

allgemeine Gleichung

$a \cdot x^2 + b \cdot x + c = 0$

allgemeine Form

$p : y = a \cdot x^2 + b \cdot x + c$

Lösungsformel

$x_{1,2} = \frac{-b \pm \sqrt{b^2 - 4 \cdot a \cdot c}}{2 \cdot a}$

Scheitelform

$p : y = a \cdot (x - x_s)^2 + y_s$

Scheitelpunktkoordinaten

$S(x_s \mid y_s) = S\left(-\frac{b}{2 \cdot a} \,\middle|\, c - \frac{b^2}{4 \cdot a}\right)$

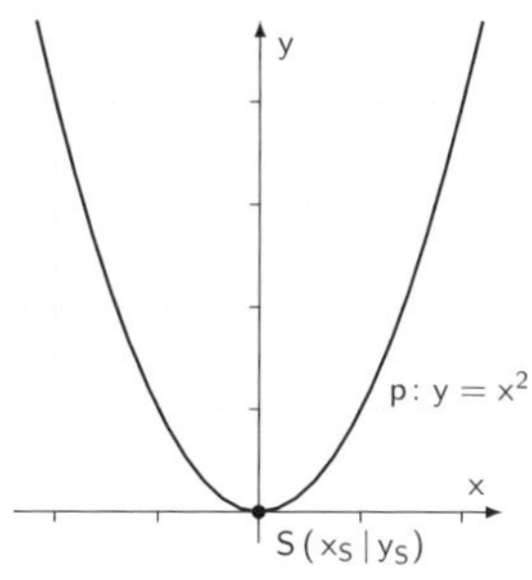

8 Exponentialfunktion

$y = b \cdot a^x$ mit $a, b \in \mathbb{R}^+$

*Die Merkhilfe stellt keine Formelsammlung im klassischen Sinne dar. Bezeichnungen werden nicht erklärt und Voraussetzungen für die Gültigkeit der Formeln in der Regel nicht dargestellt.

FIGURENGEOMETRIE

9 Berechnung im Dreieck

allgemeines Dreieck

$A = \frac{\text{Grundline} \cdot \text{Höhe}}{2} = \frac{g \cdot h}{2}$

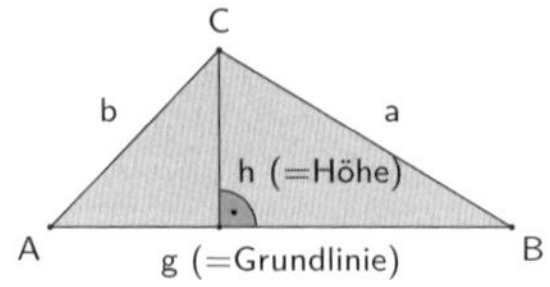

gleichseitiges Dreieck

$A = \frac{a^2}{4} \cdot \sqrt{3}$ $h = \frac{a}{2} \cdot \sqrt{3}$

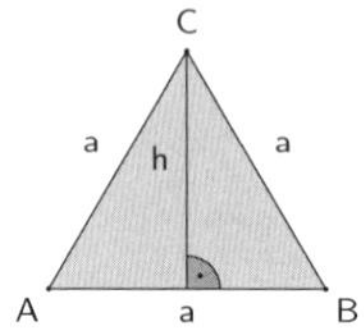

rechtwinkliges Dreieck

$A = \frac{a \cdot b}{2}$

- Satz des Pythagoras

$c^2 = a^2 + b^2$

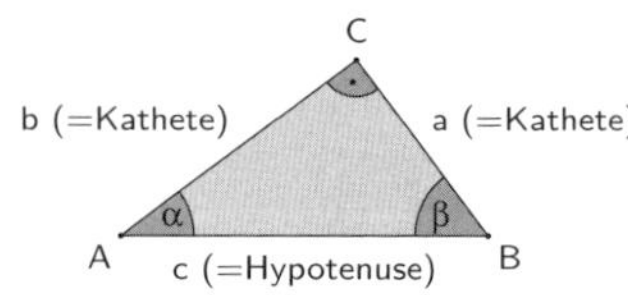

10 Berechnung im Viereck

Quadrat

$u = 4 \cdot a$ $A = a^2$

$e = f = a\sqrt{2}$

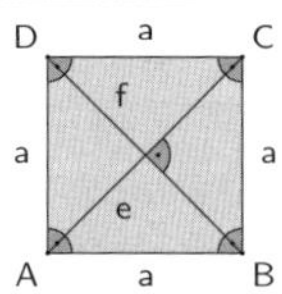

Rechteck

$u = 2 \cdot (a + b)$ $A = a \cdot b$

$e = f = \sqrt{a^2 + b^2}$

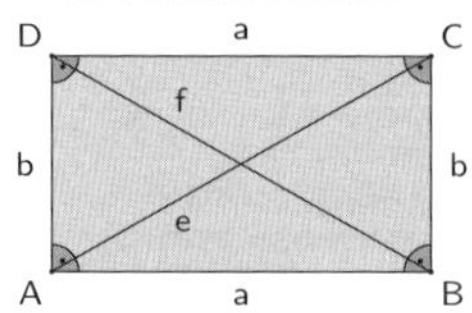

Raute

$u = 4 \cdot a$ $A = a \cdot h_a = \frac{e \cdot f}{2}$

$a = \frac{\sqrt{e^2+f^2}}{2}$

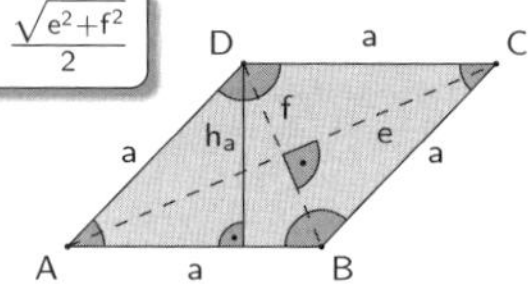

Parallelogramm

$u = 2 \cdot (a + b)$

$A = a \cdot h_a$

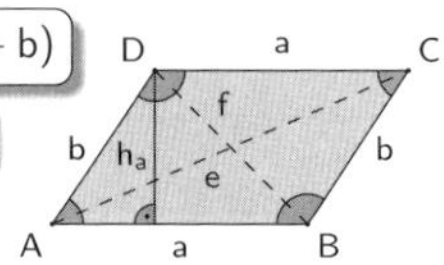

allgemeines Trapez

$u = a + b + c + d$

$A = m \cdot h_a = \frac{a+c}{2} \cdot h_a$

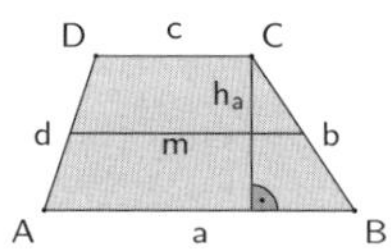

11 Berechnungen am Kreis

$u = 2 \cdot r \cdot \pi$ $A = r^2 \cdot \pi$

12 Strahlensätze

1. Strahlensatz

$\frac{|ZA|}{|ZA'|} = \frac{|ZB|}{|ZB'|}$ $\frac{|ZA|}{|AA'|} = \frac{|ZB|}{|BB'|}$

2. Strahlensatz

$\frac{|AB|}{|A'B'|} = \frac{|ZA|}{|ZA'|} = \frac{|ZB|}{|ZB'|}$

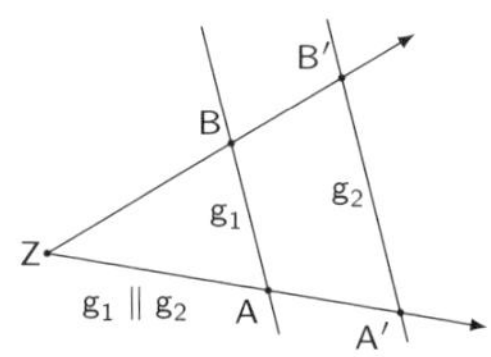

RAUMGEOMETRIE

13 Prismen

Würfel

$O = 6 \cdot a^2$

$V = a^3$

$e = a\sqrt{2}$ $d = a\sqrt{3}$

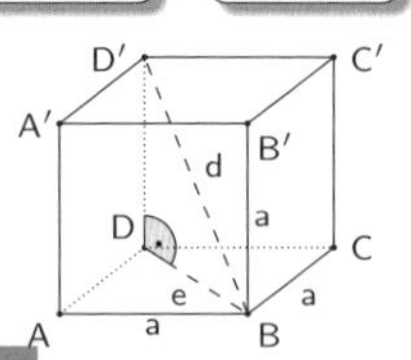

Quader

$O = 2 \cdot (a \cdot b + b \cdot h + a \cdot h)$

$V = G \cdot h = a \cdot b \cdot h$

$e = \sqrt{a^2 + b^2}$ $d = \sqrt{a^2 + b^2 + h^2}$

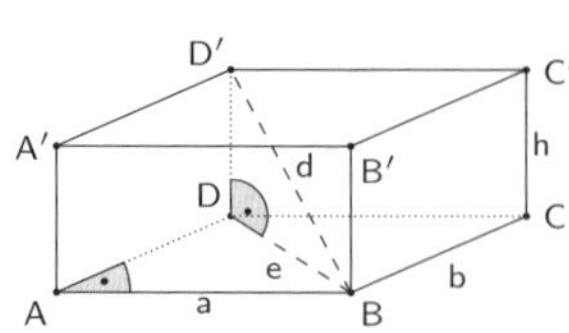

Dreiseitiges Prisma

$O = 2 \cdot G + M = c \cdot h_c + h \cdot (a + b + c)$

$V = G \cdot h = \frac{1}{2} \cdot c \cdot h_c \cdot h$

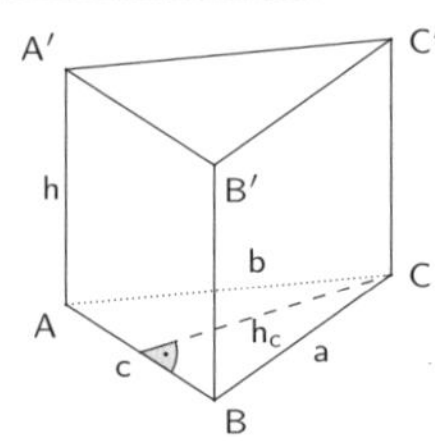

14 Gerader Kreiszylinder

$G = r^2 \cdot \pi$

$M = u \cdot h$
$= 2 \cdot r \cdot \pi \cdot h$

$O = 2 \cdot G + M$

$V = G \cdot h$
$= r^2 \cdot \pi \cdot h$

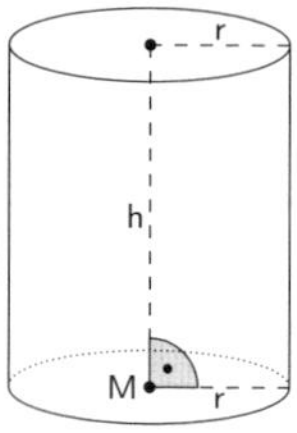

15 Gerade quadratische Pyramide

$G = a^2$

$M = 4 \cdot A_\Delta = 4 \cdot \frac{h_s \cdot a}{2}$

$O = G + M$

$V = \frac{1}{3} \cdot G \cdot h$
$= \frac{1}{3} \cdot a^2 \cdot h$

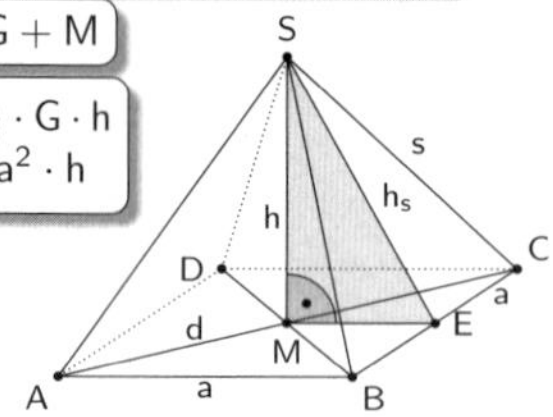

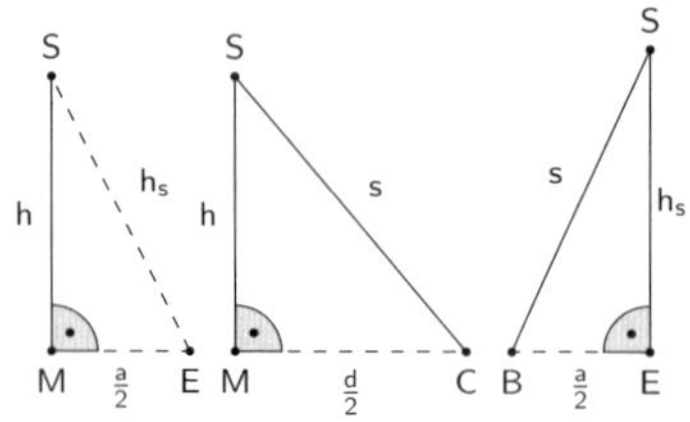

16 Gerader Kreiskegel

$G = r^2 \cdot \pi$

$M = r \cdot s \cdot \pi$

$O = G + M$

$V = \frac{1}{3} \cdot G \cdot h = \frac{1}{3} \cdot r^2 \cdot \pi \cdot h$

$s = \sqrt{r^2 + h^2}$

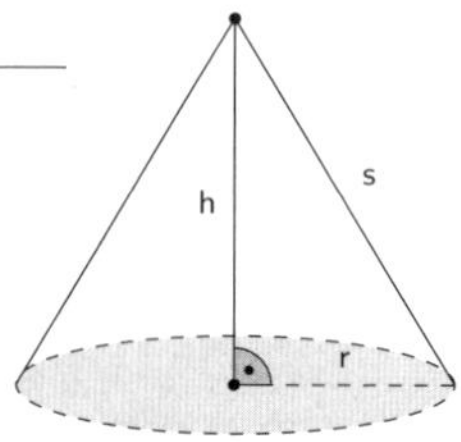

17 Kugel

$O = 4 \cdot r^2 \cdot \pi$

$V = \frac{4}{3} \cdot r^3 \cdot \pi$

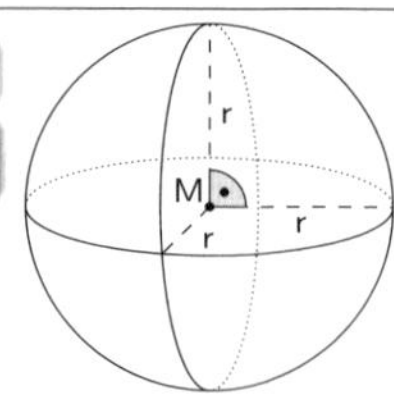

TRIGONOMETRIE

18 Berechnungen an rechtwinkligen Dreiecken

$\sin\alpha = \frac{\text{Gegenkathete (a)}}{\text{Hypotenuse (c)}}$

$\tan\alpha = \frac{\text{Gegenkathete (a)}}{\text{Ankathete (b)}}$

$\cos\alpha = \frac{\text{Ankathete (b)}}{\text{Hypotenuse (c)}}$

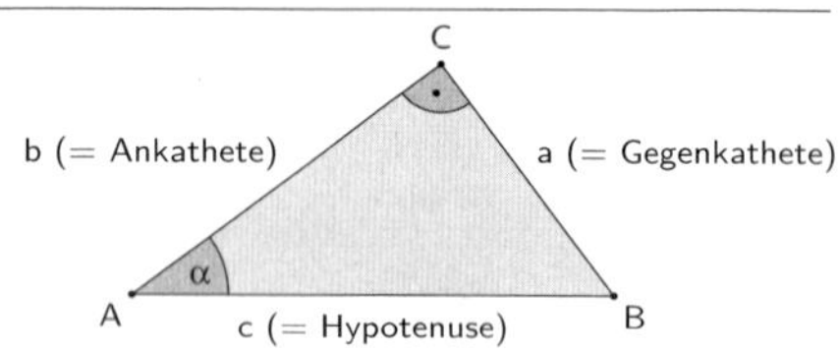

19 Berechnungen der Steigung (des Gefälles)

$\tan\varphi = \frac{\text{Höhenunterschied (h)}}{\text{horizontale Entfernung (e)}}$

Steigung (Gefälle) in Prozent = $\tan\varphi \cdot 100$

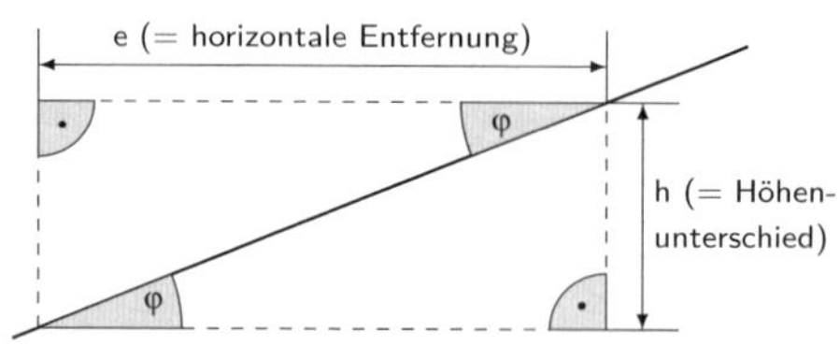

20 Berechnung an allgemeinen Dreiecken

Sinussatz

$\frac{a}{\sin\alpha} = \frac{b}{\sin\beta} = \frac{c}{\sin\gamma}$

Flächensatz für die Dreiecksfläche

$A_\Delta = \frac{1}{2} \cdot a \cdot b \cdot \sin\gamma = \frac{1}{2} \cdot a \cdot c \cdot \sin\beta = \frac{1}{2} \cdot b \cdot c \cdot \sin\alpha$

Kosinussatz

$a^2 = b^2 + c^2 - 2 \cdot b \cdot c \cdot \cos\alpha$

$b^2 = a^2 + c^2 - 2 \cdot a \cdot c \cdot \cos\beta$

$c^2 = a^2 + b^2 - 2 \cdot a \cdot b \cdot \cos\gamma$

$\cos\alpha = \frac{b^2 + c^2 - a^2}{2 \cdot b \cdot c}$

$\cos\beta = \frac{a^2 + c^2 - b^2}{2 \cdot a \cdot c}$

$\cos\gamma = \frac{a^2 + b^2 - c^2}{2 \cdot a \cdot b}$

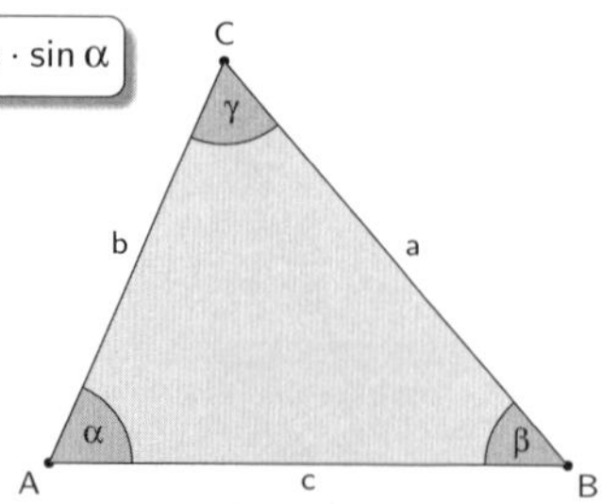

Merkhilfe

FINANZMATHEMATIK

21 Zinseszinsrechnung

Zinseszinsrechnung

$K_n = K_0 \cdot q^n$

Zinsfaktor

$q = 1 + \frac{p}{100}$

22 Rentenrechung

Rentenformel	nachschüssig	vorschüssig
Endwert	$K_n = r \cdot \frac{q^n-1}{q-1}$	$K'_n = r \cdot q \cdot \frac{q^n-1}{q-1}$

Kombinierte Zinseszins-/ Rentenformeln	nachschüssig	vorschüssig
Kapitalmehrung	$K_n = K_0 \cdot q^n + r \cdot \frac{q^n-1}{q-1}$	$K'_n = K_0 \cdot q^n + r \cdot q \cdot \frac{q^n-1}{q-1}$
Kapitalminderung	$K_n = K_0 \cdot q^n - r \cdot \frac{q^n-1}{q-1}$	$K'_n = K_0 \cdot q^n - r \cdot q \cdot \frac{q^n-1}{q-1}$

23 Tilgungsrechnung

	Ratentilgung	**Annuitätentilgung**
Tilgungsraten	$T = \frac{K_0}{n}$	$T_1 = \frac{K_0 \cdot (q-1)}{q^n-1}$ $T_v = T_1 \cdot q^{v-1}$ $T_n = T_1 \cdot q^{n-1}$
Zinsen	$Z_v = T \cdot (q-1) \cdot (n-v+1)$	$Z_v = \frac{K_0 \cdot (q-1) \cdot (q^n - q^{v-1})}{q^n-1}$
Annuität = Zinsen + Tilgung	$A_n = T \cdot q$ $A_v = T \cdot (q-1) \cdot (n-v+1) + T$	$A = T_1 \cdot q^n$ $A = \frac{K_0 \cdot q^n \cdot (q-1)}{q^n-1}$
Restschuld (am Ende des v-ten Jahres)	$K_v = T \cdot (n-v)$	$K_v = K_0 \cdot q^v - \frac{A \cdot (q^v-1)}{q-1}$

STOCHASTIK

24 Grundlagen

Grundgesamtheit n

Anzahl n aller erfassten Daten

Absolute Häufigkeit H

Anzahl H der Merkmalsträger aus der Grundgesamtheit

Relative Häufigkeit h

$h = \frac{\text{Absolute Häufigkeit H}}{\text{Grundgesamtheit n}}$

Laplace-Wahrscheinlichkeit

$P(E) = \frac{\text{Anzahl der Ergebnisse, bei denen das Ereignis E eintritt}}{\text{Anzahl aller möglichen Ergebnisse}}$

Pfadregeln (am Beispiel eines zweistufigen Zufallsexperiments):

Es gilt: $p_1 + p_2 = 1; p_3 + p_4 = 1; p_5 + p_6 = 1$

1.Pfadregel (Produktregel)

Beispiel:

$P(\{AKM\}) = p_1 \cdot p_3 \cdot p_5$

2.Pfadregel (Summenregel)

Beispiel:

$P(\{ALM; BKN\}) = p_1 \cdot p_4 \cdot p_5 + p_2 \cdot p_3 \cdot p_6$

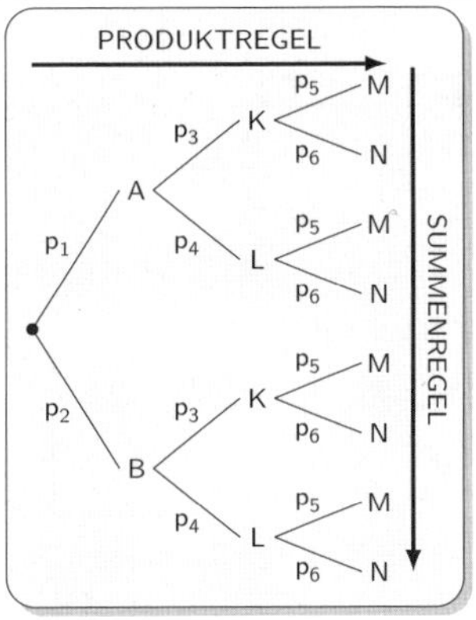

25 Statistische Kenngrößen

arithmetisches Mittel $\bar{x}$

$\bar{x} = \frac{x_1 + x_2 + \dots + x_n}{n}$

Modalwert x_{mod}

häufigster Wert

Median x_{med}

Zentralwert der Rangliste

Spannweite R

$R = x_{max} - x_{min}$